MG动画制作基础培训教程

主编　梅青平　丁允超

 北京希望电子出版社
Beijing Hope Electronic Press
www.bhp.com.cn

内 容 简 介

本书从 MG 动画的基本概念入手，详细介绍 MG 动画的特点、类别、应用领域以及制作流程。全书共分为 10 个模块，内容包括 MG 动画概述、MG 动画平面工具、MG 动画技术基础、关键帧、蒙版与遮罩、形状动画、文本、表达式动画、角色动画和综合实战。

本书适合作为 MG 动画制作的教材，也可作为广大 MG 动画制作爱好者的学习资料。

图书在版编目（CIP）数据

MG 动画制作基础培训教程 / 梅青平，丁允超主编.

北京：北京希望电子出版社，2025.6.

ISBN 978-7-83002-922-7

Ⅰ．TP391.414

中国国家版本馆 CIP 数据核字第 20253KF209 号

出版：北京希望电子出版社	封面：袁　野
地址：北京市海淀区中关村大街 22 号	编辑：全　卫　张学伟
中科大厦 A 座 10 层	校对：付寒冰
邮编：100190	开本：787 mm×1092 mm　1/16
网址：www.bhp.com.cn	印张：16
电话：010-82620818（总机）转发行部	字数：368 千字
010-82626237（邮购）	印刷：北京天恒嘉业印刷有限公司
经销：各地新华书店	版次：2025 年 6 月 1 版 1 次印刷

定价：79.80 元

随着数字媒体技术的迅猛发展，MG（motion graphics）动画作为一种融合图形设计、动画技术和视觉传达的综合性艺术形式，已经广泛应用于广告、影视、游戏、教育等多个领域。MG动画以其独特的视觉表现力和信息传播效率，成为现代传媒不可或缺的重要组成部分。为了满足广大读者对MG动画制作技术的需求，我们精心编写了本书。

本书从MG动画的基本概念入手，详细介绍了MG动画的特点、类别、应用领域以及制作流程。写作时采用了理论与实践相结合的方式，让读者能够在掌握MG动画基础知识的同时，可以熟练运用各种技术和工具进行MG动画的创作。全书共分为10个模块，内容涵盖了MG动画的平面工具、技术基础、关键帧、蒙版与遮罩、形状动画、文字、表达式动画、角色动画等多个方面。每个模块都配备了丰富的实战演练，通过具体的案例操作，让读者在实践中巩固所学知识，提升MG动画制作能力。

本书具有以下几个特点：

（1）体系完整，内容全面。本书从MG动画的基础知识到高级技巧，再到实战应用，构建了一个完整的知识体系。内容涵盖了MG动画制作的方方面面，让读者能够全面、系统地掌握MG动画制作技术。

（2）理论与实践相结合。本书注重理论与实践的结合，通过大量的实战演练，让读者在操作中掌握技能，提升实际操作能力。每个模块的案例都经过精心挑选和设计，既具有代表性，又易于理解和操作。

（3）图文并茂，易于理解。本书采用了图文并茂的编写方式，通过大量的图片、图表和示例，直观地展示了MG动画制作的过程和技巧。这种编写方式有助于读者更好地理解和掌握所学知识。

（4）配套资源丰富。为了方便读者学习和实践，本书提供了丰富的配套资源，包括教学视频、案例素材、最终效果文件、教学课件等。这些资源可以帮助读者更好地理解和应用所学知识，提升学习效果。

本书由梅青平和丁允超担任主编。由于编者水平有限，书中难免存在一些不足之处。我们恳请广大读者在使用过程中提出宝贵的意见和建议，以便不断改进和完善。希望本书能够成为广大读者学习MG动画制作技术的良师益友，助力大家在MG动画领域取得更大的成就。

编　者

2025年3月

目录

模块 1　MG动画概述

1.1　认识MG动画 ... 2
1.1.1　什么是MG动画 ... 2
1.1.2　MG动画的特点 ... 2
1.1.3　MG动画的作用 ... 4
1.2　MG动画的类别 ... 6
1.3　MG动画的应用领域 ... 8
1.4　MG动画的制作流程 ... 9
1.4.1　前期策划 ... 9
1.4.2　故事板制作 ... 9
1.4.3　素材绘制 ... 10
1.4.4　动画制作 ... 10
1.4.5　后期制作 ... 10
1.5　实战演练：制作图表MG动画 ... 11

模块 2　MG动画平面工具

2.1　图像处理工具Photoshop ... 20
2.1.1　认识Photoshop ... 20
2.1.2　Photoshop基础操作 ... 21
2.1.3　图形的绘制 ... 25
2.1.4　文字的创建与编辑 ... 32
2.1.5　选区工具和蒙版 ... 35
2.1.6　时间轴 ... 40
2.2　图形创意设计工具Illustrator ... 47
2.2.1　认识Illustrator ... 47
2.2.2　Illustrator基础操作 ... 48
2.2.3　矢量绘图 ... 51
2.2.4　图形的填充与描边 ... 59
2.2.5　文本的创建与编辑 ... 64
2.3　实战演练：加载动画 ... 67

模块3 MG动画技术基础

3.1　After Effects工作界面 ················· 80
3.2　项目与合成 ····························· 81
  3.2.1　创建项目文档 ····················· 81
  3.2.2　创建合成 ························· 82
  3.2.3　动画的渲染与输出 ················· 83
  3.2.4　保存和关闭文档 ··················· 84
3.3　素材的导入与管理 ······················· 85
  3.3.1　导入素材 ························· 85
  3.3.2　管理素材 ························· 87
3.4　图层控制 ······························· 89
  3.4.1　图层的类型 ······················· 90
  3.4.2　图层的创建 ······················· 91
  3.4.3　图层的编辑 ······················· 93
  3.4.4　图层样式 ························· 97
  3.4.5　图层的混合模式 ··················· 98
3.5　实战演练：进度条加载动画 ··············· 105

模块4 关键帧

4.1　时间轴与关键帧 ························· 113
  4.1.1　认识时间轴 ······················· 113
  4.1.2　认识关键帧 ······················· 114
4.2　关键帧创建与编辑 ······················· 115
  4.2.1　激活与创建关键帧 ················· 115
  4.2.2　编辑关键帧 ······················· 115
4.3　关键帧插值 ····························· 116
4.4　图表编辑器 ····························· 117
4.5　实战演练：相机拍摄动画 ················· 118

模块5 蒙版与遮罩

5.1　认识蒙版和遮罩 ························· 129
  5.1.1　认识蒙版 ························· 129
  5.1.2　认识遮罩 ························· 129
5.2　蒙版的创建 ····························· 130
  5.2.1　形状工具组 ······················· 130
  5.2.2　钢笔工具组 ······················· 132
  5.2.3　绘画工具 ························· 134
  5.2.4　从文本创建蒙版 ··················· 136
5.3　蒙版属性编辑 ··························· 137
  5.3.1　蒙版路径 ························· 137

5.3.2　蒙版羽化 ··· 138
　　　5.3.3　蒙版不透明度 ·· 139
　　　5.3.4　蒙版扩展 ·· 139
　　　5.3.5　蒙版混合模式 ·· 140
5.4　遮罩的创建与编辑 ··· 142
5.5　实战演练：船行海上动画 ·· 143

模块6　形状动画

6.1　形状与形状图层 ··· 154
　　　6.1.1　认识形状图层 ·· 154
　　　6.1.2　创建形状 ·· 154
6.2　编辑形状 ··· 156
　　　6.2.1　形状的描边 ··· 156
　　　6.2.2　形状的填充 ··· 158
6.3　形状的路径操作 ··· 159
　　　6.3.1　合并路径 ·· 159
　　　6.3.2　位移路径 ·· 161
　　　6.3.3　收缩和膨胀 ··· 161
　　　6.3.4　中继器 ··· 162
　　　6.3.5　圆角 ·· 163
　　　6.3.6　修剪路径 ·· 163
　　　6.3.7　扭转 ·· 164
　　　6.3.8　摆动路径 ·· 165
　　　6.3.9　摆动变换 ·· 166
　　　6.3.10　Z字形 ··· 167
6.4　实战演练：MG动画片头 ·· 167

模块7　文本

7.1　文本的创建与编辑 ··· 177
　　　7.1.1　创建文本 ·· 177
　　　7.1.2　编辑文本 ·· 178
7.2　文本图层属性 ··· 181
　　　7.2.1　源文本 ··· 181
　　　7.2.2　路径选项 ·· 181
　　　7.2.3　更多选项 ·· 183
7.3　文本动画制作 ··· 183
　　　7.3.1　动画制作器 ··· 183
　　　7.3.2　文本选择器 ··· 185
　　　7.3.3　文本动画预设 ·· 187
7.4　实战演练：弹跳文本动画 ··· 188

模块8 表达式动画

8.1 认识表达式 193
8.1.1 什么是表达式 193
8.1.2 表达式的作用 193

8.2 表达式的创建与编辑 193
8.2.1 创建表达式 193
8.2.2 关联属性 194
8.2.3 手动编辑表达式 195
8.2.4 添加表达式注释 195
8.2.5 保存和复用表达式 196

8.3 表达式语言 196
8.3.1 表达式语言基础知识 196
8.3.2 表达式语言菜单 200

8.4 实战演练：旋转的星球动画 201

模块9 角色动画

9.1 角色基础动作 208
9.2 人偶工具 210
9.2.1 人偶位置控点工具 211
9.2.2 人偶固化控点工具 212
9.2.3 人偶弯曲控点工具 212
9.2.4 人偶高级控点工具 213
9.2.5 人偶重叠控点工具 214
9.3 Duik Bassel插件 216
9.4 实战演练：卡通人物行走动画 218

模块10 综合实战

10.1 动画制作思路 225
10.1.1 设计思路 225
10.1.2 脚本制作 225

10.2 动画制作 226
10.2.1 蒸发动画 226
10.2.2 凝结动画 232
10.2.3 降水动画 235
10.2.4 径流动画 240
10.2.5 总结动画 244

参考文献 248

模块 1　MG 动画概述

内容概要　MG动画是一种极具包容性的艺术形式，它融合了图形设计与动画技术，通过动态效果传达信息，具有简洁明了、生动有趣等典型特点，是目前较为流行的一种动画类型。本模块将对MG动画的基础知识进行介绍。

数字资源
【本模块素材】："素材文件\模块1"目录下
【本模块实战演练最终文件】："素材文件\模块1\实战演练"目录下

1.1 认识MG动画

MG动画是一种将图形设计与动画技术相结合的艺术形式,具有极高的创意和表现力,能够有效地传递信息和情感。下面将对MG动画进行介绍。

1.1.1 什么是MG动画

MG动画全称为motion graphics,即动态图形或图形动画,是一种通过对图形、文字、图标等视觉元素进行动画处理,使其在屏幕上动态呈现的艺术形式。它结合了图形设计、动画技术和视觉传达等多个领域的元素,能够以生动的方式传递信息和情感。MG动画不仅具有吸引力,还能有效地简化复杂的概念,使观众更容易理解和记忆。图1-1所示为《迷魂记》片头中的MG动画。

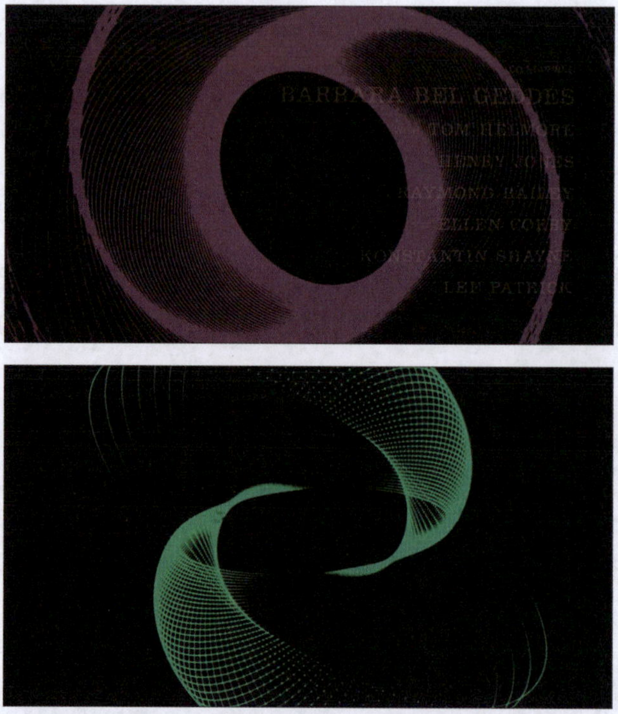

图 1-1 《迷魂记》片头中的 MG 动画

1.1.2 MG动画的特点

MG动画是现代视觉传播中不可或缺的一部分,广泛应用于广告、电视、教育、社交媒体等领域,具有多种显著的特点,下面将对此进行介绍。

1. 动态视觉表现

MG动画通过运动和变化,将静态图形转化为生动有趣的视觉内容,从而可有效吸引观众的注意力。它往往结合时间与空间的元素展示信息的演变过程,使观众能够在时间的流逝中跟随故事的发展,进而更好地理解复杂的概念。

2. 信息可视化

MG动画能够将复杂的数据和统计信息以图形化的方式呈现，如图表、图形和动态效果等，从而帮助观众更轻松地理解和记忆。MG动画通过视觉化手段，简化了烦琐的文字和数据，突出关键信息，使信息更加直观明了，如图1-2所示。

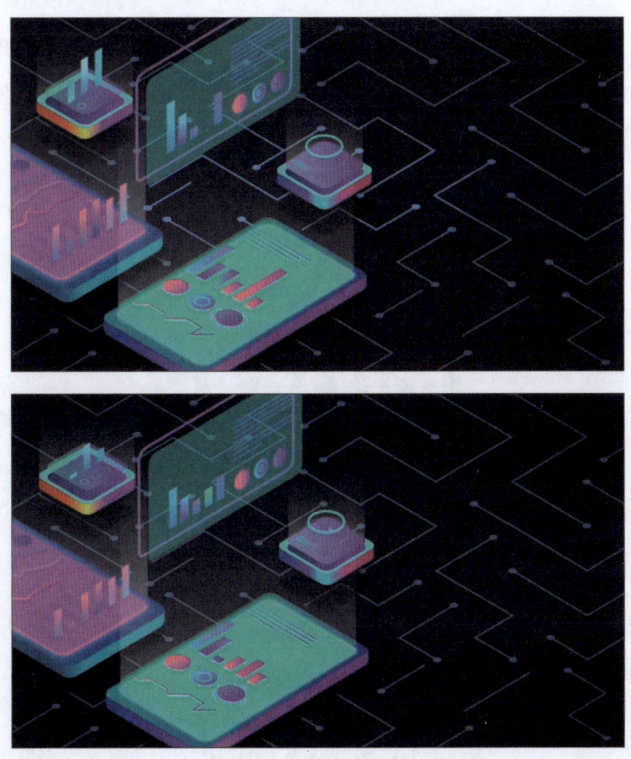

图 1-2　信息可视化

3. 创意设计

MG动画采用多种艺术风格，如扁平化设计、立体效果和手绘风格等，以满足不同品牌和项目的需求。通过独特的设计元素和创意表现，MG动画能够有效展现品牌的个性和价值观，增强品牌的可辨识度。这种多样化的视觉风格不仅能使MG动画更具吸引力，还能帮助品牌在竞争中脱颖而出。

4. 灵活性

MG动画的适用范围非常广泛，涵盖广告、教育、企业培训、社交媒体等多个领域，展现出强大的适应性。根据不同受众的需求和文化背景，MG动画可以进行个性化定制，从而增强传播效果。这种灵活性使得MG动画能够有效地传达信息，满足各种场景下的沟通需求。

5. 叙事性

MG动画通过视觉和听觉元素讲述故事，能够增强观众的情感共鸣，使信息更具吸引力。借助动画的节奏、配乐和色彩，MG动画能够有效传达情感，提升观众的参与感和记忆度。这种多感官的体验不仅让内容更加生动有趣，还能加深观众对信息的理解和记忆。

6. 节奏感

　　MG动画通常结合背景音乐和音效,以增强内容的节奏感,使观众在观看过程中更容易沉浸其中。通过动画的快慢变化,调整内容的呈现节奏,MG动画能够更有效引导观众的注意力。

7. 简洁明了

　　MG动画通过视觉元素的组合和层次结构,可以帮助观众快速筛选和理解信息,从而避免信息过载。利用动态效果和视觉层次,MG动画能够有效突出关键信息,使观众对关键内容印象深刻,如图1-3所示。

图1-3　简洁明了的骑车动画

8. 互动性

　　在一些应用中,MG动画可以与用户互动,如选择不同的观看路径或参与投票,从而增强观众的参与感。它还能够与社交媒体、移动应用等新媒体平台结合,创造更丰富的用户体验。

9. 娱乐性

　　MG动画常常融入幽默和创意元素,以增强观看的趣味性,吸引来自不同年龄和背景的观众。通过生动的表现形式和有趣的故事情节,MG动画能够引发观众的情感共鸣,进一步增强传播效果。

■ 1.1.3　MG动画的作用

　　MG动画作为一种灵活多样的视觉传播工具,以其独特的视觉风格和强大的表达能力,在数字传播领域发挥着重要作用。下面将对此进行介绍。

1. 信息传达

MG动画能够以简洁明了的方式呈现复杂的信息和数据，帮助观众快速理解和掌握关键要点。通过生动的视觉化表达，MG动画不仅使信息呈现更加直观，还能增强观众的参与感和兴趣。动态效果和图形元素的结合，使得观众能更轻松地跟随动画的展示理清内容的逻辑关系，从而提升信息的传达效果，加深对内容的记忆。

2. 吸引注意力

动态的视觉效果和多样化的表现形式可以使MG动画在信息泛滥的环境中脱颖而出，有效吸引观众的注意力并保持他们的兴趣。通过独特的创意和生动的表现，MG动画能够在瞬息万变的数字世界中抓住观众的目光，提升信息的传播效果。

3. 增强记忆

MG动画通过生动的图像和动态效果，能够帮助观众加深对信息的印象，从而显著增强记忆效果。通过将复杂概念转化为易于理解的视觉元素，MG动画不仅提升了信息的可视化程度，还能有效促使观众加深对内容的长期记忆。

4. 产生情感共鸣

通过讲述引人入胜的故事和巧妙运用幽默元素，MG动画能够有效增加观众的情感投入，从而提升对品牌的好感度。生动的叙事方式让观众更容易产生共鸣，激发他们的情感反应，使品牌形象更加亲切和易于接近。

此外，幽默元素不仅能增加观众的观看乐趣，还能缓解信息传达中的紧张氛围，帮助观众更轻松地接受和记住品牌信息。这种结合不仅提升了品牌的吸引力，还能在竞争激烈的市场中脱颖而出，建立更深层次的观众连接，促进品牌忠诚度的形成。

5. 品牌塑造

通过一致的视觉风格和元素，MG动画能够有效建立品牌的视觉识别系统，增强观众对品牌的记忆度和忠诚度。统一的色彩、字体和图形不仅提升了品牌形象的专业性，还在观众心中形成鲜明的印象，便于识别和记忆。此外，MG动画还通过生动的表现形式，将品牌故事与视觉元素相结合，使观众在享受动画的同时，加深对品牌的认知和情感连接。

6. 跨文化传播

MG动画能够通过通俗易懂的视觉表达，跨越语言和文化的障碍，促进全球范围内的文化传播与理解。MG动画以生动的图像和简洁的叙事方式，使复杂的信息变得易于理解，无论观众是何种语言背景，都能快速把握核心内容。这种视觉化的表达不仅可以有效传达品牌的理念和价值观，还能吸引不同文化背景的观众，促使他们产生共鸣。

此外，MG动画的灵活性使其能够融入各种文化元素，并通过结合当地特色和习俗，进一步增强观众的认同感。这种跨文化交流的方式，为全球观众提供了丰富多元的视角，不仅推动了品牌的全球传播，还推动了文化的共享与交流，促进了不同文化之间的理解与融合。

1.2 MG动画的类别

MG动画在不同的应用领域中发挥着重要的作用，根据用途和目标受众，可以将MG动画分为以下6类。

1. 广告类MG动画

广告类MG动画是指通过动态视觉效果来推广产品或服务的动画形式，主要用于商业推广，旨在吸引观众的注意力并传达品牌信息。广告类MG动画通常具有以下特点。

- **简洁明了**：广告类MG动画通常会强调品牌或产品的核心价值，通过简单而有力的视觉元素，观众可以快速理解广告所传达的信息。
- **视觉冲击力强**：广告类MG动画常常使用鲜艳的色彩、动感的效果和引人注目的图形设计，以吸引观众的注意力并激发兴趣。这种强烈的视觉表现能够在短时间内给观众留下深刻的印象。
- **易产生情感共鸣**：许多广告类MG动画通过讲述故事或展示场景，尝试与观众建立情感联系，使品牌形象更加亲切和易于记忆。

2. 教育科普类MG动画

教育科普类MG动画通过动画形式传达科学知识和教育内容，主要用于教学和培训，帮助观众更好地理解复杂概念。教育科普类MG动画通常具有以下特点。

- **信息清晰**：教育科普类MG动画通过图形和文字的结合，能够简化复杂信息的表达。利用动画的动态特性，能够将抽象的概念具象化，帮助观众更好地理解。
- **互动性强**：一些教育科普类MG动画还包括互动元素，允许观众参与其中，增强学习体验。这种互动性不仅提高了观众的参与感，也能帮助他们更有效地吸收和应用所学知识。
- **内容多样化**：教育科普类MG动画可以涉及从科学、数学到语言学习等多种主题，能够满足不同年龄段观众的学习需求。

3. 影视类MG动画

影视类MG动画主要用于电影、电视剧、短片等多媒体作品中，通常与故事情节和角色发展紧密结合。影视类MG动画通常具有以下特点。

- **叙事性强**：影视类MG动画通过动画讲述故事或传达情感，能够增强影片的叙事效果。通过生动的角色和场景设计，观众能够更好地投入到故事情节中。
- **艺术性高**：影视类MG动画注重视觉风格和艺术表现，常常与音乐和声音效果结合，创造出引人入胜的视听体验。设计师往往通过色彩、构图和动画节奏来强化影片的情感表达。
- **风格多样化**：影视类MG动画可以是2D、3D或混合风格，以适应不同类型的影视作品。

4. 信息图表类MG动画

信息图表类MG动画将数据和统计信息以动态形式呈现，旨在增强数据的可理解性和吸引力，帮助观众更好地理解和分析信息。信息图表类MG动画通常具有以下特点。

- **数据可视化**：通过动画展示数据变化，使信息呈现更加直观。观众可以通过动态的图表和图形，轻松理解数据之间的关系和变化趋势。
- **易于理解**：信息图表类MG动画将复杂的数据以简洁的方式表达，便于观众理解。通过合理的设计和动画效果，能够引导观众关注关键数据和重要信息。
- **增强吸引力**：相比于静态图表，信息图表类MG动画更具吸引力，能够有效提高观众的注意力和参与度，使信息传播更加高效。

5. 社交媒体类MG动画

社交媒体类MG动画是专为社交媒体平台设计的短小动画，旨在吸引用户的注意并促进互动。社交媒体类MG动画通常具有以下特点。

- **短小精悍**：社交媒体类MG动画通常时长较短，信息传达迅速，适应用户快速浏览的习惯。
- **易于分享**：设计时考虑到社交媒体的传播特点，动画内容通常具有较高的分享价值，能够引发用户的互动和讨论。
- **适应性强**：社交媒体类MG动画能够根据不同平台的特点进行调整，例如，为微信、抖音或微博等平台专门制作适合其用户群体和内容格式的动画。

6. 企业宣传类MG动画

企业宣传类MG动画是指用于展示企业形象、产品或服务的动画形式，旨在提升品牌认知度和客户信任度。例如，图1-4所示的鸿蒙系统开机动画就是一种企业宣传类MG动画。

图1-4　鸿蒙系统开机动画

企业宣传类MG动画通常具有以下特点。

- **专业性强**：企业宣传类MG动画通常会展现企业的专业形象，强调产品的优势和服务的质量。
- **提供案例展示**：通过动画展示成功案例或客户反馈，增强潜在客户的信任感和购买欲望。
- **可多渠道传播**：企业宣传类MG动画可以通过官网、社交媒体、展会等多种渠道进行传播，扩大品牌影响力。

1.3　MG动画的应用领域

独特的视觉表现力和信息传达能力，使MG动画广泛应用于多个领域，包括广告、教育、影视、科技等。

1. 广告与营销

MG动画在广告与营销中发挥着重要作用。通过生动的视觉效果和创意的叙事方式，MG动画能够有效吸引观众的注意力，增强品牌形象。企业可以利用MG动画制作产品介绍视频，展示产品特性、使用方法和优势，帮助消费者更好地理解和记住产品，从而提高转化率。

2. 教育与科普

在教育领域，MG动画被广泛应用于在线课程和培训视频中。通过动画的方式，可以使复杂的概念和知识点变得更加易于理解，增加了学习的趣味性和互动性。

此外，MG动画在科普中也发挥着重要作用。通过生动形象的动画，公众会更容易理解各种科学知识，从而提升科学素养。这种方式使复杂的科学概念变得易于接受，能够激发公众对科学的兴趣。

3. 影视与娱乐

在影视产业中，MG动画凭借其动态图形设计的优势，不仅被广泛应用于电影片头设计（如《蜘蛛侠：平行宇宙》的漫画风开场）、电视剧转场特效（如《西部世界》的机械元件可视化），更在娱乐产业中扮演着跨界融合的角色。在综艺节目制作中，MG动画可实时生成互动投票数据可视化界面；游戏宣传片常运用其打造赛博朋克风格的场景过渡；主题乐园则通过投影映射技术将MG动画转化为沉浸式娱乐体验。

特别在音乐娱乐领域，像比莉·艾利什（Billie Eilish）的MV《Therefore I Am》就通过极简的MG动画强化了歌曲的诙谐气质，而虚拟演唱会中实时渲染的粒子特效更是将音乐可视化推向新维度。这种动态图形语言正重构着影视娱乐内容的表达方式，从流媒体平台的动态信息图到短视频平台的创意贴纸，MG动画已成为连接影视叙事与娱乐体验的重要技术纽带。

4. 新闻与报告

在新闻报道和专业报告中，MG动画在数据展示和信息可视化方面具有显著优势。通过将复杂的统计数据和关键信息转化为动态图表和动画演示，MG动画能够帮助观众更直观地理解和吸收信息。例如，在财经新闻或市场分析报告中，动态的图表和图形可以实时展示数据变化，使得抽象的概念和复杂的数据关系变得一目了然。

此外，MG动画还广泛应用于新闻节目的开场、转场以及背景信息的补充。它不仅能够增强新闻节目的视觉效果，还能提升观众的兴趣和参与度。对于企业内部的年度报告、项目汇报或产品发布会，MG动画可以通过生动的视觉呈现方式，突出重点，简化复杂的信息结构，从而提高报告的说服力和影响力。

在数字化时代，信息过载是一个普遍问题，而MG动画提供了一种有效的解决方案。它不仅让信息传达更为清晰和直接，还提升了信息的吸引力和易读性。无论是电视台的新闻播报、在线媒体平台的专题报道，还是企业的内部培训和对外宣传，MG动画都能为新闻与报告增加新的维度，使其更具吸引力和说服力。

5. 科技与医疗

在科技和医疗领域，MG动画被广泛应用于产品演示和科普教育。通过动画的方式，复杂的科技产品或医疗设备的工作原理和使用方法得以更清晰地展示，使观众能够直观理解其功能和操作流程。

6. 社交媒体

随着社交媒体的普及，MG动画成为了吸引用户注意的重要工具。短小精悍的MG动画视频在社交平台上广受欢迎，能够迅速传播信息并吸引观众。此外，动态贴纸和表情包的制作也常常采用MG动画，使用户在沟通中增加趣味性和互动性。

7. 企业宣传

通过生动的MG动画展示企业文化、发展历程和核心价值，可以显著增强品牌形象。企业还可以利用MG动画制作项目汇报视频，以更加生动有趣的方式展示项目进展和成果，提升内部和外部沟通的效果。

1.4　MG动画的制作流程

MG动画的制作流程通常包括多个步骤，这些步骤共同作用，确保了最终作品的质量和效果。下面将对此进行介绍。

■1.4.1　前期策划

前期策划是MG动画制作的基础，在该阶段，动画设计师需要与客户或团队深入沟通，明确动画的目的、受众、核心信息和预期效果，以确保制作方向与客户需求一致。确定后进行创意构思，确定动画的主题、风格和叙事方式，据此撰写详细脚本，描述动画中的对话、角色和重要场景，为后续制作提供指导和框架。

■1.4.2　故事板制作

故事板是将脚本视觉化的重要步骤，它通过软件展示效果的视觉草图，如图1-5所示。设计师在这一阶段需要根据脚本内容，将每个镜头的构图、动作和场景顺序进行可视化。这包括确定每个镜头的时长、转场效果和叙事节奏，以确保故事流畅且引人入胜。

在制作故事板时，设计师需要关注以下四点。

- **镜头构图**：清晰展示每个镜头的视觉布局，包括角色的位置、背景元素和道具安排等。
- **动作表现**：通过草图或注释描述角色的动作和表情，帮助团队理解角色在每个场景中的表现。
- **时长与节奏**：为每个镜头分配适当的时长，确保叙事节奏合适，使观众能够轻松跟随故事的发展。

- **转场效果**：设计镜头之间的转场效果，增强故事的连贯性和视觉吸引力。

通过精心制作的故事板，团队能够在后续制作过程中保持一致的创意方向，确保最终动画作品既流畅又富有吸引力。

1.4.3 素材绘制

故事板制作完成后，接下来便是根据故事板设计动画中的角色和场景。这一阶段涉及角色的外观、表情、动作，以及背景和其他视觉元素的设计。在此过程中，需要确保角色的风格与整体动画保持一致，以便形成统一的视觉效果。在角色和场景设计中，设计师需要关注以下四点。

图 1-5　故事板示意图

- **角色设计**：创建角色的外观，包括服装、颜色和形状，确保其符合角色的性格和故事背景。同时，设计多种表情和动作，以便在动画中表现出丰富的情感和动态。
- **场景设计**：设计背景和环境，考虑与角色的互动关系。背景应当与角色风格相协调，以此来增强整体氛围和深化故事情感。
- **视觉元素**：设计其他视觉元素，如道具、图标和特效，确保这些元素与角色和场景相辅相成，提升视觉吸引力。
- **风格一致性**：在整个设计过程中，始终保持角色和场景的风格一致性，以确保动画的整体性和专业性。

1.4.4 动画制作

动画制作是将静态素材转换为动态视觉内容的过程。首先，将绘制的素材导入动画软件，然后为各个元素设置关键帧，以创建所需的动画效果。接下来，根据需要添加特效，如转场效果、动态背景和粒子动效，以增强动画的视觉表现力和趣味性。

在这个过程中，设计师还可根据需求在动画中添加音效和配乐，以提升整体的节奏感和情感氛围。音效和配乐不仅能增强观众的沉浸感，还能有效传达情感，进一步丰富故事的表达。

1.4.5 后期制作

后期制作是确保动画质量和效果的重要阶段，在此阶段中，设计师需要将所有动画元素、音效、音乐等进行合成，并通过调色和特效处理，使画面效果统一且美观。动画成型后，还需要交付团队或客户审阅，收集反馈信息并进行必要的修改和调试，最终确定后，要根据不同的发布要求，将动画导出为合适的格式和分辨率。在发布后，还需要收集观众的反馈并进行数据分析，对动画效果进行评估，从而为未来的项目提供参考和改进意见。

1.5　实战演练：制作图表MG动画

图表MG动画可以直观展示数据的变化，使观众更易理解。本实战演练将通过After Effects软件来制作图表MG动画。

扫码观看视频

步骤01 打开After Effects软件，单击"主页"中的"新建项目"按钮新建项目，单击"合成"面板中的"新建合成"按钮，打开"合成设置"对话框，设置参数，如图1-6所示。

步骤02 参数设置完成后单击"确定"按钮，新建的合成如图1-7所示。

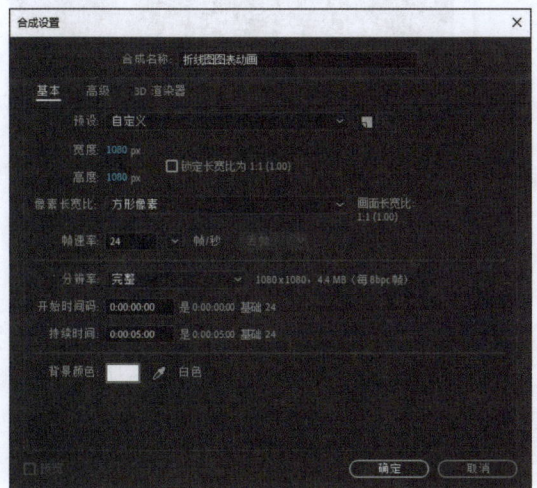
图1-6　设置合成

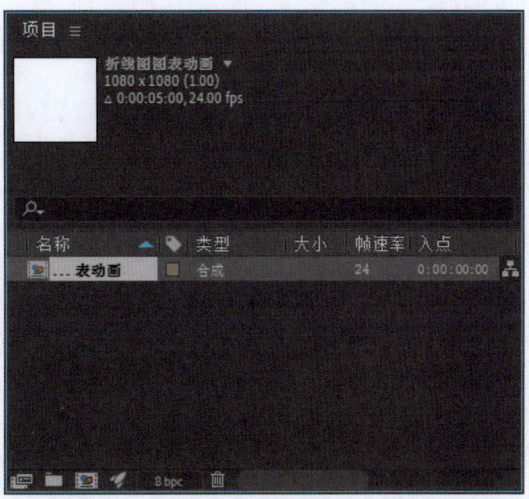
图1-7　新建的合成

步骤03 双击"工具"面板中的矩形工具，创建与合成等大的矩形，如图1-8所示。

步骤04 在"属性"面板中设置矩形形状的属性，属性设置和效果如图1-9所示。

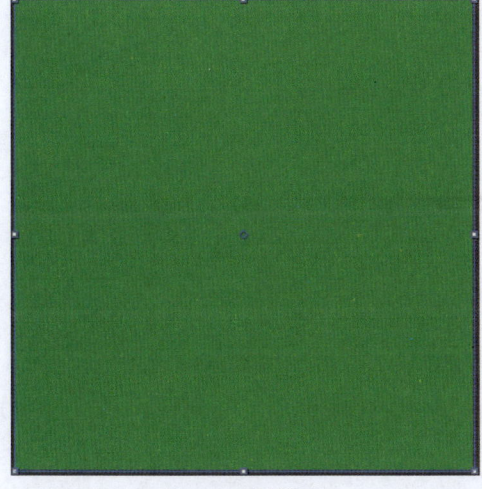
图1-8　绘制矩形

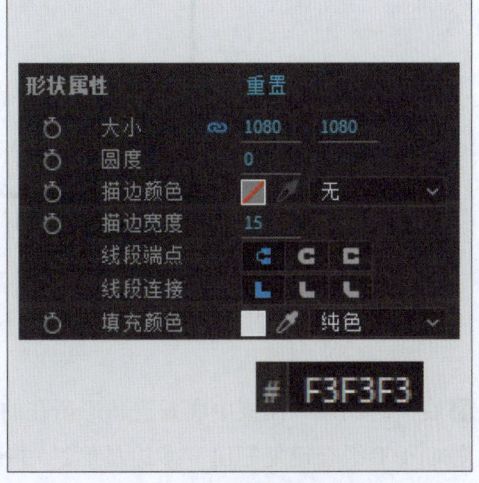
图1-9　矩形属性设置和效果

步骤05 在"时间轴"面板空白处单击取消选择,选择"工具"面板中的钢笔工具,在"合成"面板中按住Shift键并单击绘制线段,如图1-10所示。

步骤06 在"属性"面板中设置线段的形状属性,在"对齐"面板中设置其与合成居中对齐,效果如图1-11所示。

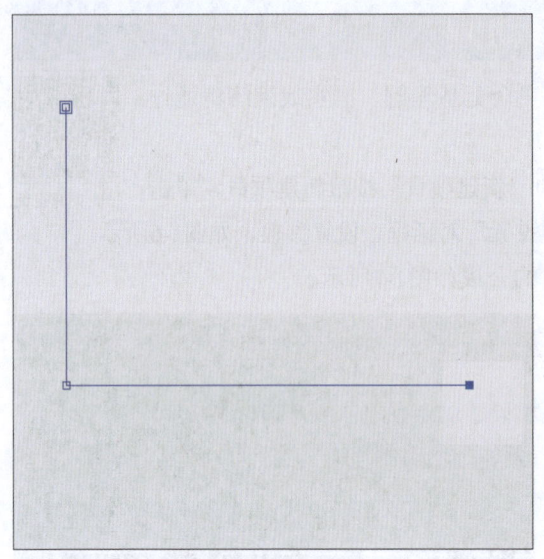

图1-10 绘制线段 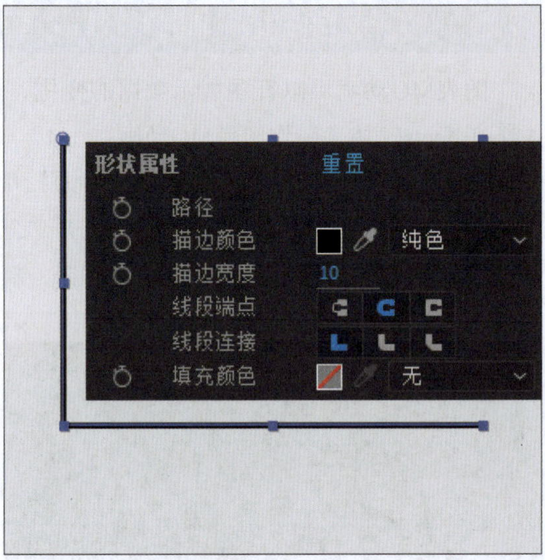　　　　　　　　　图1-11 设置线段的属性并使其与合成居中对齐

步骤07 取消选择图层,选择"工具"面板中的多边形工具(长按矩形工具,在弹出的菜单中选择),在"合成"面板中按住鼠标左键拖曳绘制,绘制过程中按↓键减少角数,直至调整为三角形,设置三角形的填充颜色为黑色、描边为无,效果如图1-12所示。

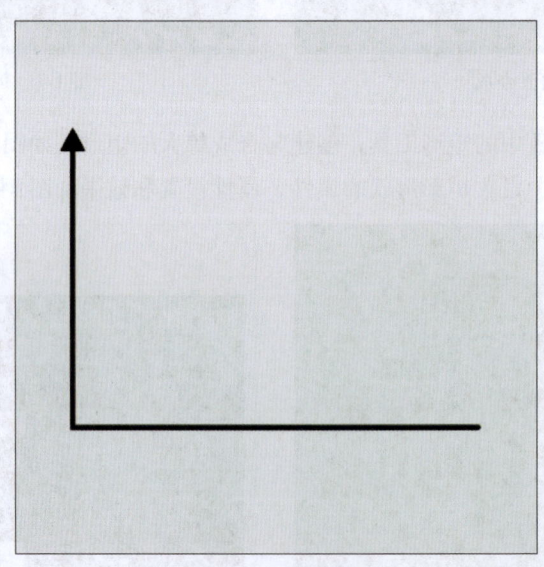

图1-12 绘制三角形

步骤08 在"时间轴"面板中展开三角形所在的形状图层,选择"内容"属性组中的"多边星形1",按Ctrl+D组合键复制出"多边星形2"并选中。接着在"合成"面板中移动鼠标指针至复

制出的三角形周围，待鼠标指针变为┗形状时，按住Shift键拖曳旋转90°，并移动至合适位置，如图1-13所示。

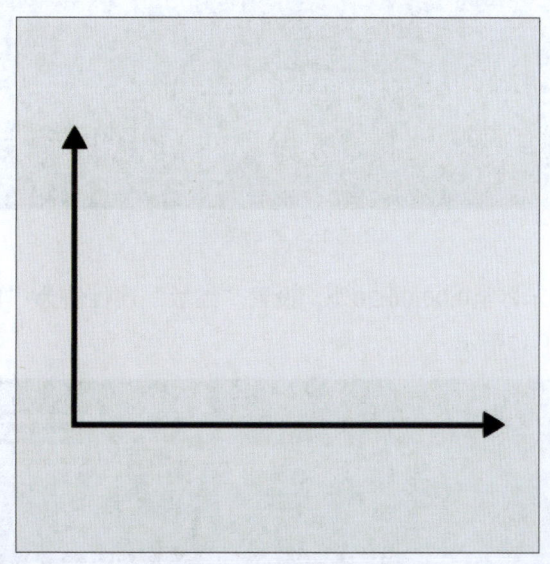

图 1-13　复制并调整三角形

步骤 09 取消选择任何图层，选择椭圆工具，按住Shift键，在"合成"面板中拖曳绘制一个圆形，并设置描边为无、填充颜色为#FF7200，效果如图1-14所示。

步骤 10 选中圆形，按Ctrl+Alt+Home组合键，设置锚点位于圆形中心，如图1-15所示。

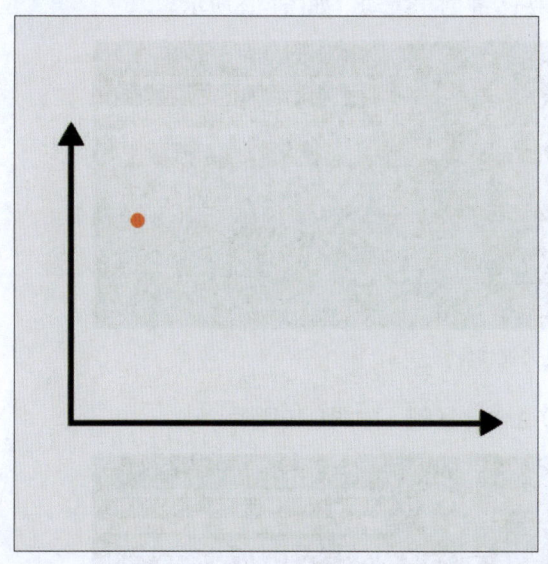
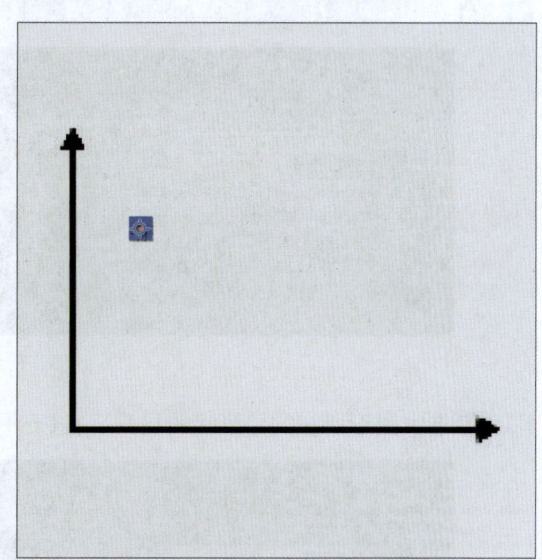

图 1-14　绘制圆形　　　　　　　　　图 1-15　设置锚点位置

步骤 11 选中圆形所在的图层，按S键展开其"缩放"属性，设置属性值为"0.0,0.0%"。移动当前时间指示器至0:00:00:00处，单击"缩放"属性左侧的"时间变化秒表"按钮 添加关键帧，如图1-16所示。

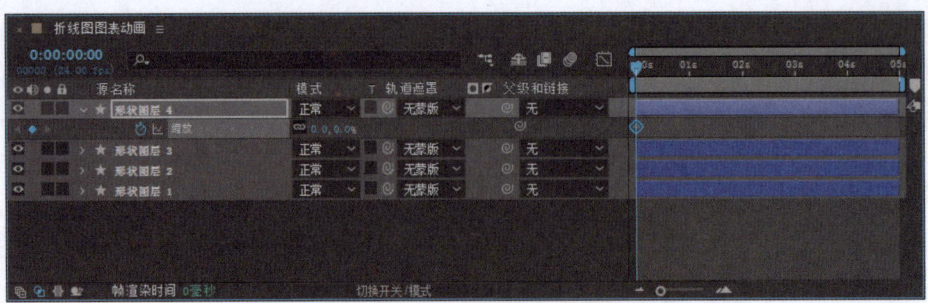

图 1-16　添加关键帧

步骤 12 移动当前时间指示器至0:00:00:20处,设置"缩放"属性值为"100.0,100.0%",软件将自动添加关键帧,如图1-17所示。

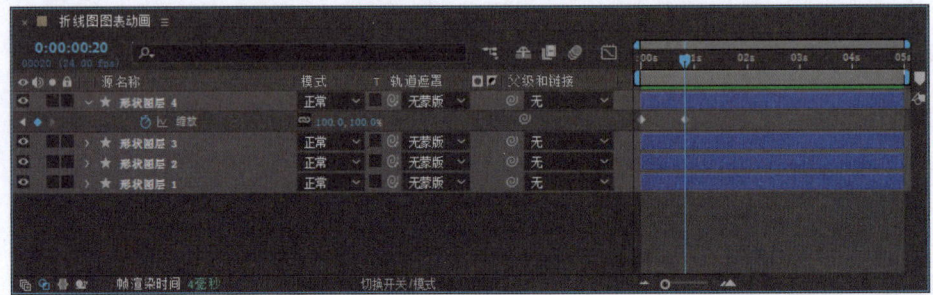

图 1-17　调整属性值后自动添加关键帧

步骤 13 选中**步骤 11**和**步骤 12**添加的两个关键帧,按F9键创建缓动,如图1-18所示。

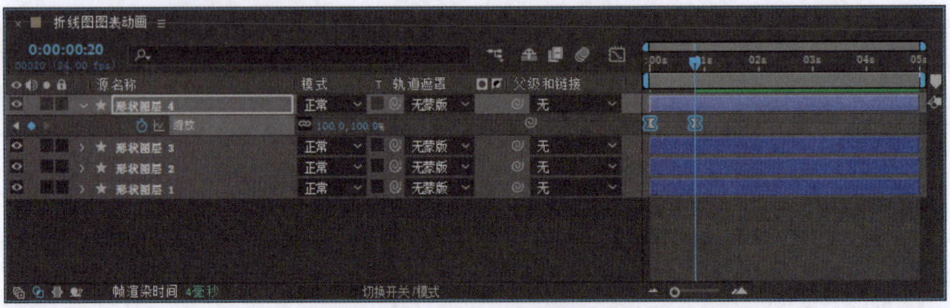

图 1-18　创建关键帧缓动

步骤 14 选中圆形所在的"形状图层4",按Ctrl+D组合键复制,如图1-19所示。

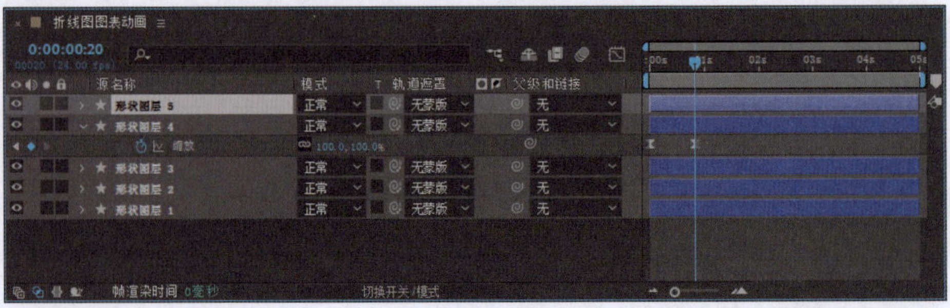

图 1-19　复制图层

步骤 15 在"合成"面板中调整复制出的圆形的位置,如图1-20所示。

步骤 16 重复步骤 14 和步骤 15 的操作两次,然后选中4个圆形,在"对齐"面板中单击"水平均匀分布"按钮,效果如图1-21所示。

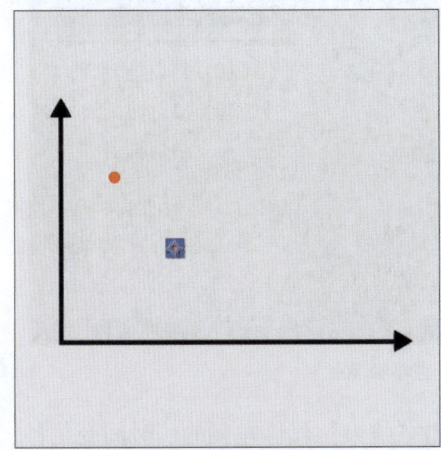 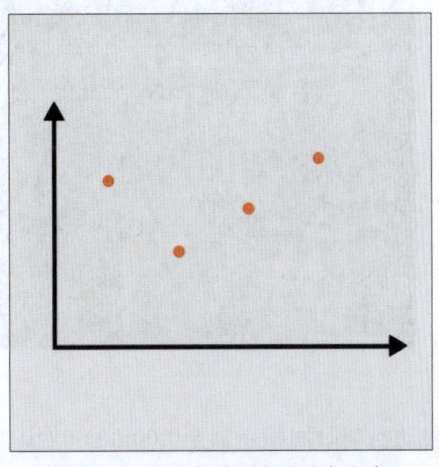

图 1-20　调整圆形位置　　　　　　　图 1-21　使4个圆形水平均匀分布

步骤 17 在"时间轴"面板中选中复制出的三个形状图层,分别向右拖曳不同的距离,使其入点错开,如图1-22所示。

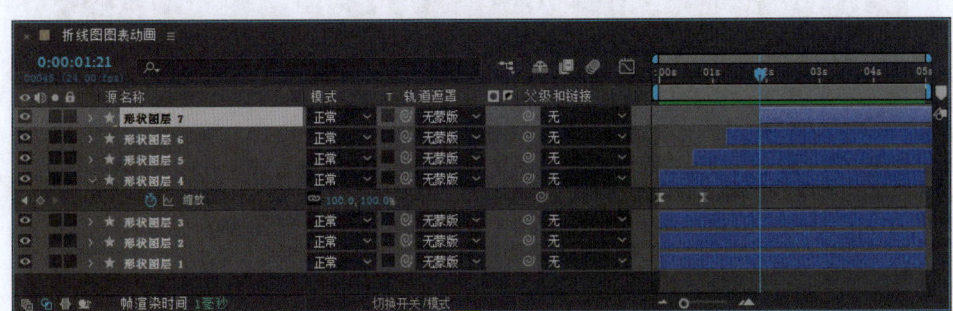

图 1-22　调整复制出的形状图层的入点

步骤 18 取消选择图层,选择钢笔工具,根据圆形所在位置绘制折线,并设置填充为无,描边颜色与圆形的填充颜色一致,如图1-23所示。效果如图1-24所示。

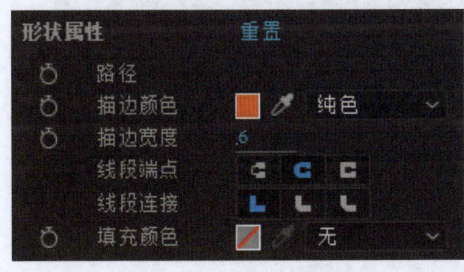 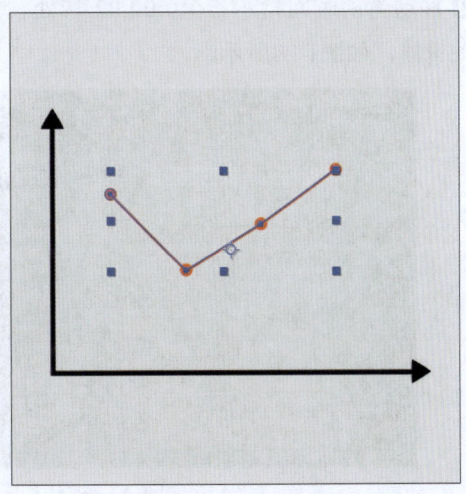

图 1-23　设置折线属性　　　　　　　图 1-24　折线效果

步骤19 展开折线所在的形状图层,单击"内容"右侧的"添加"按钮,在弹出的菜单中执行"修剪路径"命令,添加"修剪路径1"属性,如图1-25所示。

图1-25 添加修剪路径属性

步骤20 移动当前时间指示器至0:00:00:00处,单击"结束"属性左侧的"时间变化秒表"按钮添加关键帧,并设置属性值为"0.0%",如图1-26所示。

图1-26 添加关键帧并设置属性值

步骤21 移动当前时间指示器至0:00:02:17处,设置"结束"属性值为"100.0%",软件将自动添加关键帧,如图1-27所示。

图1-27 调整属性值后自动添加关键帧

步骤 22 选中步骤 20 和步骤 21 中添加的两个关键帧，按F9键创建缓动，如图1-28所示。

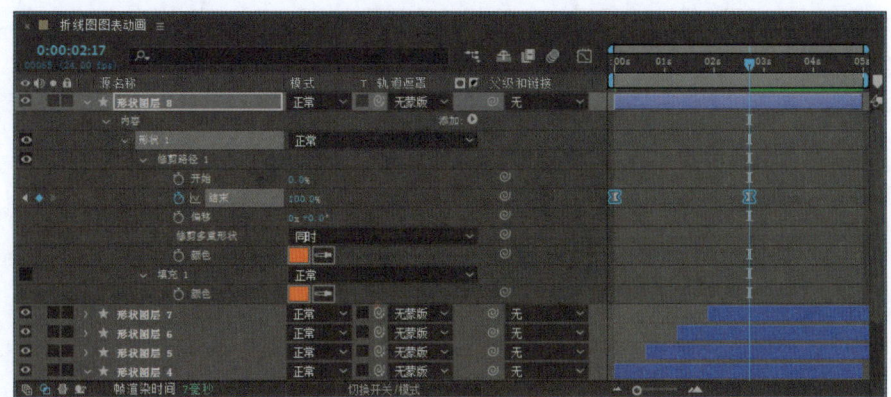

图1-28　创建缓动

步骤 23 选中"形状图层4"~"形状图层8"，按Ctrl+D组合键复制，将复制出的5个形状图层拖曳至"时间轴"面板最上方，如图1-29所示。

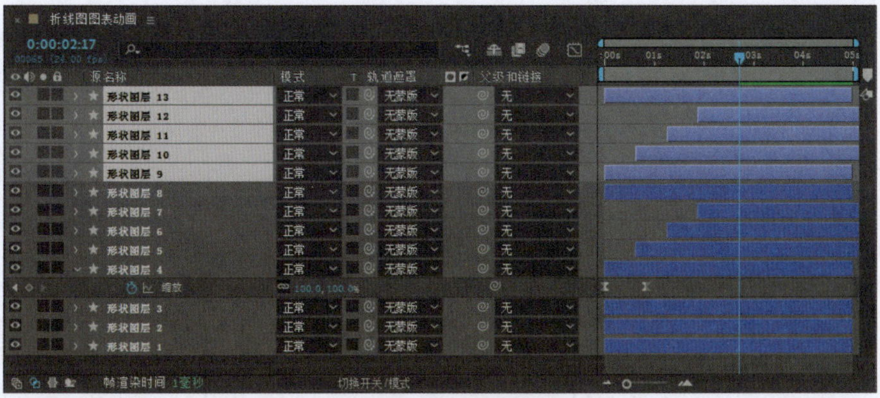

图1-29　复制图层并调整位置

步骤 24 将复制的图层统一向右拖曳10帧，如图1-30所示。

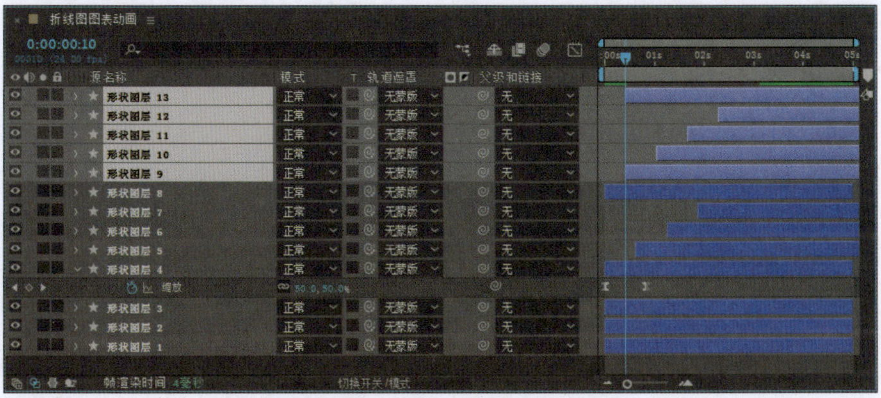

图1-30　向右拖曳复制的图层

步骤 25 移动当前时间指示器至0:00:03:00，在"合成"面板中选中复制的圆形对象，调整颜色和位置，如图1-31所示。

步骤 26 选中"形状图层13"，选择钢笔工具，调整折线路径，并设置其描边颜色与 步骤 25 中圆形的填充色一致，如图1-32所示。

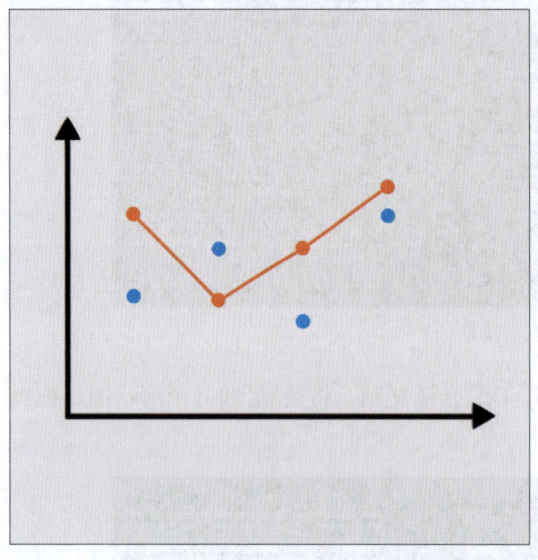

图 1-31 调整圆形的颜色和位置　　　　图 1-32 调整折线路径及颜色

步骤 27 按空格键播放预览，效果如图1-33所示。

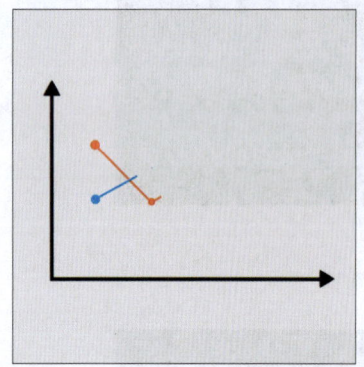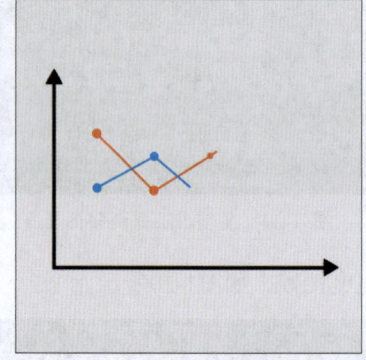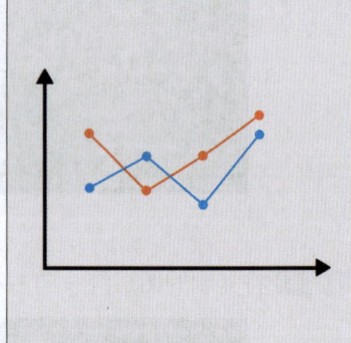

图 1-33 预览效果

至此，完成图表MG动画的制作。

模块 2　MG 动画平面工具

内容概要　Photoshop和Illustrator是MG动画制作中的常用工具，前者擅长位图处理和特效设计，后者则侧重于矢量图形的创建和编辑。在制作MG动画的过程中，使用这两种工具可以使制作过程更加高效灵活，实现丰富的视觉效果。本模块将对Photoshop和Illustrator的应用进行介绍。

数字资源
【本模块素材】："素材文件\模块2"目录下
【本模块实战演练最终文件】："素材文件\模块2\实战演练"目录下

2.1 图像处理工具Photoshop

Photoshop是一款经典的图像编辑软件，广泛应用于图像处理、图形设计等领域。除此之外，它还提供了强大的时间轴功能，方便用户创建丰富的MG动画效果。本节将对Photoshop进行介绍。

■ 2.1.1 认识Photoshop

Photoshop简称为PS，是Adobe公司开发和发行的一款优秀的图像处理软件，主要用于处理像素构成的数字图像。PS提供了丰富的编辑和绘图工具，使用户能够便捷地创建和优化图形元素，从而制作出更具视觉冲击力的MG动画作品。

启动Photoshop软件，新建或打开文档，将进入Photoshop工作界面，如图2-1所示。该界面包括菜单栏、选项栏、工具箱、图像编辑窗口、状态栏、时间轴及常用面板，可以辅助用户快速精准地完成动画制作的各项操作。

图 2-1 Photoshop 工作界面

Photoshop工作界面主要组成部分的作用介绍如下：

- **菜单栏**：包括常用的命令菜单，如文件、编辑、图像、视图、窗口等。单击菜单名称，在弹出的下拉菜单中执行命令可以实现相应的操作。
- **选项栏**：用于设置当前工具的参数，选取的工具不同，选项栏中显示的内容也不同。
- **工具箱**：用于存放Photoshop提供的各种工具，包括选择工具、钢笔工具、画笔工具等。移动鼠标指针至工具图标上单击即可选择该工具。部分工具以组的形式隐藏在工具箱中，具体表现为工具图标右下角带小三角形，长按这种图标将显示该工具组中包含的工具。
- **图像编辑窗口**：绘制、编辑图像及图形内容的工作区域。
- **状态栏**：显示当前操作提示和当前文档的相关信息。用户可以选择需要在状态栏中显示的信息，只需单击状态栏右端的 〉按钮，在弹出的菜单中选择信息项即可。
- **时间轴**：创建和编辑动画效果的主要工作面板，支持用户以逐帧动画或时间线动画的方式，创建动画效果。
- **面板**：包括"图层"面板、"属性"面板、"渐变"面板等多种面板，这些面板提供了不同的选项和功能，可以帮助用户高效地完成图像编辑及动画制作。单击"窗口"菜单，在其下拉菜单中执行命令，可打开或关闭面板。

2.1.2 Photoshop基础操作

了解Photoshop基础操作，可以帮助用户快速上手使用软件，从而顺利进行动画创作。本节将对Photoshop基础操作进行介绍。

1. 文档操作

文档是Photoshop操作的基础，所有动画操作都需要在文档中进行。下面将对文档操作进行介绍。

（1）新建文档

Photoshop中提供了多种新建文档的方式，常用的有以下三种。
- 单击"主页"中的"新建"按钮。
- 执行"文件"→"新建"命令。
- 按Ctrl+N组合键。

通过以上三种方式，都将打开"新建文档"对话框，如图2-2所示。其中左侧区域包括各种预设的文档尺寸，右侧"预设详细信息"中可以自定义文档的宽度、高度、分辨率等属性。在该对话框中设置好参数后，单击"创建"按钮，将根据设置新建空白文档。

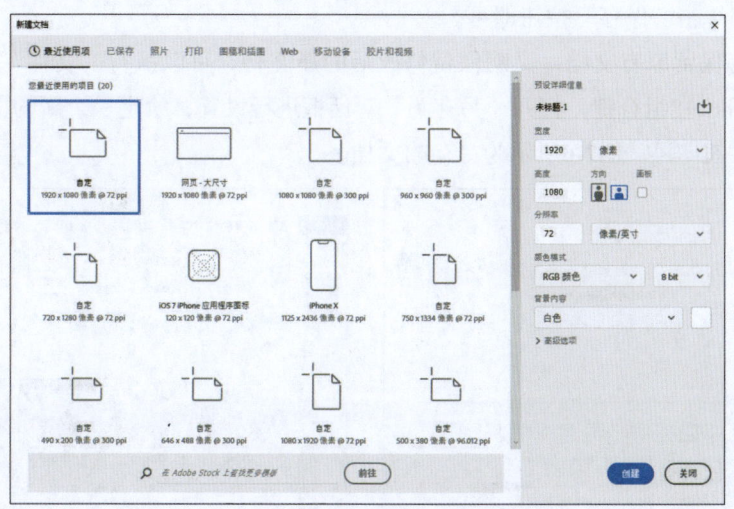

图 2-2 "新建文档"对话框

（2）打开文档

对于已创建的文档，用户可以在Photoshop中重新打开进行编辑。常用的打开文档的方式包括以下三种。
- 单击"主页"中的"打开"按钮。
- 执行"文件"→"打开"命令。
- 按Ctrl+O组合键。

使用以上三种方式都将打开"打开"对话框，如图2-3所示。从中找到并选中要打开的图像文档，单击"打开"按钮即可，如图2-4所示。

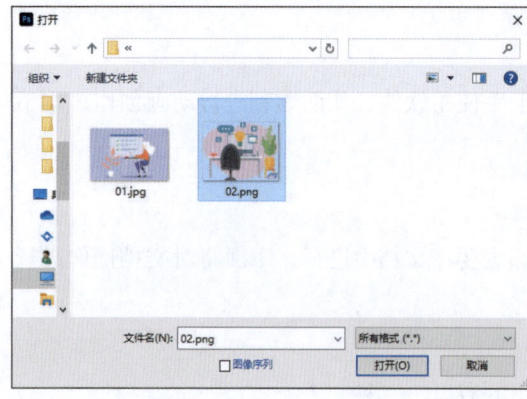

图 2-3 "打开"对话框

图 2-4 打开的图像文档

（3）保存文档

在制作动画的过程中，及时保存文档可以避免因软件意外关闭或误操作造成的文档损坏。Photoshop提供了多种保存文档的方式，下面将逐一进行介绍。

对于保存过的文档，执行"文件"→"存储"命令或按Ctrl+S组合键，即可直接保存文档，并覆盖之前保存的文档。若文档为第一次保存，将打开"另存为"对话框，如图2-5所示。设置相关参数后，单击"保存"按钮即可。

若用户既想保留原有文档，又想保留修改后的新文档，可以执行"文件"→"存储为"命令，或按Ctrl+Shift+S组合键，打开"另存为"对话框进行设置，给定一个新的文件名，完成后单击"保存"按钮即可。图2-6所示为另存的文档。

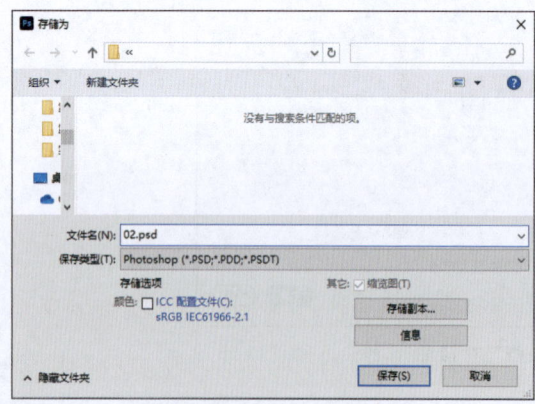

图 2-5 "另存为"对话框

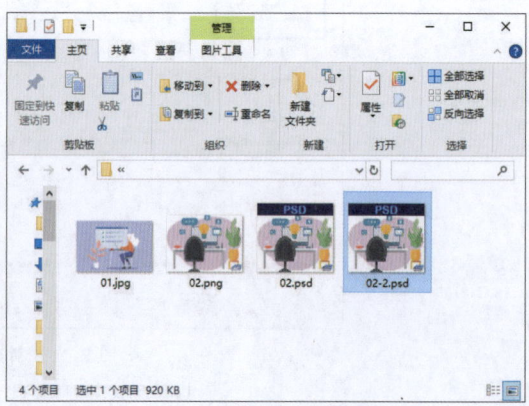

图 2-6 另存的文档

用户也可以执行"文件"→"存储副本"命令，或按Alt+Ctrl+S组合键，打开"存储副本"对话框进行保存。

(4) 导出文档

导出文档操作可以将当前图像保存为便于分享、打印或在其他软件中应用的格式。执行"文件"→"导出"命令，在弹出的子菜单中包含多个导出命令，如图2-7所示。其中部分命令的作用介绍如下：

- **快速导出为PNG**：根据"导出"首选项中指定的设置快速导出文档。默认快速导出格式为PNG。
- **导出为**：执行该命令，在将图层、图层组、画板或文档导出为图像时，可以微调设置。
- **存储为Web所用格式（旧版）**：旧版导出选项。
- **画板至文件**：将画板导出为单独的文件。
- **将图层导出到文件**：执行该命令，可以使用多种格式将图层作为单个文件导出和存储，在存储时图层将自动命名。

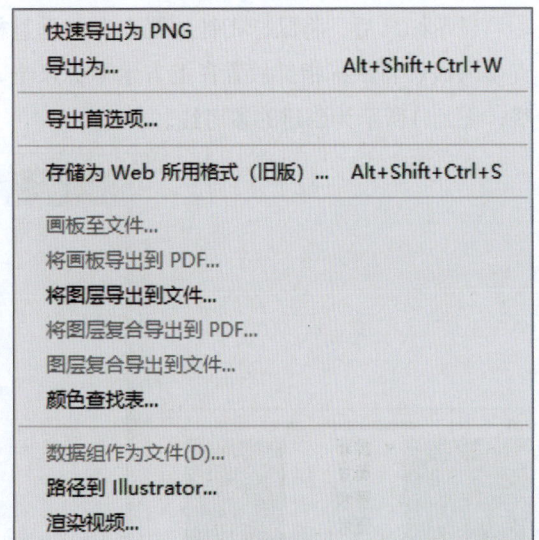

图 2-7　导出命令

2. 素材置入

置入素材可以将图像或其他Photoshop支持的文件添加至文档中。执行"文件"→"置入嵌入对象"命令，打开"置入嵌入的对象"对话框，如图2-8所示。从中选择要置入的素材文件，单击"置入"按钮即可，如图2-9所示。

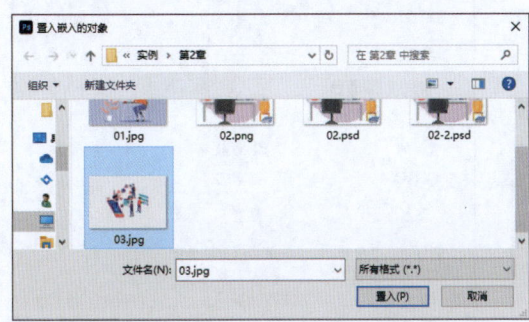

图 2-8　"置入嵌入的对象"对话框

图 2-9　置入的对象

除此之外，用户也可以执行"文件"→"置入链接的智能对象"命令置入素材。使用该命令置入的对象，当对象原文件中进行修改保存后，会同步更新至使用该对象的文档中。

3. 辅助工具

辅助工具的应用可以提高编辑效率，帮助用户精确控制动画元素的位置和大小。常用的辅助工具包括标尺、参考线、智能参考线、网格等。

（1）标尺

标尺可以精确定位图像或元素。执行"视图"→"标尺"命令，或按Ctrl+R组合键即可显示或隐藏标尺。标尺分布在图像编辑窗口的上边缘和左边缘（X轴和Y轴）。在标尺处右击，将弹出度量单位切换菜单，可选择更改标尺的单位，如图2-10所示。

（2）参考线

显示标尺后，将鼠标指针放置在左侧垂直标尺上，按住鼠标左键向右拖动，将创建一条垂直参考线；将鼠标指针放置在上方水平标尺上，按住鼠标左键向下拖动，将创建一条水平参考线。图2-11所示为创建的参考线。

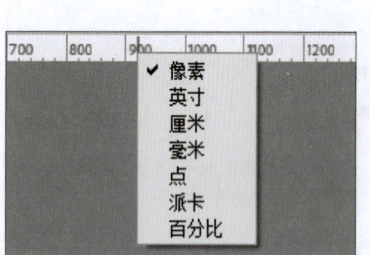

图2-10　更改单位

图2-11　创建的参考线

用户也可以执行"视图"→"参考线"→"新建参考线"命令，打开"新参考线"对话框，如图2-12所示。从中设置具体的位置参数与显示颜色后，单击"确定"按钮即可创建一条参考线。若要一次性创建多条参考线，可执行"视图"→"参考线"→"新建参考线版面"命令，在弹出的"新建参考线版面"对话框中设置参数，如图2-13所示。设置完成后单击"确定"按钮即可。

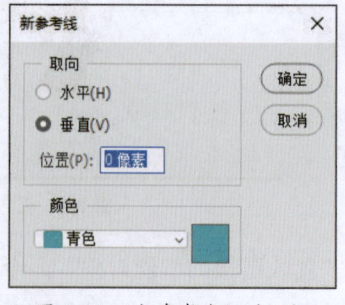

图2-12　"新参考线"对话框

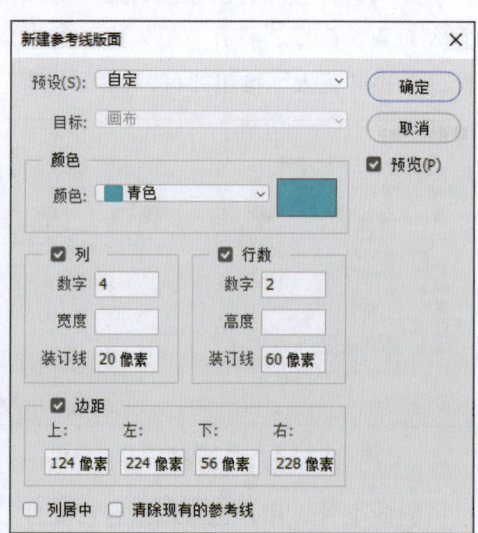

图2-13　"新建参考线版面"对话框

执行"视图"→"参考线"→"清除参考线"命令将清除所有参考线。执行"视图"→"参考线"→"清除所选参考线"命令将删除选中的参考线。

（3）智能参考线

智能参考线是一种仅在绘制、移动、变换的情况下自动显示的参考线，可以帮助用户对齐形状、切片和选区。智能参考线可以在多个场景中发挥作用，例如，在复制或移动对象时，它会显示所选对象和直接相邻对象之间的距离，并帮助对齐其他相关对象，确保对象之间的距离一致。

（4）网格

网格可以用于对齐参考线，方便在编辑操作中对齐物体。执行"视图"→"显示"→"网格"命令可在页面中显示网格，如图2-14所示。再次执行该命令时，将隐藏网格。执行"编辑"→"首选项"→"参考线、网格和切片"命令，在打开的"首选项"对话框中可对网格的颜色、样式、网格线间距、子网格数量等参数进行设置，如图2-15所示。

图 2-14　显示网格

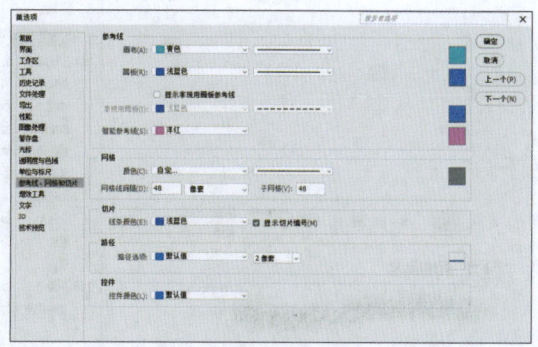

图 2-15　"首选项"对话框网格设置

2.1.3　图形的绘制

画笔工具组、形状工具组、钢笔工具组中的工具，可以帮助用户完成图形的绘制；使用渐变工具，可以对绘制的图形进行填充。下面将对此进行介绍。

1. 画笔工具组

画笔工具组中包括画笔工具、铅笔工具、颜色替换工具和混合器画笔工具4种工具，这些工具不仅可用于处理图像，还可用于绘制图形。

（1）画笔工具

画笔工具 是绘图的主要工具，通过选择不同的笔刷，可以使用画笔工具绘制出丰富多样的图形效果。选择画笔工具，在选项栏中可以设置选项参数，如图2-16所示。

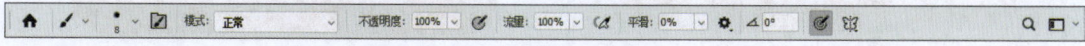

图 2-16　画笔工具选项栏

其中部分常用选项的作用介绍如下：

- 点按可打开"画笔预设"选取器 ：单击此处可打开"画笔预设"选取器，从中可以选择画笔笔刷，设置画笔的大小和硬度，如图2-17所示。

- **切换"画笔设置"面板**：单击该按钮，将打开图2-18所示的"画笔设置"面板，从中可以对画笔的数量、形态等进行设置。
- **模式**：用于设置绘画颜色与下方现有像素之间的混合方式。
- **不透明度**：用于设置绘画颜色的不透明度。数值越小，透明度越高。
- **流量**：用于设置使用画笔绘图时所绘颜色的深浅。若设置的流量较小，则其绘制效果如同降低透明度一样，但经过反复涂抹，颜色会逐渐饱和。
- **启用喷枪样式的建立效果**：启用该按钮，可将画笔转换为喷枪工作模式，在图像编辑窗口中按住鼠标左键不放，将持续绘制笔迹；若停用该按钮，在图像编辑窗口中按住鼠标左键不放，将只绘制一个笔迹。
- **设置绘画的对称选项**：单击该按钮，在弹出的菜单中可选择多种对称类型，如垂直、水平、双轴、对角、波纹、圆形、螺旋线等，以绘制对称图案，如图2-19所示。

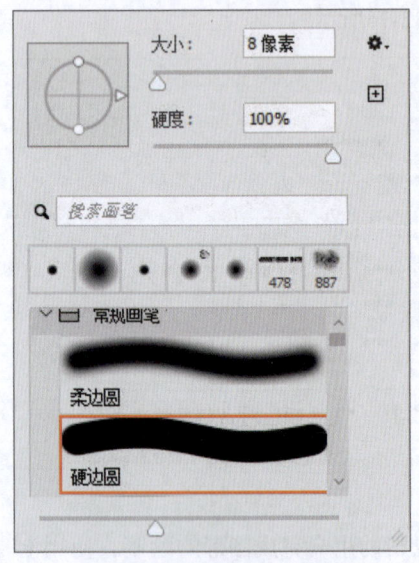

图 2-17 "画笔预设"选取器

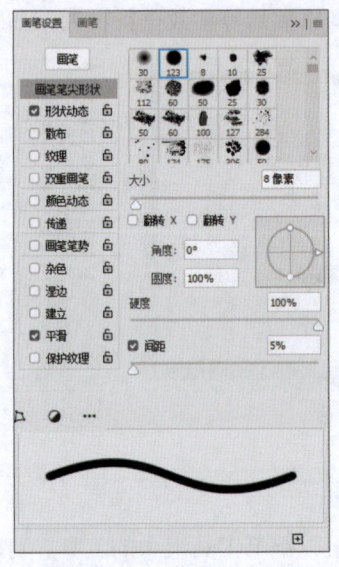

图 2-18 "画笔设置"面板

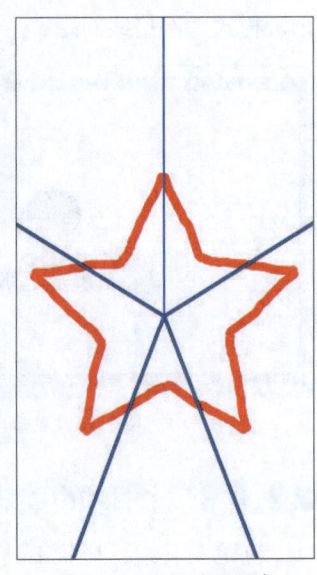

图 2-19 绘制对称图案

（2）铅笔工具

铅笔工具和画笔工具在功能和应用上都较为相似，只是使用铅笔工具绘制的图形的边缘较硬，锯齿效果明显。图2-20和图2-21所示分别为使用画笔工具和铅笔工具绘制的图形。

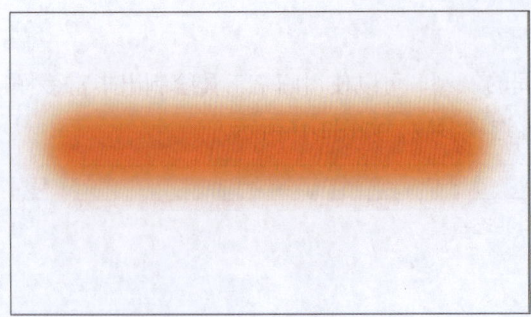

图 2-20 画笔工具绘图效果

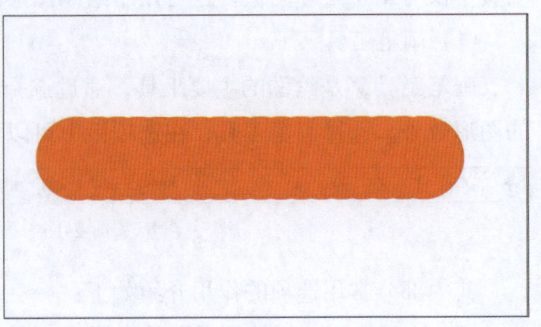

图 2-21 铅笔工具绘图效果

(3) 颜色替换工具

颜色替换工具可以在保留图像原有材质的纹理与明暗的情况下，使用前景色替换图像中的色彩。选择该工具后，在需要替换颜色的区域涂抹即可。图2-22和图2-23所示为使用颜色替换工具替换颜色前后的对比效果。

图 2-22　原图像

图 2-23　颜色替换效果

(4) 混合器画笔工具

混合器画笔工具 ✔ 可以混合画布上的颜色，组合画笔上的颜色，还可以在描边过程中使用不同的绘画湿度。图2-24所示为该工具的选项栏。

图 2-24　混合器画笔工具选项栏

其中部分常用选项的作用介绍如下：

- **当前画笔载入**　　：单击　　色块可调整画笔颜色，单击右侧下三角按钮可以选择"载入画笔""清理画笔""只载入纯色"。
- **"每次描边后载入画笔"** ✔ **和"每次描边后清理画笔"** ✘ **按钮**：用于控制每一笔涂抹结束后对画笔是否更新和清理。
- **潮湿**：控制画笔从画布拾取的油彩量，较高的设置会产生较长的绘画条痕。
- **载入**：指定储槽中载入的油彩量，载入速率较低时，绘画描边干燥的速度会更快。
- **混合**：控制画布油彩量同储槽油彩量的比例。比例为100%时，所有油彩将从画布中拾取；比例为0%时，所有油彩都来自储槽。
- **流量**：控制混合画笔流量大小。
- **描边平滑度** 10%　　：用于控制画笔抖动。
- **对所有图层取样**：勾选此复选框，将拾取所有可见图层中的画布颜色。

2. 形状工具组

形状工具组中包括矩形工具、椭圆工具等多种工具，可以轻松绘制多种几何形状。

(1) 矩形工具

矩形工具 ▭ 可用于绘制矩形、圆角矩形及正方形。选择矩形工具，直接按住鼠标左键拖动可以绘制任意大小的矩形，拖动内部的控制点可调整圆角半径，效果如图2-25所示。若要绘制精准矩形，可以在选择矩形工具后直接于画布上单击，此时会弹出"创建矩形"对话框，从中可以设置宽度、高度及半径等参数，如图2-26所示。

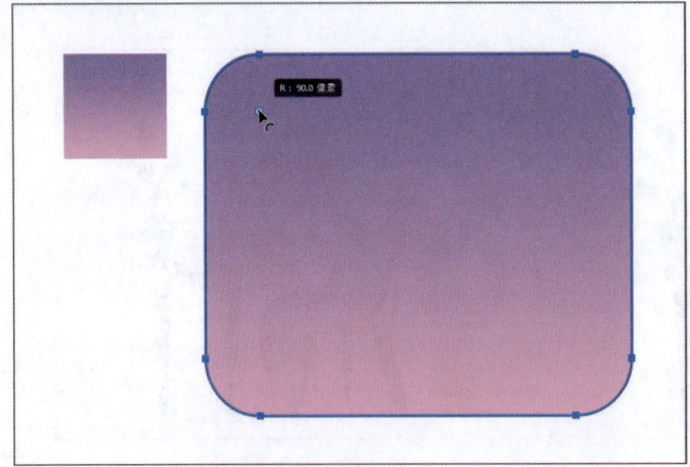
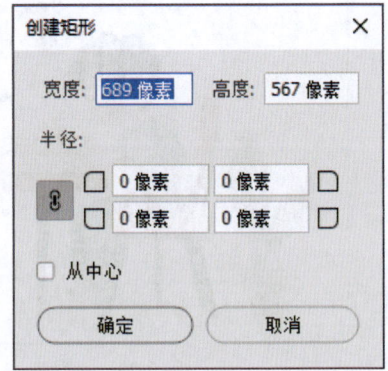

图 2-25　调整矩形圆角半径　　　　　　　图 2-26　"创建矩形"对话框

（2）椭圆工具

椭圆工具◯可以绘制椭圆形和圆形。选择椭圆工具，直接按住鼠标左键拖动可以绘制任意大小的椭圆形，按住Shift键的同时拖动可绘制圆形，如图2-27所示。选择椭圆工具后在画布中单击，可在弹出的"创建椭圆"对话框中设置宽度、高度等参数，如图2-28所示，从而精准绘制椭圆。

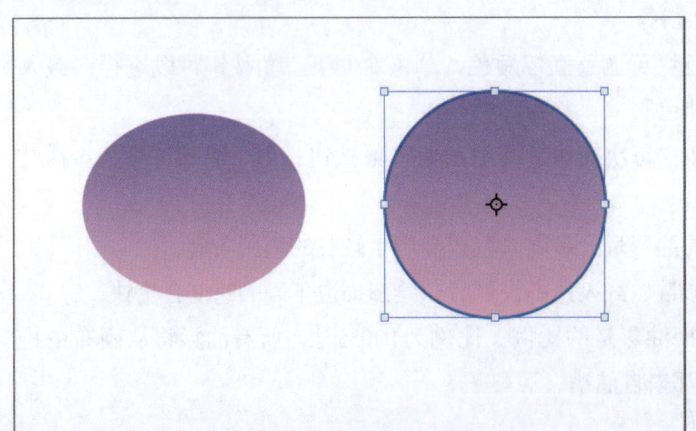
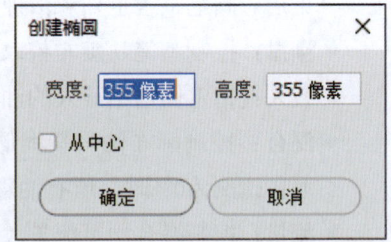

图 2-27　绘制椭圆及圆形　　　　　　　　图 2-28　"创建椭圆"对话框

（3）三角形工具

三角形工具△可以绘制三角形。选择三角形工具，直接按住鼠标左键拖动可以绘制三角形，按住Shift键拖动可绘制等边三角形，拖动三角形内部的控制点可调整圆角半径，如图2-29所示。选择三角形工具后在画布中单击，可在弹出的"创建三角形"对话框中设置宽度、高度、等边及圆角半径等参数，如图2-30所示。

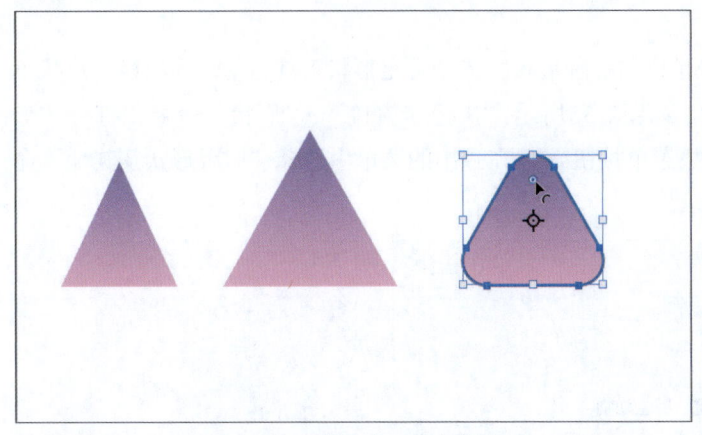

图 2-29　调整三角形圆角半径　　　　　图 2-30　"创建三角形"对话框

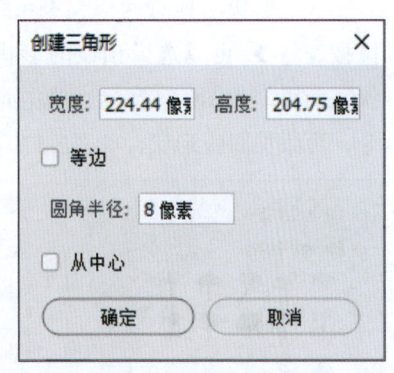

(4) 多边形工具

多边形工具 ⬢ 可以绘制出正多边形（最少为三边）和星形。选择多边形工具，在选项栏中设置边数，拖动即可绘制；也可以在画布中单击，弹出"创建多边形"对话框，从中设置宽度、高度、边数、圆角半径等参数，如图2-31所示。图2-32所示是使用多边形工具绘制的星形。

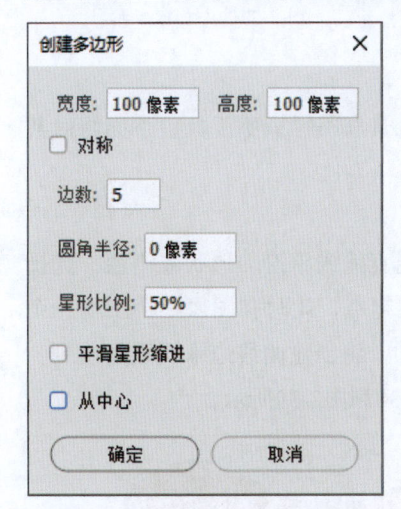

图 2-31　"创建多边形"对话框　　　　　图 2-32　绘制的星形

(5) 直线工具

直线工具 ╱ 可以绘制出直线和带有箭头的路径。选择直线工具，在选项栏中单击"描边选项" ━━ ，在"描边选项"面板中，可以设置描边的类型，如图2-33所示。单击 ⚙ 按钮，在弹出的菜单中选择"更多选项"，在弹出的"描边"对话框中可以设置更多参数，如图2-34所示。

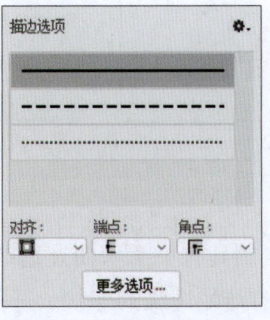

图 2-33　"描边选项"面板　　　　　图 2-34　"描边"对话框

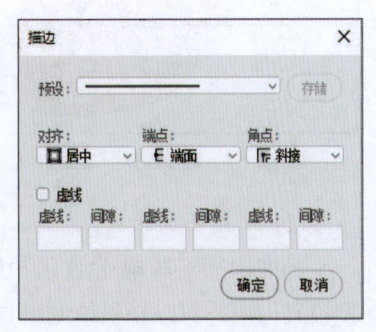

(6) 自定形状工具

自定形状工具可以绘制系统预设的各种形状。选择自定形状工具，单击选项栏中形状下拉按钮可以选择预设的形状，如图2-35所示。执行"窗口"→"形状"命令，打开"形状"面板，如图2-36所示，单击面板菜单按钮，在弹出的菜单中选择"旧版形状及其他"命令，可添加旧版形状，如图2-37所示。

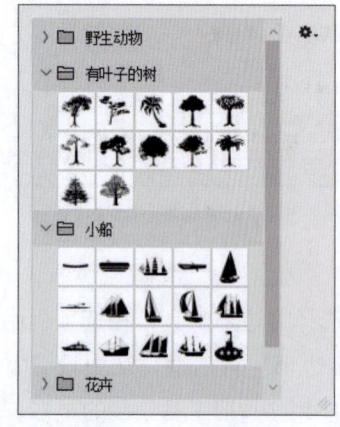

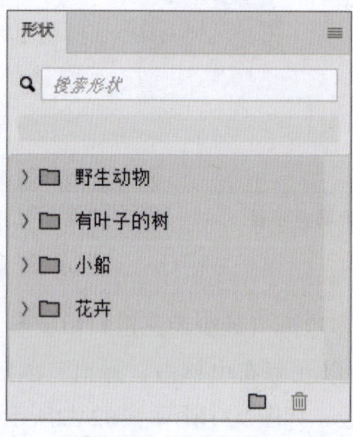

图 2-35 选择预设形状　　　　图 2-36 "形状"面板　　　　图 2-37 添加旧版形状

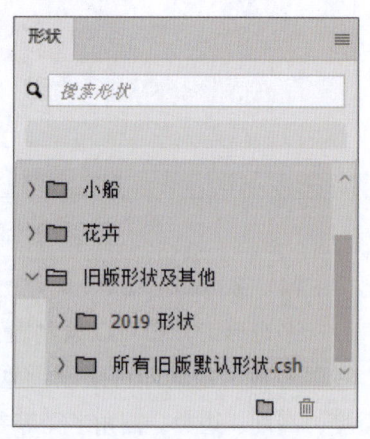

3. 钢笔工具组

钢笔工具组中包括钢笔工具、弯度钢笔工具等多种绘图工具和路径调整工具，下面将对其中常用的绘图工具进行介绍。

（1）钢笔工具

钢笔工具是一种矢量绘图工具，使用它可以精确绘制出直线或平滑的形状或路径。选择钢笔工具，在选项栏中选择"形状"，在图像中单击创建形状起点，此时在图像中会出现一个锚点，移动鼠标指针位置，单击并按住鼠标左键不放向外拖动，将创建曲线边缘，重复绘制，直到鼠标指针与创建的起点相重合，形状将自动闭合，如图2-38和图2-39所示。

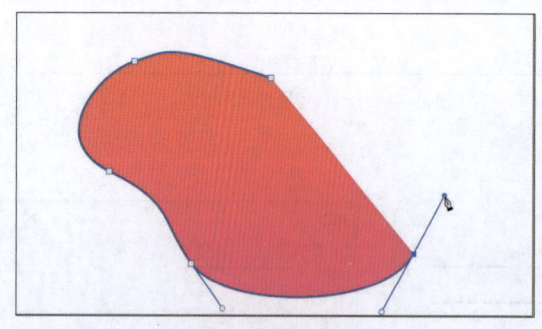

图 2-38 绘制形状　　　　　　　　　　　　　图 2-39 闭合形状

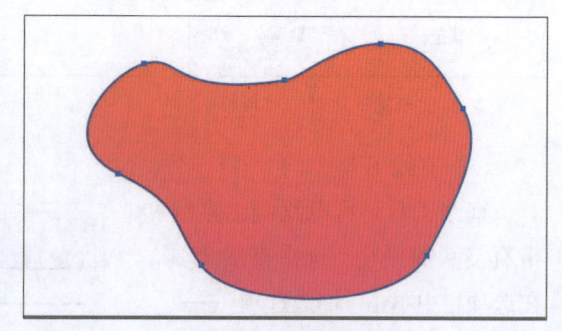

（2）弯度钢笔工具

弯度钢笔工具允许用户绘制具有平滑弯曲度边缘的形状。通过调整弯度钢笔工具的弯度设置，用户可以轻松绘制出具有流畅边缘的形状。选择弯度钢笔工具，在任意位置单击创建第一个锚点，如图2-40所示，单击创建第二个锚点后将显示为直线段，如图2-41所示，继续绘制第三个锚点，这三个锚点就会连成一条平滑的曲线，如图2-42所示。将鼠标指针移到锚点处，当鼠标指针变成 ▶ 形状时，可随意移动锚点位置。

图 2-40　单击创建第一个锚点

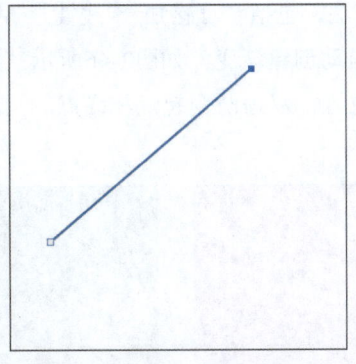

图 2-41　单击创建第二个锚点

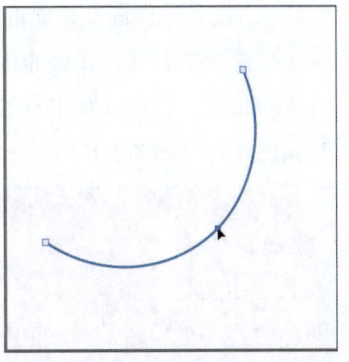

图 2-42　创建第三个锚点连成曲线

4. 渐变工具

渐变工具 ■ 可以通过创建平滑的颜色过渡，增强动画的视觉效果。选择渐变工具，显示其选项栏，如图2-43所示。

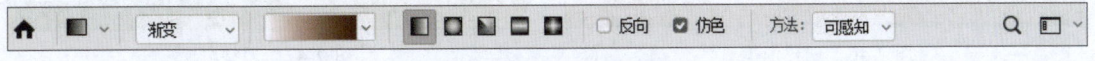

图 2-43　渐变工具选项栏

其中部分常用选项的作用介绍如下：

- **渐变颜色条** ■：显示当前渐变颜色，单击右侧的下拉按钮 ▼，可以选择和管理渐变预设，如图2-44所示。单击渐变预设的缩览图将应用该渐变，如图2-45所示。
- **线性渐变** ■：单击该按钮，可以以直线方式从不同方向创建起点到终点的渐变。
- **径向渐变** ■：单击该按钮，可以以圆形的方式创建起点到终点的渐变。
- **角度渐变** ■：单击该按钮，可以创建围绕起点以逆时针方向扫描的渐变。
- **对称渐变** ■：单击该按钮，可以使用均衡的线性渐变在起点的任意一侧创建渐变。
- **菱形渐变** ■：单击该按钮，可以以菱形方式从起点向外产生渐变，终点定义菱形的一个角。
- **反向**：勾选该复选框，将得到反方向的渐变效果。

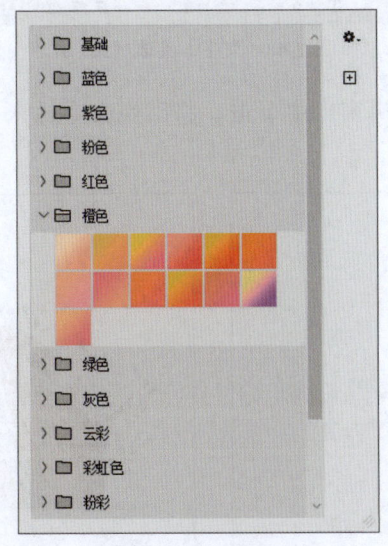

图 2-44　渐变预设

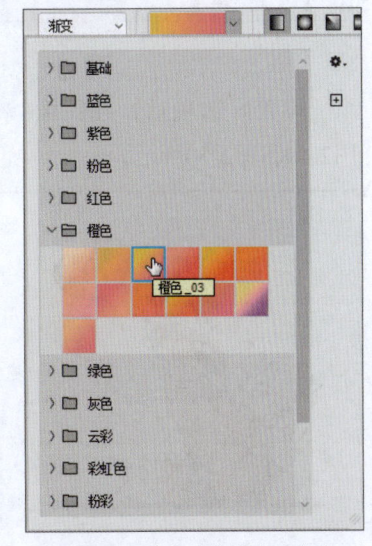

图 2-45　单击缩览图应用渐变

- **仿色**：勾选该复选框，可以使渐变效果更加平滑，防止打印时出现条带化现象，但在显示屏上不能明显地显示出来。
- **方法**：选择渐变填充的方法，包括"可感知""线性""古典"三种。

选择渐变工具，在画布中拖动创建渐变，如图2-46所示。用户可以在图像编辑窗口中更改渐变的角度、长度以及中点的位置。双击渐变起点和终点的圆形手柄，可在弹出的拾色器中更改颜色，效果如图2-47所示。

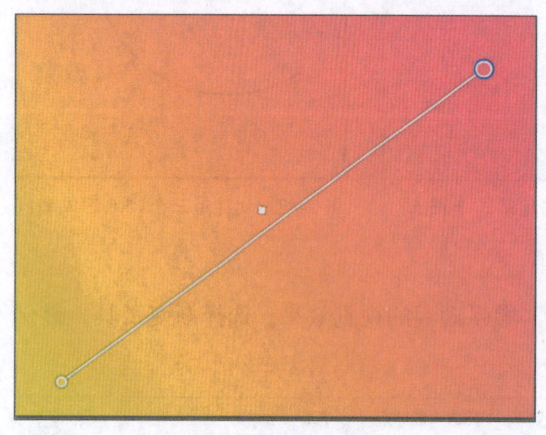

图 2-46　创建渐变　　　　　　　图 2-47　调整渐变

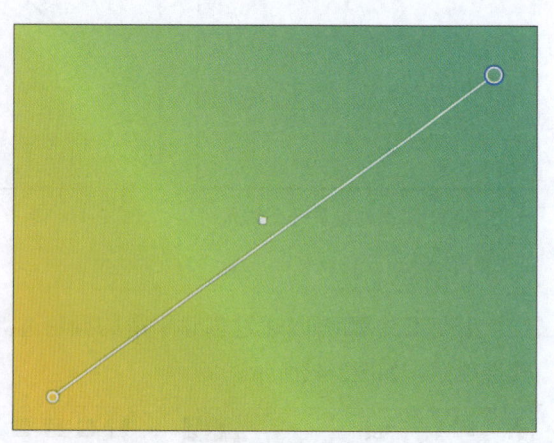

■ 2.1.4　文字的创建与编辑

文字是动画中的常用元素，可以精确地传达信息，帮助观众快速了解动画内容。Photoshop支持创建和编辑文字，下面将对此进行介绍。

1. 创建文字

选择横排文字工具 T，在选项栏中可以设置各种选项，如图2-48所示。

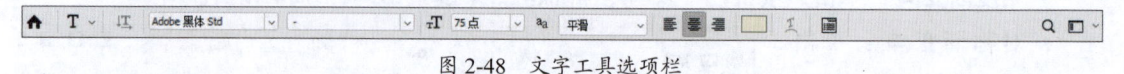

图 2-48　文字工具选项栏

设置好选项后，在图像编辑窗口中单击，将出现文本插入点，此时即可输入文本，如图2-49和图2-50所示。

图 2-49　文本插入点　　　　　　　图 2-50　输入文本

文本的排列方式包括横排和竖排两种，使用横排文字工具可以在图像中从左到右输入水平方向的文字，使用直排文字工具 ↓T 可以在图像中输入垂直方向的文字。文字输入完成后，按Ctrl+Enter组合键或者单击文字图层将完成输入。用户也可以单击选项栏的"切换文本取向"按钮，或执行"文字"→"文本排列方向"→"横排/竖排"命令切换文本排列方向。

若需要输入大量的文本内容，可以创建段落文本，以方便对文本进行管理及设置。选择横排文字工具，在图像编辑窗口中按住鼠标左键拖曳绘制出一个文本框，如图2-51所示。在其中输入文本，当文本到达文本框边界时将自动换行，如图2-52所示。拖动文本框四周的控制点，可以重新调整文本框大小。

图 2-51 创建文本框

图 2-52 输入文本

若选中文本工具后，移动鼠标指针至路径上，待鼠标指针变为 形状时单击并输入文本，将创建路径文本，即文本跟随路径的轮廓形状进行排列，如图2-53所示。若移动鼠标指针至闭合路径内部，待鼠标指针变为 ① 形状时单击并输入文本，文本将以闭合路径为文本框进行排列，如图2-54所示。

图 2-53 创建路径文本

图 2-54 创建区域文本

2. 设置文字属性

"字符"面板和"段落"面板是设置文本属性的主要面板，用户可以在其中设置字体的类型、大小、字距、基线等属性，如图2-55和图2-56所示。

图 2-55 "字符"面板　　　　图 2-56 "段落"面板

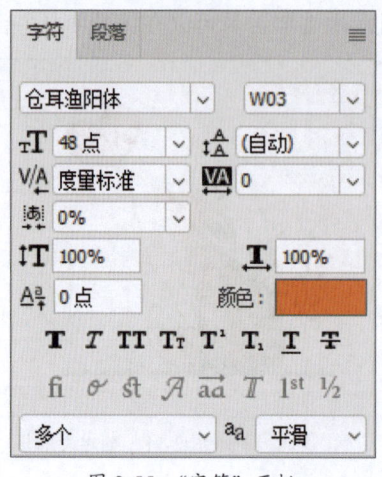

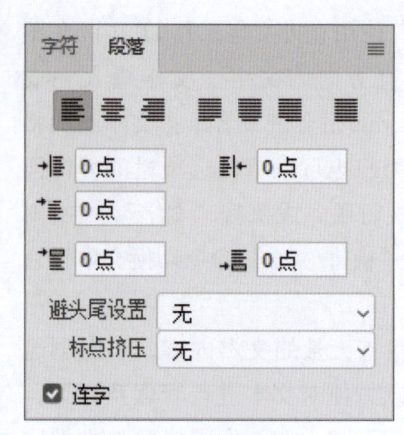

"字符"面板主要用于设置单个字符的属性，如字体、字号、颜色、字距微调等。执行"窗口"→"字符"命令，将打开或隐藏"字符"面板。

"段落"面板则主要用于设置整个段落的格式和布局。它提供了对齐方式、缩进、段前空格和段后空格等选项，使用户能够灵活掌控段落的整体架构与排列方式。执行"窗口"→"段落"命令，将打开或隐藏"段落"面板。

3. 栅格化文字

使用"栅格化文字"命令可以将文本图层转换为普通图层，以进行绘制、应用滤镜等操作。栅格化后的文字将无法进行字体、字号等的更改。在"图层"面板中选择文本图层，如图2-57所示。在图层名称上右击，在弹出的快捷菜单中选择"栅格化文字"命令，文本图层随即转换为普通图层，如图2-58所示。

图 2-57　选中文本图层　　　　图 2-58　将文本图层转换为普通图层

4. 文字变形

文字变形是将文本沿着预设或自定义的路径进行弯曲、扭曲和变形处理，以创建出富有创意的艺术效果。执行"文字"→"文字变形"命令或单击选项栏中的"创建文字变形"按钮工，在弹出的"变形文字"对话框中有15种文字变形样式，使用这些样式可以创建多种艺术字体，如图2-59所示。

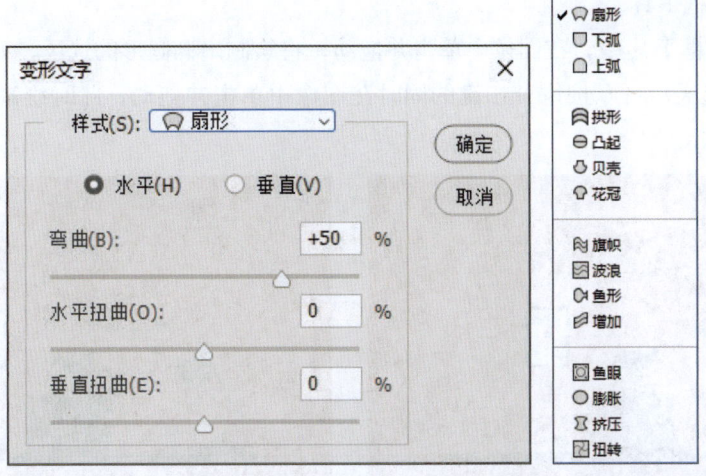

图 2-59 "变形文字"对话框

2.1.5 选区工具和蒙版

选区工具可以定义对象中特定区域的操作范围，蒙版则可以保护图像，实现精确编辑，在MG动画中，用户可以使用选区和蒙版，制作区域性的动画效果。下面将对选区和蒙版进行介绍。

1. 选区工具

Photoshop中提供了选框工具、魔棒工具等多种选区工具，这些工具可用于创建和选取图像区域。下面将对此进行介绍。

（1）矩形选框工具

选择矩形选框工具，在图像中单击并拖动，绘制出矩形的选框，框内的区域就是选择区域，即选区。若要绘制正方形选区，则可以在按住Shift键的同时在图像中单击并拖动，此时绘制出的选区即为正方形。选择矩形选框工具后，显示出该工具的选项栏，如图2-60所示。

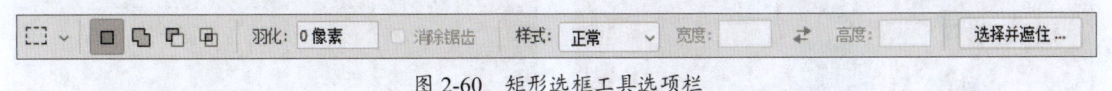

图 2-60 矩形选框工具选项栏

该选项栏中主要选项的功能介绍如下：

- **选区编辑按钮组**：该按钮组又被称为"布尔运算"按钮组，各按钮的名称从左至右分别是新选区、添加到选区、从选区减去及与选区交叉。
- **羽化**：羽化是指通过创建选区边框内外像素的过渡来使选区边缘模糊，羽化值越大，则选区的边缘越模糊，此时选区的直角处也将变得圆滑。
- **样式**：在该下拉列表中有"正常""固定比例""固定大小"三种选项，用于设置选区的形状。

- **选择并遮住**：单击该按钮与执行"选择"→"选择并遮住"命令相同，在弹出的面板中可以对选区进行平滑、羽化、对比度等调整。

（2）椭圆选框工具

单击椭圆选框工具 ○，在图像中单击并拖动，将绘制出椭圆形的选区，如图2-61所示。若要绘制圆形的选区，可以按住Shift键的同时在图像中单击并拖动，此时绘制出的选区即为圆形，如图2-62所示。

图 2-61　椭圆选区　　　　　　　　　　图 2-62　圆形选区

（3）单行/单列选区的创建

单击单行选框工具 ▭，在图像中单击绘制出单行选区，保持"添加到选区" ▢ 按钮被选中的状态，选择单列选框工具 ▯，在图像中单击绘制出单列选区，增加到原绘制出的单行选区，从而绘制出十字形选区，如图2-63所示。此时放大图像，可看到单击绘制出的宽度为1像素的单行和单列选区，如图2-64所示。

图 2-63　创建的十字形选区　　　　　　图 2-64　放大查看效果

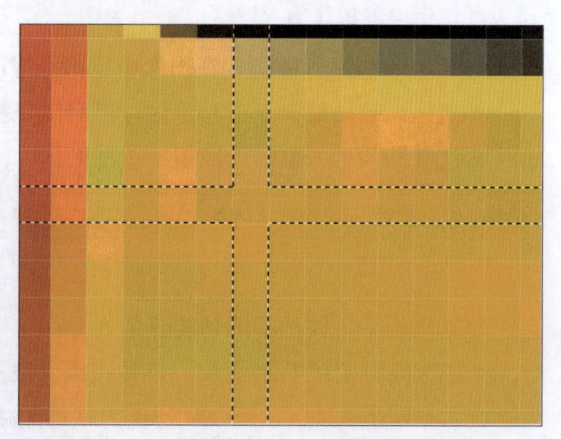

（4）套索工具

套索工具 ○ 可以创建任意形状的选区，操作时只需要在图像窗口中按住鼠标左键进行绘制，完成后释放鼠标左键即可，如图2-65和图2-66所示。要注意的是，如果所绘轨迹是一条闭合曲线，则选区即为该曲线所选范围；若轨迹是非闭合曲线，则套索工具会自动将该曲线的两个端点以直线连接从而构成一个闭合选区。

图 2-65　绘制选区　　　　　　　　　图 2-66　绘制完成的选区

(5) 多边形套索工具

多边形套索工具 用于绘制多边形等规则选区。选择多边形套索工具，单击创建出选区的起始点，沿需要创建选区的轨迹继续单击，创建出选区的其他端点，最后将鼠标指针移动到起始点处，当鼠标指针变为 形状时单击，即可创建出需要的选区。若不回到起点，在任意位置双击会自动在起点和终点间生成一条连线作为多边形选区的最后一条边。

(6) 磁性套索工具

磁性套索工具 可以根据颜色差异自动寻找图像边缘，形成选区。选择磁性套索工具，单击确定选区起始点，沿要选择对象的轨迹边缘移动鼠标指针，系统将自动在鼠标指针移动过的轨迹上选择对比度较大的边缘产生节点，当鼠标指针回到起始点变为 形状时单击，将创建出精确的不规则选区。

(7) 对象选择工具

对象选择工具 可简化在图像中选择单个对象或对象的某个部分（人物、汽车、家具、宠物、衣服等）的过程。只需在对象周围绘制矩形区域或不规则形状，对象选择工具就会自动选择已定义区域内的对象。该工具适用于处理定义明确对象的区域。

(8) 快速选择工具

快速选择工具 可以利用可调整的圆形笔尖根据颜色的差异迅速绘制出选区。选择快速选择工具，拖动创建选区时，其选取范围会随着鼠标指针的移动而自动向外扩展并自动查找和跟随图像中定义的边缘。

(9) 魔棒工具

魔棒工具 可以根据颜色的不同，选择颜色相近的区域。通过调节容差范围，可选择更广泛或更精确的选区。选择魔棒工具，在选项栏中设置"容差"，一般情况下容差值设置为 30 px。将鼠标指针移动到需要创建选区的图像中，当其变为 形状时单击即可创建选区，如图2-67所示。按Ctrl+Shift+I组合键反选选区，效果如图2-68所示。

图 2-67 选择灯光区域　　　　　　　图 2-68 反选选区

> **提示**：创建选区后，按Ctrl+Delete组合键可为选区填充背景色，按Alt+Delete组合键可为选区填充前景色。按Ctrl+D组合键将取消选区。

2. 蒙版类型

Photoshop中包括多种蒙版，如快速蒙版、剪贴蒙版等，这些蒙版的功能各有不同，下面将对常见的蒙版类型进行介绍。

（1）快速蒙版

快速蒙版是一种非破坏性的临时蒙版，可以帮助用户直观高效地创建并编辑选区，适用于需要手工编辑和调整的复杂选区。

按Q键或者在工具箱中单击 ◎ 按钮启用快速蒙版模式，通过使用画笔工具、橡皮擦工具以及其他绘图工具进行调整，如图2-69所示。再次按Q键退出快速蒙版模式，所编辑的蒙版将转化为实际的、精确的图像选区，如图2-70所示。

图 2-69 绘制快速蒙版　　　　　　　图 2-70 退出快速蒙版模式转化的选区

（2）矢量蒙版

矢量蒙版也叫作路径蒙版，是配合路径一起使用的蒙版，其特点是可以任意放大或缩小而不失真，因为矢量蒙版是矢量图形。矢量蒙版适用于需要精确控制图像显示区域和创建复杂图像效果的场景。

选择矩形工具，在选项栏中设置"路径"模式，在图像中绘制路径，如图2-71所示。在"图层"面板中，按住Ctrl键的同时，单击"图层"面板底部的"添加图层蒙版"按钮，创建的矢量蒙版效果如图2-72所示。矢量蒙版中的路径都是可编辑的，可以根据需要随时调整其形状和位置，进而改变图层内容的遮罩范围。

图 2-71　绘制矩形路径　　　　　　　　　图 2-72　创建矢量蒙版

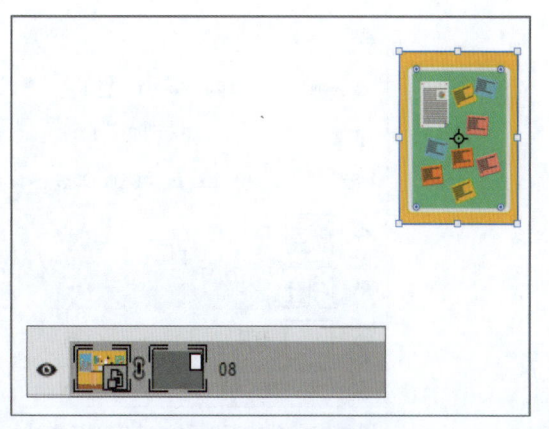

（3）图层蒙版

图层蒙版是最常见的一种蒙版类型，它附着在图层上，用于控制图层的可见性，通过隐藏或显示图层的部分区域来实现各种图像编辑效果。

选择想要添加蒙版的图层，单击"图层"面板底部的"添加图层蒙版"按钮，图层上将添加一个全白的蒙版缩览图。使用画笔工具或者渐变工具等绘图工具在图像编辑窗口中绘制可以调整蒙版效果，如图2-73所示。蒙版缩览图如图2-74所示。其中的白色表示完全显示该图层的内容，黑色表示完全隐藏，而灰色则表示不同程度的透明度。

图 2-73　调整图层蒙版效果　　　　　　　　图 2-74　图层蒙版缩览图

（4）剪贴蒙版

剪贴蒙版可以使用下方图层的形状来限制上方图层的显示状态。剪贴蒙版由两部分组成：一部分为基层，即基础层，用于定义显示图像的范围或形状；另一部分为内容层，用于存放将要表现的图像内容。

在"图层"面板中，按住Alt键的同时将鼠标指针移至两图层间的分隔线上，当其变为↓□形状时，如图2-75所示，单击鼠标左键即可，如图2-76所示。用户也可以在面板中选择内容层，按Alt+Ctrl+G组合键创建剪贴蒙版。选择内容层并右击，在弹出的快捷菜单中选择"释放剪贴蒙版"命令，或者按Alt+Ctrl+G组合键，可以释放剪贴蒙版。

图 2-75　创建剪贴蒙版时的鼠标指针　　　　图 2-76　创建的剪贴蒙版

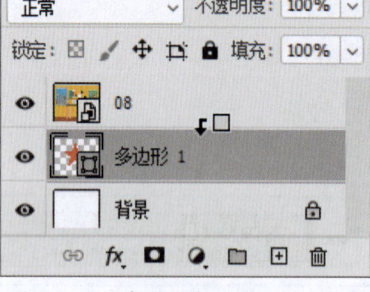

■2.1.6　时间轴

时间轴是Photoshop创建和编辑动画的关键面板，执行"窗口"→"时间轴"命令，将打开"时间轴"面板，如图2-77所示。用户可以从中创建视频时间轴和帧动画。视频时间轴适合处理视频剪辑，支持用户对图层进行更复杂的时间控制；帧动画适合制作逐帧动画，用户可以逐帧设置图层的可见性和位置。

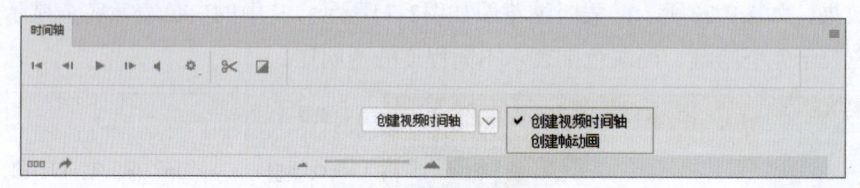

图 2-77　"时间轴"面板

1. 视频时间轴

单击"时间轴"面板中的"创建视频时间轴"按钮，将创建视频时间轴，如图2-78所示。该面板中显示文档各个图层的帧持续时间和动画属性。

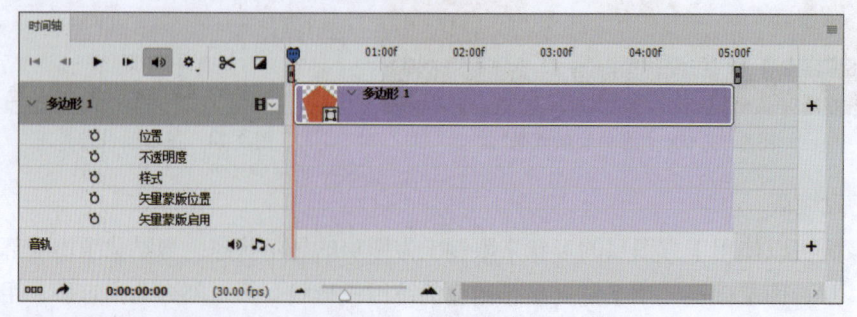

图 2-78　视频时间轴

其中部分常用选项的作用介绍如下:

- **转到第一帧** ▏◀ : 单击该按钮后, 当前时间指示器将移动至第一帧。
- **转到上一帧** ◀▎ : 单击该按钮后, 当前时间指示器将前移一帧。
- **播放** ▶ : 单击该按钮后, 将播放时间轴中的素材。
- **转到下一帧** ▎▶ : 单击该按钮后, 当前时间指示器将后移一帧。
- **关闭/启用音频播放** ◀ᴺ : 单击该按钮, 可以使音频轨道静音或取消静音。
- **设置回放选项** ✿ : 单击该按钮, 在弹出的下拉菜单中可以设置媒体素材的分辨率以及是否循环播放。
- **在播放头处拆分** ✂ : 单击该按钮, 可以在当前时间指示器所在位置拆分媒体素材, 如图2-79所示。

图 2-79　拆分素材

- **选择过渡效果并拖动以应用** ▣ : 单击该按钮, 在弹出的下拉菜单中可以设置过渡效果并对其持续时间进行设置, 如图2-80所示。
- **启用关键帧动画** ⏱ : 单击该按钮, 将在当前时间指示器所在位置添加关键帧。添加关键帧后, 相应状态的"启用关键帧动画"按钮 ⏱ 前将出现"关键帧导航器" ◀ ◆ ▶ 。用户可以通过"关键帧导航器" ◀ ◆ ▶ 添加新的关键帧。
- **视频组菜单** ▤ : 单击该按钮, 在弹出的下拉菜单中可以对视频素材进行设置, 如图2-81所示。
- **音频菜单** ♫ : 单击该按钮, 在弹出的下拉菜单中可以对音频进行设置, 如图2-82所示。

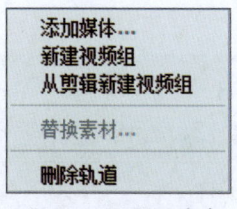

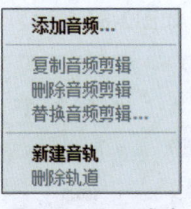

图 2-80　设置过渡效果　　图 2-81　视频组菜单　　图 2-82　音频菜单

- **转换为帧动画** ▭▭▭ : 单击该按钮, 可以将视频时间轴转换成帧动画模式。
- **渲染视频** ↗ : 单击该按钮后, 将打开"渲染视频"对话框, 如图2-83所示。在该对话框中设置参数后单击"渲染"按钮, 即可导出视频。

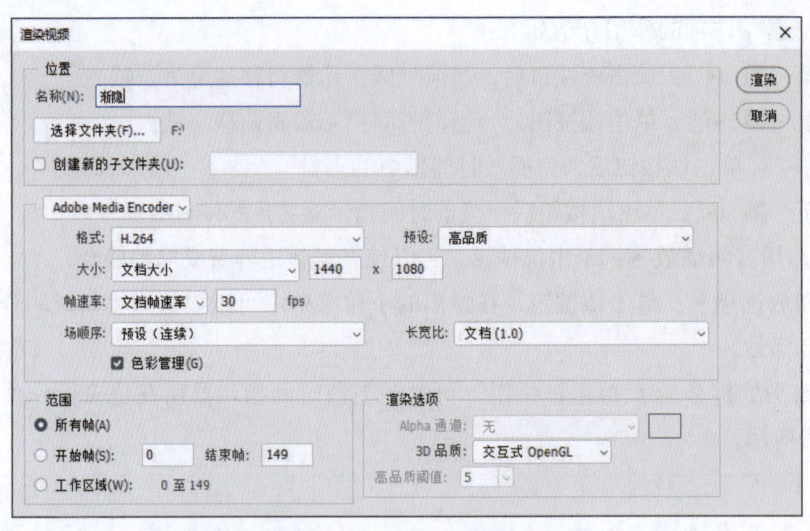

图 2-83　"渲染视频"对话框

- **时间轴显示比例**：用于缩小或放大时间轴。
- **向轨道添加媒体/音频**：单击该按钮，将打开"打开"对话框，从中可以选择合适的媒体素材添加至轨道中。
- **图层持续时间条**：指定图层在视频或动画中的时间位置。
- **时间标尺**：根据文档的持续时间和帧速率，水平测量持续时间或帧计数。
- **当前时间指示器**：用于指示当前时间，拖动当前时间指示器可浏览帧或更改当前时间或帧。
- **工作区域指示器**：用于标记要预览或导出的动画或视频的特定部分。
- **时间轴菜单按钮**：单击该按钮，在弹出的下拉菜单中可以选择相应的命令，如为时间轴添加注释、调整工作区域等。

2. 创建关键帧动画

在视频时间轴中，可以针对图层创建关键帧动画。展开需要创建动画的图层的属性组，移动当前时间指示器至动画开始或结束处，单击要创建动画的属性左侧的"启用关键帧动画"按钮添加关键帧，如图2-84所示。

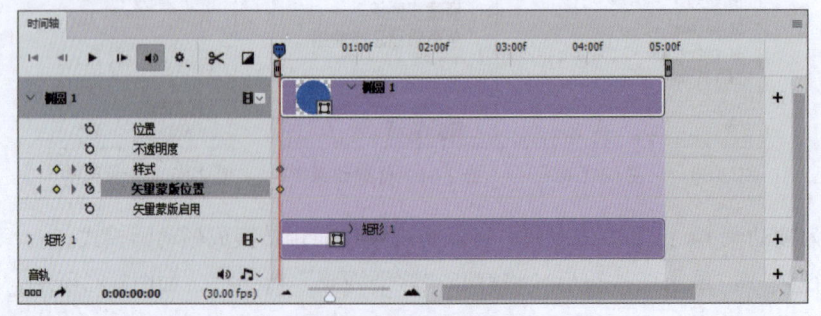

图 2-84　启用关键帧动画

移动当前时间指示器,在图像编辑窗口中移动图层对象位置。图2-85和图2-86所示为移动前后的对比效果。

图 2-85　调整图层对象位置前

图 2-86　调整图层对象位置后

完成以上操作后,"时间轴"面板中将自动出现关键帧,如图2-87所示。

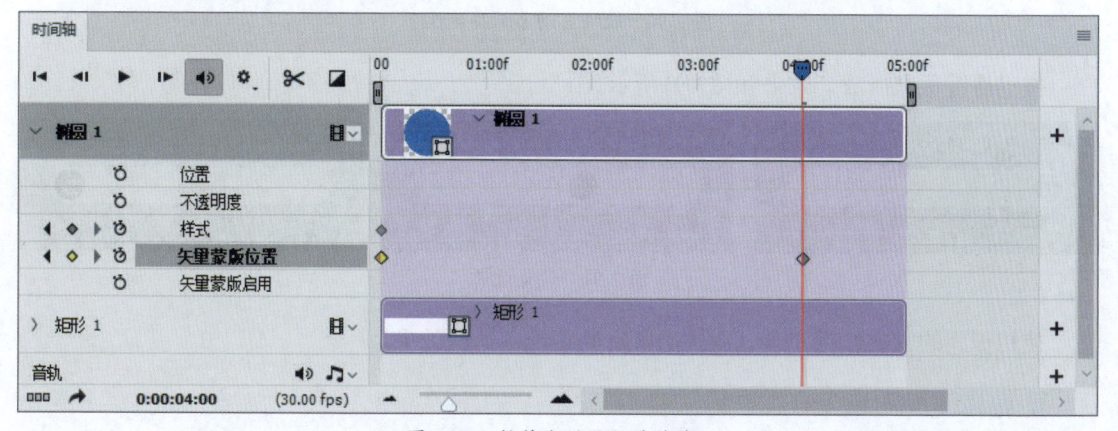

图 2-87　软件自动添加关键帧 1

继续设置其他属性。选中图层,双击"图层"面板中图层名称的空白处,打开"图层样式"对话框,切换到"颜色叠加"选项面板,设置颜色,如图2-88所示。完成后单击"确定"按钮,图像编辑窗口中的对象将变为设置的颜色,如图2-89所示。

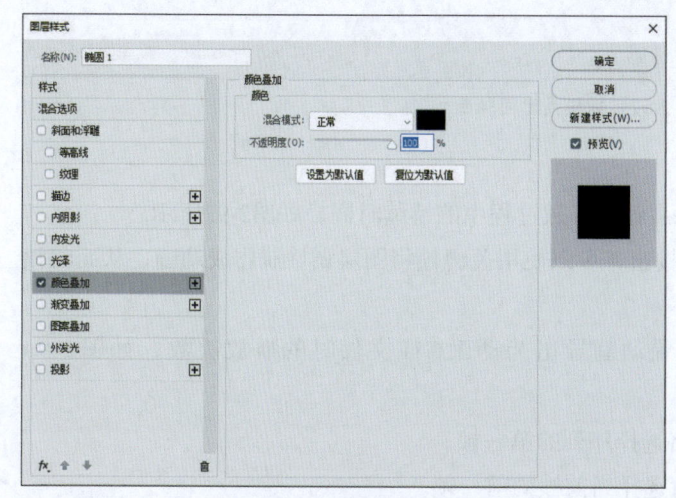

图 2-88　设置图层样式

图 2-89　设置后效果

此时,"时间轴"面板中也将出现关键帧,如图2-90所示。

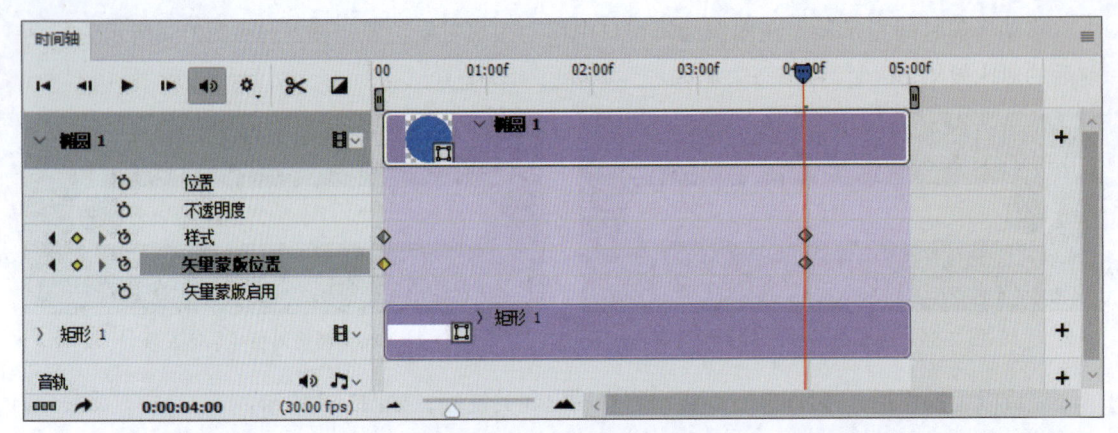

图 2-90 软件自动添加关键帧2

按空格键预览播放，效果如图2-91所示。

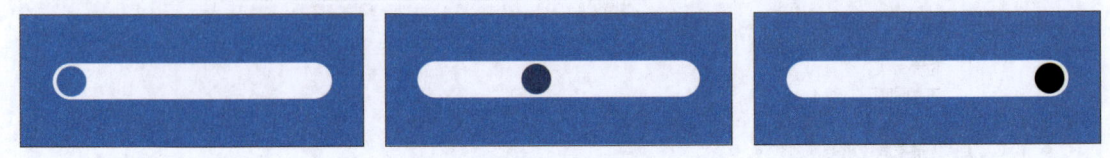

图 2-91 预览效果

使用相同的方法，用户可以制作出丰富的关键帧动画效果。

3. 帧模式时间轴

在"时间轴"面板中单击"创建帧动画"按钮，将切换至帧模式时间轴面板，如图2-92所示。帧模式时间轴面板中将显示每帧的缩览图，以便用户选择帧，并对其属性进行设置。

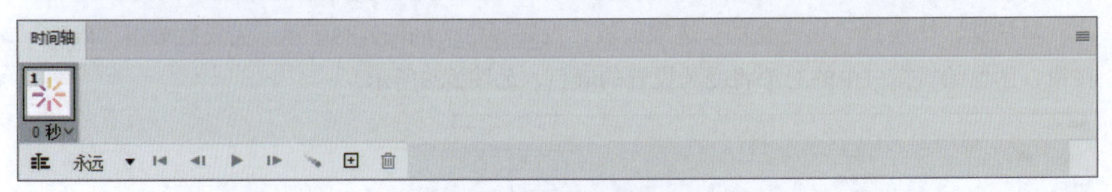

图 2-92 帧模式时间轴面板

该面板中各选项的作用如下：

- **选择帧延迟时间** 0 秒 ：用于设置帧在回放过程中的持续时间，如图2-93所示。
- **转换为视频时间轴** ：单击该按钮，可以使用关键帧将图层属性制作成动画，从而将帧动画转换为时间轴动画。
- **选择循环选项** 永远 ：用于设置动画导出为动画GIF文件时的播放次数，如图2-94所示。
- **选择第一帧** ：单击该按钮，将选择序列的第一帧。
- **选择上一帧** ：单击该按钮，将选择当前帧的前一帧。
- **播放动画** ：单击该按钮，即可播放帧动画。
- **选择下一帧** ：单击该按钮，将选择当前帧的后一帧。

- **过渡动画帧**：帧模式时间轴面板中存在两个及两个以上的帧时，将激活该按钮，单击它将打开"过渡"对话框，从中可以设置过渡方式、过渡帧数等参数，如图2-95所示。
- **复制所选帧**：单击该按钮，将复制当前帧，从而为动画添加帧。
- **删除所选帧**：单击该按钮，将删除当前所选的帧。

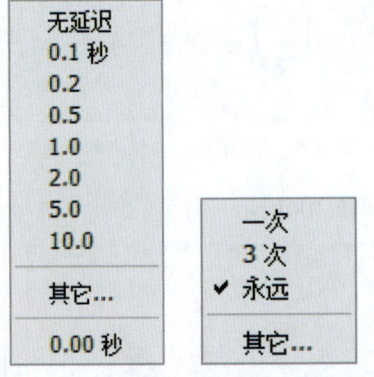

图 2-93　帧延迟时间　　图 2-94　循环选项 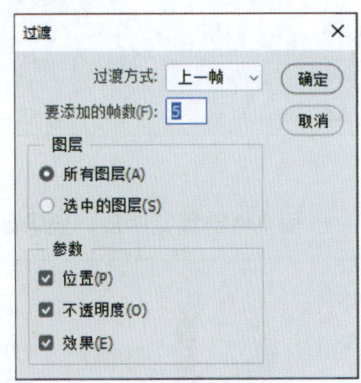　　图 2-95　"过渡"对话框

4. 创建帧动画

切换至帧模式时间轴面板后，选中第一帧缩览图，单击"复制所选帧"按钮，复制当前帧，并改变该帧内容，将制作变化的效果。下面以加载动画的制作为例进行介绍。

单击"创建帧动画"按钮切换至帧模式时间轴面板，设置帧延迟为0.1秒，在"图层"面板中隐藏最上方7个图层，如图2-96所示。单击"复制所选帧"按钮复制帧，然后设置图层的隐藏与显示，如图2-97所示。重复操作，直至第8帧，如图2-98所示。

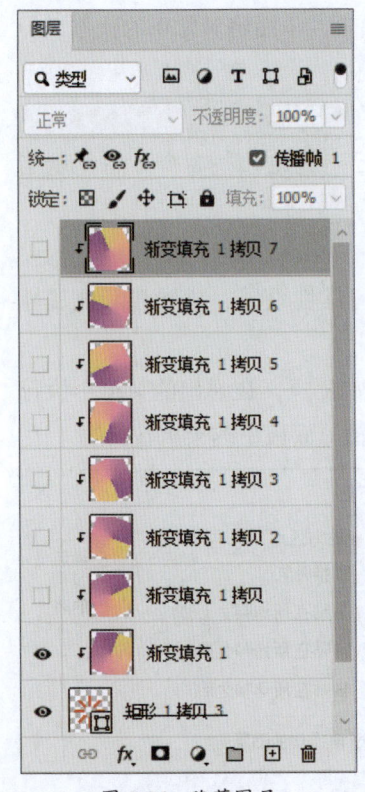

图 2-96　隐藏图层 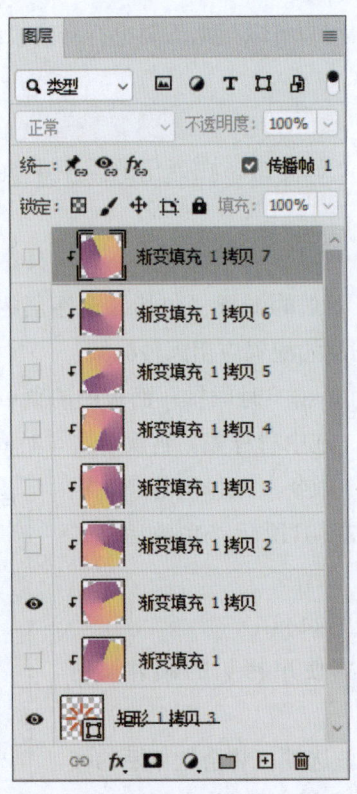　　图 2-97　调整图层的隐藏与显示 1 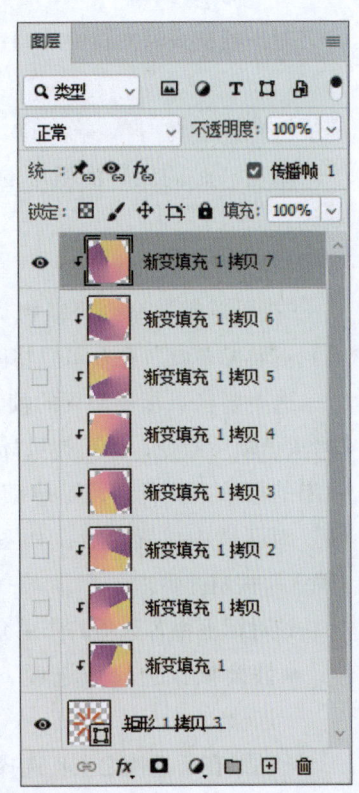　　图 2-98　调整图层的隐藏与显示 2

此时"时间轴"面板中的效果如图2-99所示。

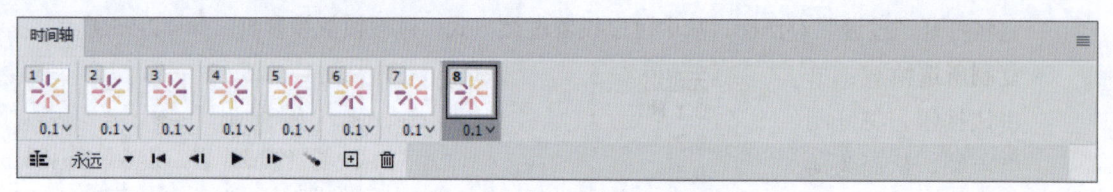

图 2-99 "时间轴"面板中的效果

按空格键预览播放，效果如图2-100所示。

图 2-100 预览效果

5. 编辑帧动画

对于帧模式时间轴中的帧，用户可以根据需要进行新建或编辑，下面将对常用的操作进行介绍。

（1）新建帧

单击"时间轴"面板中的菜单按钮，在弹出的菜单中执行"新建帧"命令，将复制当前帧。

（2）拷贝/粘贴帧

"拷贝单帧"命令可以拷贝图层的配置（包括每个图层的可见性设置、位置和其他属性等），"粘贴单帧"命令可以将图层的配置应用到目标帧。

选中要拷贝图层配置的帧，单击"时间轴"面板中的菜单按钮，在弹出的菜单中执行"拷贝单帧"命令，即可拷贝帧。选中目标帧，再次单击"时间轴"面板中的菜单按钮，在弹出的菜单中执行"粘贴单帧"命令，在弹出的"粘贴帧"对话框中设置参数，如图2-101所示。完成后单击"确定"按钮即可。

该对话框中各选项的作用介绍如下：

- **替换帧**：选择该选项，将使用拷贝的帧替换所选帧。
- **粘贴在所选帧之上**：选择该选项，将会把粘贴的帧的内容作为新图层添加至所选帧的图像中。

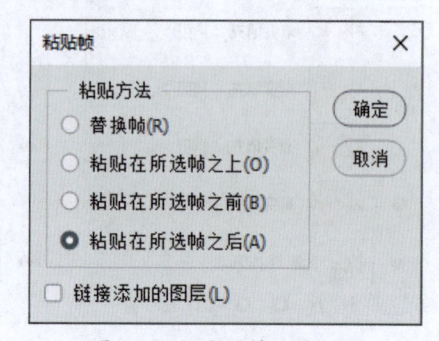

图 2-101 "粘贴帧"对话框

- **粘贴在所选帧之前**：选择该选项，将在目标帧之前粘贴拷贝的帧。
- **粘贴在所选帧之后**：选择该选项，将在目标帧之后粘贴拷贝的帧。
- **链接添加的图层**：勾选该复选框，将链接"图层"面板中粘贴的图层。

（3）反向帧

"反向帧"命令可以反转动画帧的顺序。选中要反转的帧，单击"时间轴"面板中的菜单按钮，在弹出的菜单中执行"反向帧"命令，即可反转选中帧的顺序。

（4）删除帧

选中帧，单击"时间轴"面板底部的"删除所选帧"按钮，或单击"时间轴"面板中的菜单按钮，在弹出的菜单中执行"删除单帧"命令，即可删除选中的帧。

若要删除除第一帧外所有的帧，可以单击"时间轴"面板中的菜单按钮，在弹出的菜单中执行"删除动画"命令，此时将删除整个动画，"时间轴"面板中仅保留第一帧。

2.2　图形创意设计工具Illustrator

Illustrator是由Adobe公司开发的一款矢量绘图软件，广泛应用于MG动画、平面设计、排版、印刷等多个领域。本节将对Illustrator进行介绍。

2.2.1　认识Illustrator

Illustrator简称为AI，是一款专注于处理矢量图形的设计软件。卓越的矢量绘图功能和高效的软件协同能力，使其成为MG动画设计师不可或缺的重要工具。Illustrator以其灵活性和高精度而著称，适合创建各种视觉元素，如标志、图标、插图和复杂的图形。

启动Illustrator，新建或打开文档，将进入其工作界面，如图2-102所示。其中包括菜单栏、控制栏、标题栏、工具栏、面板组、文档窗口、状态栏等多个部分。

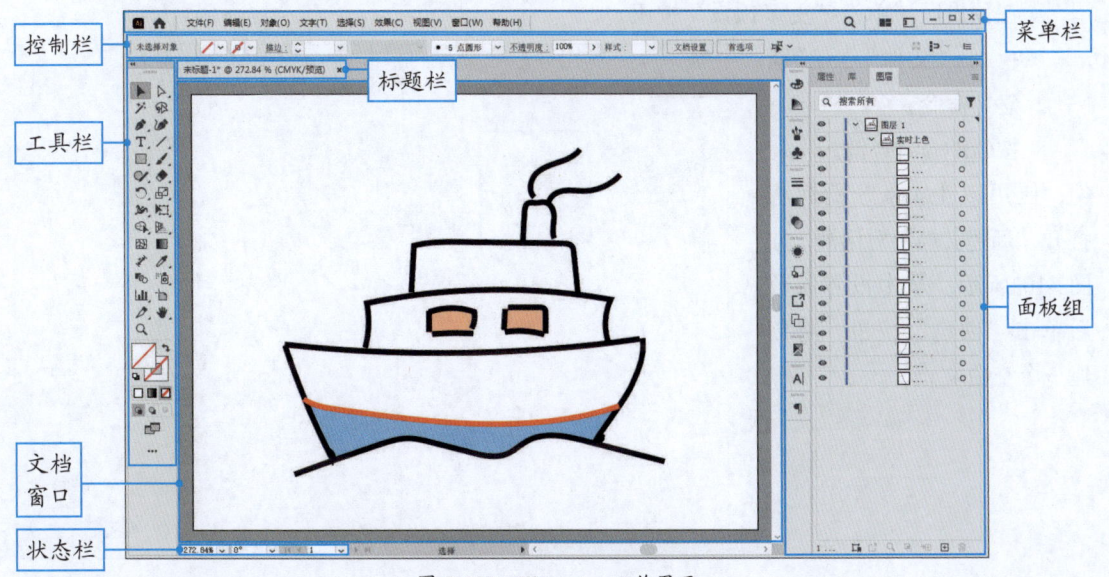

图 2-102　Illustrator 工作界面

Illustrator工作界面主要组成部分的作用介绍如下：
- **菜单栏**：菜单栏中包括文件、编辑、对象、文字和帮助等9个主菜单。每一个菜单中又包含多个命令，通过应用这些命令可以完成大多数软件操作。
- **控制栏**：显示当前工具或对象的控制选项。选择不同工具或对象时，其中的选项会有所不同。当控制栏中的文本带下画线时，可以单击文本以显示相关的面板或对话框。例如，单击"不透明度"可显示"不透明度"面板。
- **标题栏**：显示文档的相关信息，包括文档名称、文档格式、缩放等级、颜色模式等。
- **工具栏**：默认位于工作界面左侧，包含处理文档时需要使用的各种工具，通过这些工具，可进行绘制、选择、移动、编辑等操作。
- **面板组**：面板组是Illustrator中最重要的组件之一，在面板中可设置数值和调节功能，各面板间可以自由组合，执行"窗口"菜单下的命令即可显示或隐藏面板。
- **文档窗口**：显示正在处理的文件。可以将文档窗口设置为选项卡式窗口，并且在某些情况下可以进行分组和停放。文档窗口中的黑色实线矩形区域即为画板，该区域的大小就是用户设置的页面大小。画板外的空白区域即画布，可以自由绘制。
- **状态栏**：默认位于文档窗口下方，显示当前文档和工具的状态。

2.2.2 Illustrator基础操作

对文档的相关操作属于Illustrator的基础操作，主要包括创建文档、置入素材文件、保存文档、导出文档等。下面将对此进行介绍。

1. 创建文档

启动Illustrator后，用户可以通过以下4种方式创建文档。
- 单击主页中的"新文件"按钮 新文件 。
- 在预设区域单击"更多预设"按钮 。
- 执行"文件"→"新建"命令。
- 按Ctrl+N组合键。

使用以上4种方式都将打开"新建文档"对话框，如图2-103所示。从中设置参数后单击"创建"按钮，将创建一个空白文档。

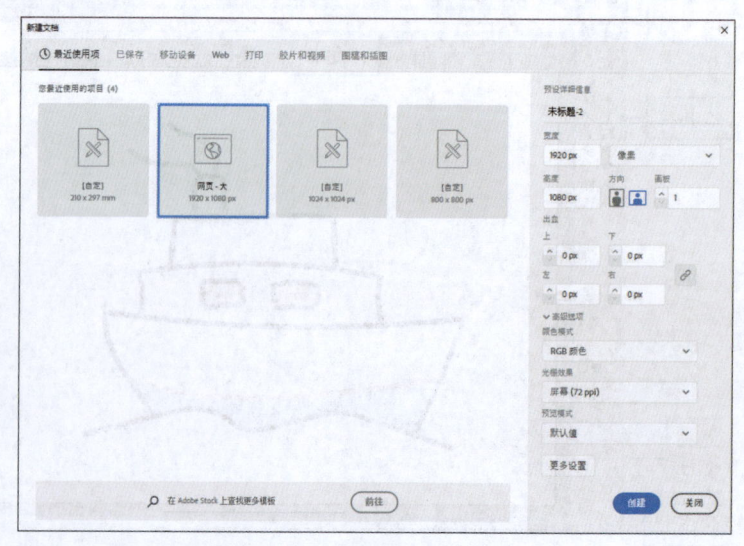

图 2-103　"新建文档"对话框

其中部分选项的作用介绍如下：
- **最近使用项**：显示最近设置文档的尺寸，也可切换到"移动设备""Web"等类别中选择预设模板，在右侧窗格中修改设置。
- **预设详细信息**：在该文本框中可输入新建文件的名称。
- **宽度、高度、单位**：设置文档尺寸和度量单位，默认的单位是"像素"。
- **方向**：设置文档的页面方向，有横向和纵向之分。
- **画板**：设置画板数量。
- **出血**：设置出血参数值，当数值不为0时，新创建文档的画板四周将显示设置的出血范围。
- **颜色模式**：设置新建文档的颜色模式，默认为"RGB颜色"模式。
- **光栅效果**：为文档中的光栅效果指定分辨率，默认为"屏幕（72 ppi）"。
- **预览模式**：设置文档的默认预览模式，包括"默认值""像素""叠印"三种模式。
- **更多设置**：单击此按钮，将打开"更多设置"对话框，其中显示的内容为旧版"新建文档"对话框。

> **提示**：创建文档后，若想重新设置画板大小，可以选择画板工具 后拖动进行调整，或在控制栏中进行设置。

2. 置入素材文件

执行"文件"→"置入"命令，打开"置入"对话框，从中选择目标文件后，可以在左下方对置入的素材文件进行设置，如图2-104所示。

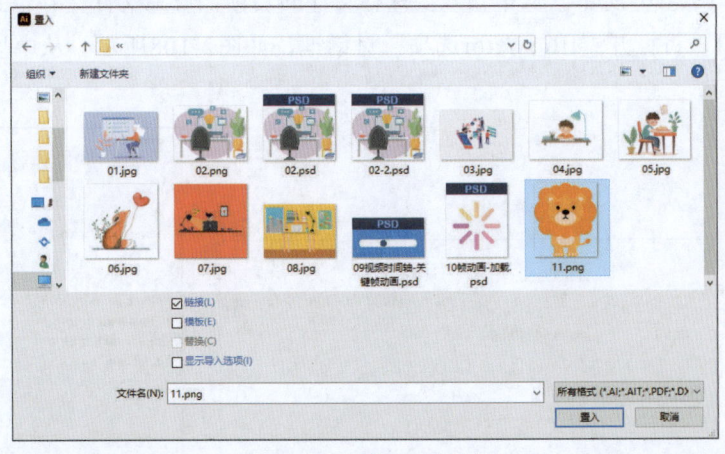

图 2-104 "置入"对话框

其中部分选项的功能介绍如下：
- **链接**：勾选该复选框，被置入的图形或图像文件将与Illustrator文档保持独立。当链接的源文件被修改或编辑时，置入的链接文件也会自动修改更新；若取消勾选，置入的文件会嵌入Illustrator软件中，当链接的文件被编辑或修改时，置入的文件不会自动更新。默认状态下"链接"选项处于被勾选的状态。

- **模板**：勾选该复选框，可以将置入的图形或图像创建为一个新的模板图层，并用图形或图像的文件名称为该模板命名。
- **替换**：如果在置入图形或图像文件之前，页面中有被选取的图形或图像，则勾选"替换"复选框，可以用新置入的图形或图像替换被选取的原图形或图像。如果页面中没有被选取的图形或图像文件，则"替换"复选框不可用。

设置后，单击"置入"按钮，按住鼠标左键拖动以创建形状，图像会自动适应形状，如图2-105所示。若直接在画板上单击，文件将以原始尺寸置入，如图2-106所示。

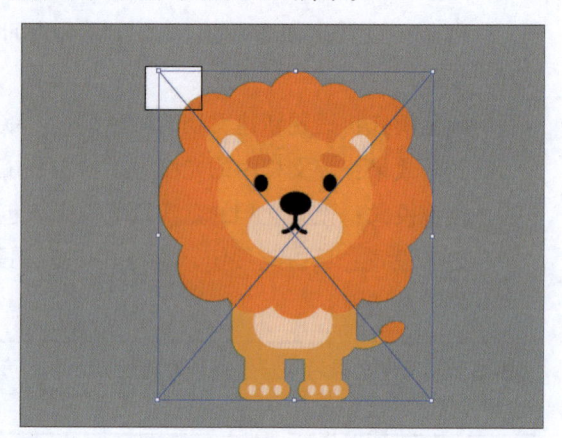

图 2-105　拖动置入　　　　　　　　　图 2-106　单击以原始尺寸置入

3. 保存文档

第一次保存文件时，执行"文件"→"存储"命令，或按Ctrl+S组合键，将打开"存储为"对话框，如图2-107所示。从中输入要保存文件的名称，设置文件保存位置和类型后，单击"保存"按钮，将打开"Illustrator选项"对话框，如图2-108所示。从中设置参数后单击"确定"按钮即可。

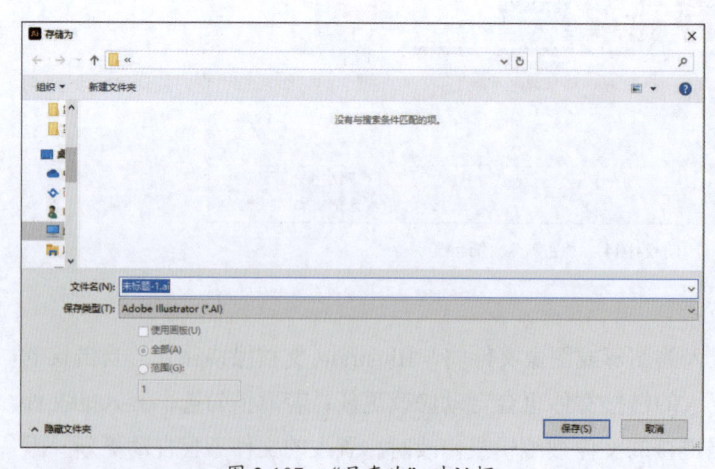

图 2-107　"另存为"对话框　　　　　　图 2-108　"Illustrator 选项"对话框

"Illustrator选项"对话框中部分选项的作用介绍如下：
- **版本**：指定希望文件兼容的Illustrator版本，旧版格式不支持当前版本中的所有功能。
- **创建PDF兼容文件**：在Illustrator文件中存储文档的PDF演示。
- **嵌入ICC配置文件**：创建色彩受管理的文档。
- **使用压缩**：在Illustrator文件中压缩PDF数据。
- **将每个画板存储为单独的文件**：将每个画板存储为单独的文件，同时还会单独创建一个包含所有画板的主文件。触及某个画板的所有内容都会包括在与该画板对应的文件中。用于已保存的文件的画板基于默认文档启动配置文件的大小。

4. 导出文档

导出文档操作可以将文档导出为其他格式。执行"文件"→"导出"→"导出为"命令，打开"导出"对话框，在"保存类型"下拉列表中设置导出的文件类型，如图2-109所示。完成后单击"导出"按钮即可。

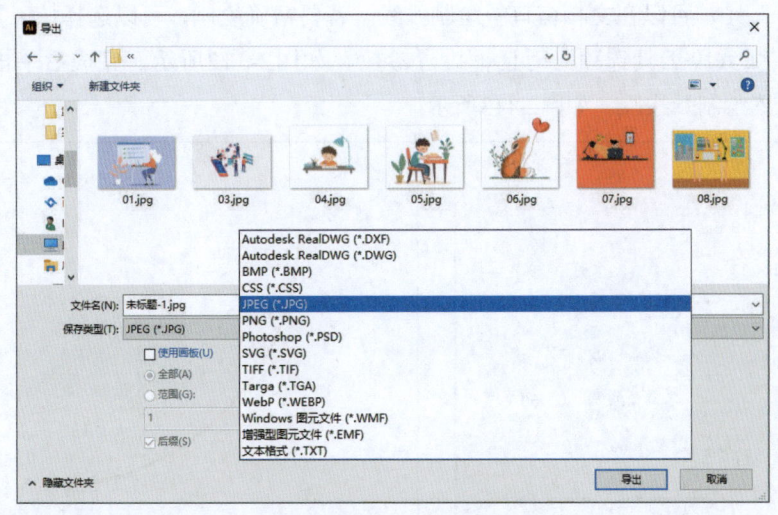

图 2-109 "导出"对话框

■ 2.2.3 矢量绘图

矢量绘图是Illustrator的核心功能，用户可以通过不同的工具，绘制矢量图形。下面将对此进行介绍。

1. 绘制线段

使用直线段工具、弧形工具等工具可以轻松创建各种线段组成的图形。下面将对直线段、弧线及网格的绘制进行介绍。

（1）直线段工具

选择直线段工具，在画板中按住鼠标左键拖曳，即可绘制出直线段，如图2-110所示。用户也可以选择直线段工具后在画板上单击，打开"直线段工具选项"对话框进行设置，如图2-111所示。完成后单击"确定"按钮即可。

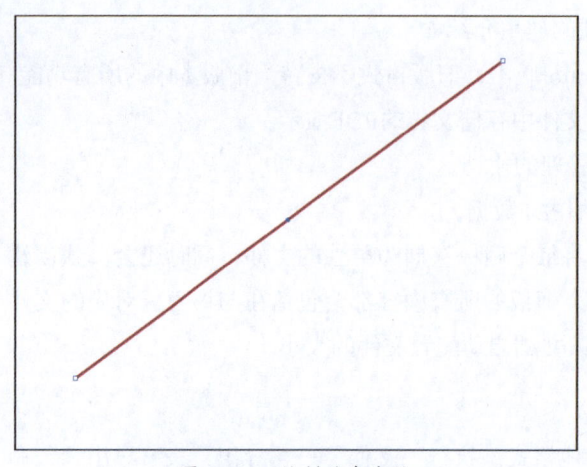

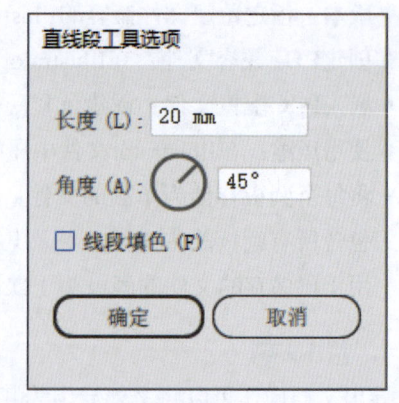

图 2-110　绘制的直线段　　　　　　　　　图 2-111　"直线段工具选项"对话框

（2）弧形工具

选择弧形工具 ，可以在文档窗口中绘制弧线。若要精确绘制，可以选择该工具后在画板上单击，打开"弧线段工具选项"对话框设置参数，如图2-112所示。完成后单击"确定"按钮，将按照设置绘制弧线段，如图2-113所示。

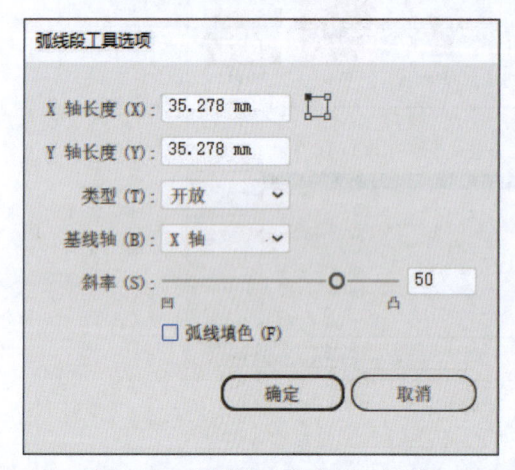

图 2-112　"弧线段工具选项"对话框　　　　　图 2-113　绘制的弧线段

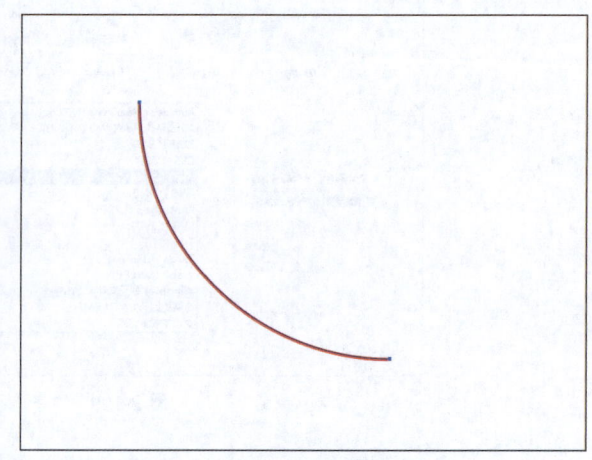

> **提示**：绘制过程中，使用↑键和↓键可以调整弧线斜率。

（3）矩形网格工具

Illustrator提供了专门制作网格的矩形网格工具 ，以方便创建具有指定大小和分割线数目的矩形网格。该工具与直线段工具在同一工具组中，选择该工具，在画板中单击，打开"矩形网格工具选项"对话框，从中设置参数，如图2-114所示。单击"确定"按钮，将按照设置创建矩形网格，如图2-115所示。

图 2-114 "矩形网格工具选项"对话框　　　　图 2-115 创建矩形网格

2. 绘制基本形状

矩形工具、圆角矩形工具等工具，可用于绘制基本的几何形状。下面将对此进行介绍。

（1）矩形工具

矩形工具 ▣ 主要用于绘制矩形和正方形。选择矩形工具，在画板中按住鼠标左键拖曳将绘制矩形，如图2-116所示。同时按住Shift键拖曳鼠标将绘制正方形，按住Alt键拖曳鼠标将绘制以中心点向外扩展的矩形。若想绘制更精确的矩形，可以选择矩形工具后在画板中单击，会打开"矩形"对话框，如图2-117所示。从中设置参数后单击"确定"按钮，将根据设置精确绘制矩形。

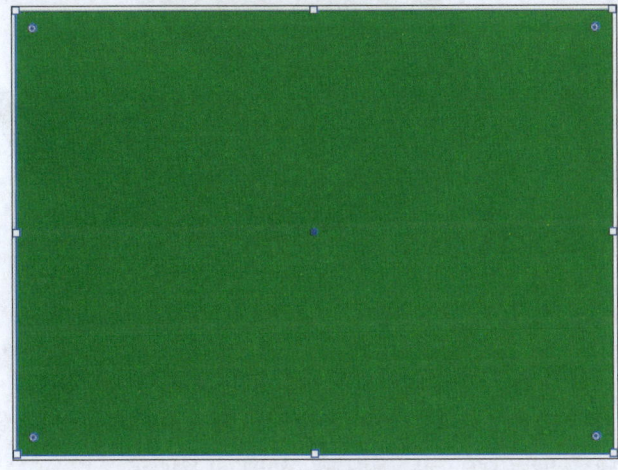

图 2-116 绘制的矩形　　　　图 2-117 "矩形"对话框

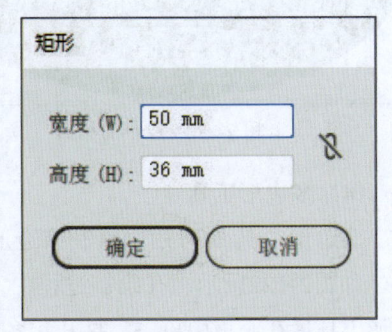

(2) 圆角矩形工具

圆角矩形工具 ▭ 可用于绘制圆角矩形。选择该工具，在画板中按住鼠标左键拖曳将绘制圆角矩形，如图2-118所示。绘制过程中按↑键和↓键可以调整圆角大小，按←键将设置无圆角，按→键将设置最大圆角。用户也可以选择圆角矩形工具后在画板中单击，打开"圆角矩形"对话框进行精确设置，如图2-119所示。

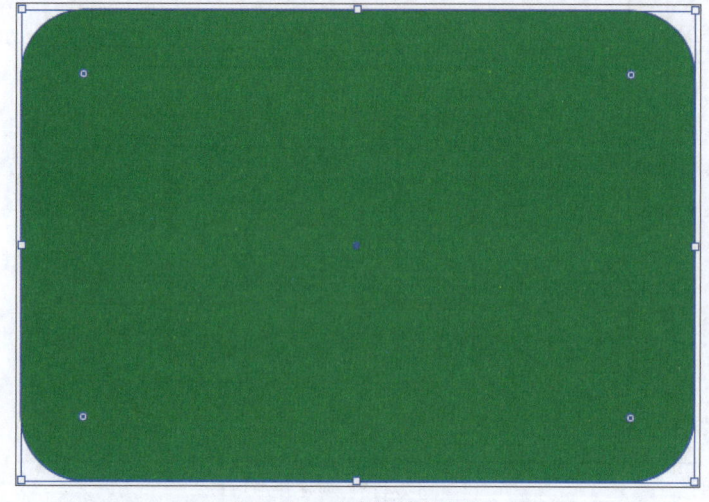

图 2-118　绘制的圆角矩形

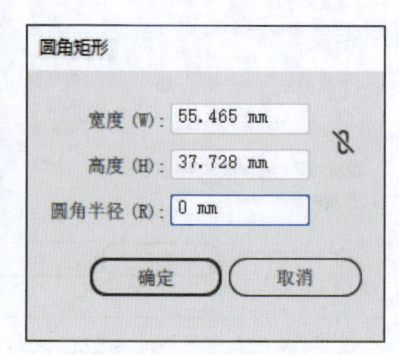

图 2-119　"圆角矩形"对话框

(3) 椭圆工具

椭圆工具 ◯ 可用于创建椭圆和圆形。选择该工具，直接拖动可绘制自定义大小的椭圆形，如图2-120所示。在绘制椭圆形的过程中按住Shift键，可以绘制圆形。用户也可以选择椭圆工具后在画板中单击，打开"椭圆"对话框进行精确设置。

绘制图形后，移动鼠标指针至控制点─◉ 处，当鼠标指针变为 ▶ 形状后，按住鼠标左键拖动，可以将其调整为饼图，如图2-121所示。

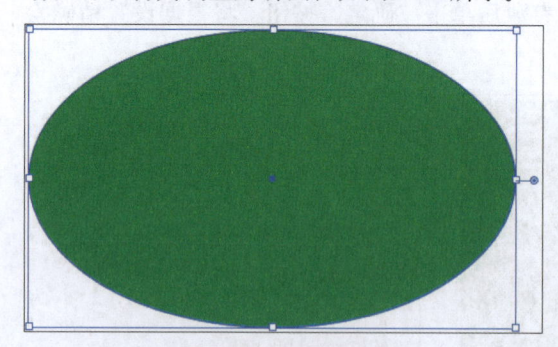

图 2-120　绘制的椭圆

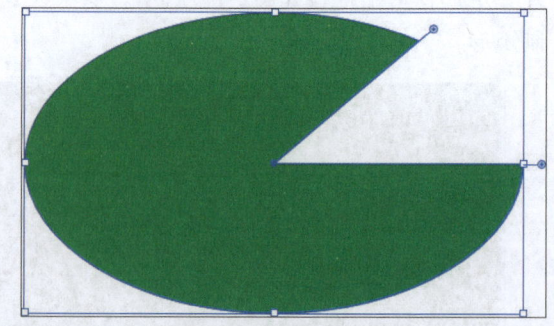

图 2-121　调整椭圆为饼图

(4) 多边形工具

多边形工具 ⬡ 可用于绘制多边形。选择该工具，在画板中按住鼠标左键拖曳将绘制多边形，如图2-122所示。在绘制过程中，按↑键和↓键可以增减多边形边数。用户也可以选择多边形工具后在画板中单击，打开"多边形"对话框进行精确设置，如图2-123所示。

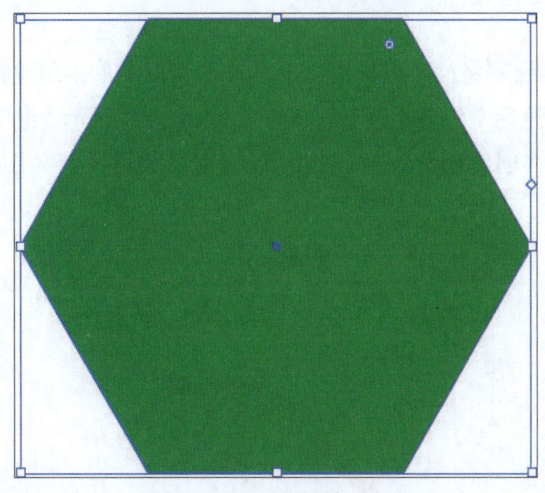

图 2-122 绘制的多边形　　　　图 2-123 "多边形"对话框

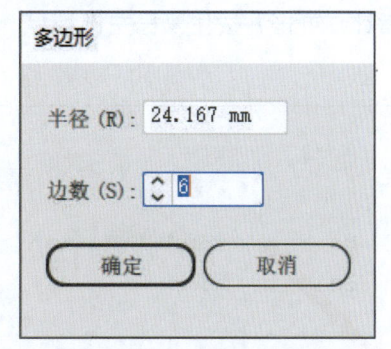

（5）星形工具

星形工具 ☆ 可用于绘制不同造型的星形。选择该工具，在画板中按住鼠标左键拖曳将绘制星形，如图 2-124 所示。在绘制过程中，按↑键和↓键可以增减星形的角数，按住 Ctrl 键拖曳可以调整星形内侧点到星形中心的距离。用户也可以选择星形工具后在画板中单击，打开"星形"对话框进行精确设置，如图 2-125 所示。

图 2-124 绘制的星形　　　　图 2-125 "星形"对话框

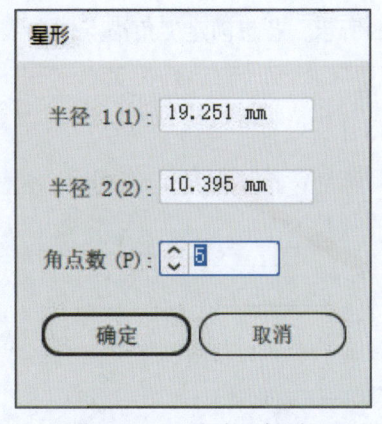

其中，"半径1"选项用于设置从星形中心到星形最里面点的距离，"半径2"选项用于设置从星形中心到星形最外面点的距离，"角点数"选项用于设置星形的角数。

3. 绘制自由路径

路径是构成矢量图形的基本元素，它由一系列锚点和连接这些锚点的线段组成，可用于创建各种形状和图形。用户可以通过钢笔工具、弯曲工具、画笔工具等工具，绘制自由造型的各种路径。

(1) 钢笔工具

钢笔工具 可以通过锚点和手柄精确绘制路径。选择钢笔工具，在画板中单击创建锚点，移动鼠标指针后，单击创建下一个锚点，这两个锚点之间为直线段，如图2-126所示。继续移动鼠标指针，单击并按住鼠标左键拖曳，将创建平滑锚点，此时将创建曲线路径，如图2-127所示。

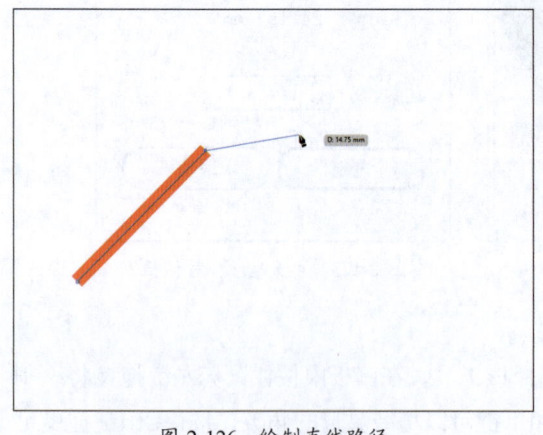

图 2-126　绘制直线路径　　　　　　　　图 2-127　绘制曲线路径

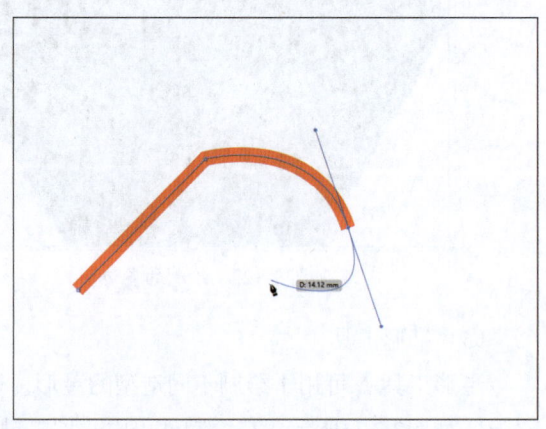

(2) 弯曲工具

弯曲工具 可以创建并编辑曲线和直线。选择弯曲工具，在画板上单击创建锚点，移动鼠标指针后单击创建第二个锚点，此时两个锚点之间为直线段状态，移动鼠标指针，可以实时预览曲线路径效果，如图2-128所示。继续绘制，闭合路径后将变为光滑有弧度的形状，如图2-129所示。若想创建尖角锚点，在锚点上双击即可。

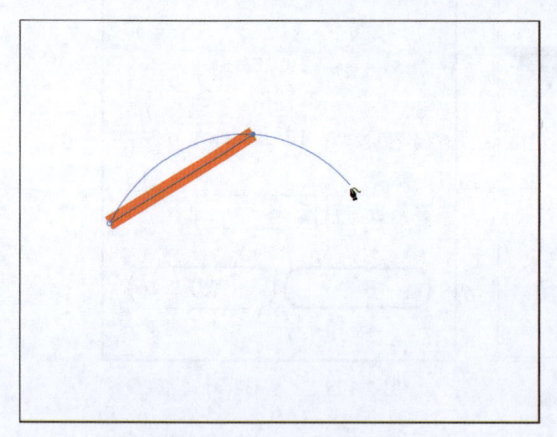

图 2-128　预览曲线路径效果　　　　　　图 2-129　绘制闭合路径

(3) 画笔工具

画笔工具可以在应用画笔笔刷的情况下绘制自由路径。执行"窗口"→"画笔"命令或按F5键，打开"画笔"面板，如图2-130所示。单击"画笔"面板底部的"画笔库菜单"按钮 ，在弹出的菜单中可以选择更多画笔，如图2-131所示。

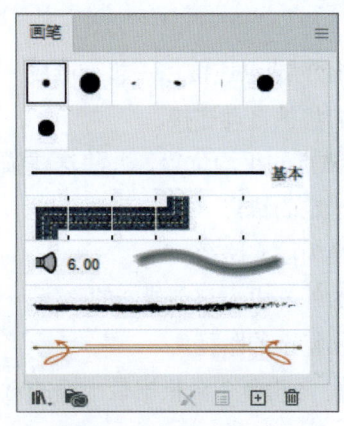

图 2-130 "画笔"面板　　图 2-131 画笔库菜单

选择画笔工具 ✐，按住Shift键可以绘制水平、垂直或以45°角倍增的直线路径，如图2-132所示。在控制栏中的"画笔定义"下拉列表框中或"画笔"面板中选择画笔笔刷，使用画笔工具绘制将应用新的画笔笔刷效果，如图2-133所示。

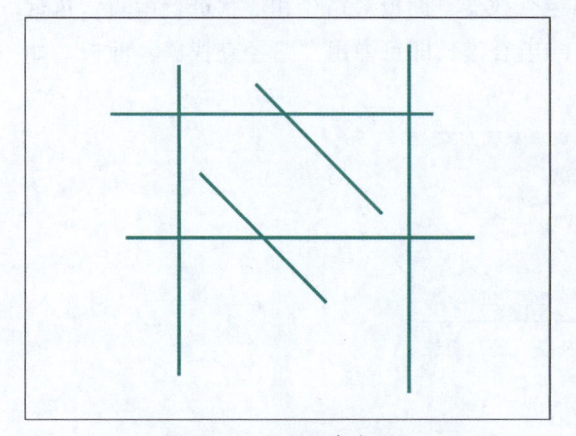

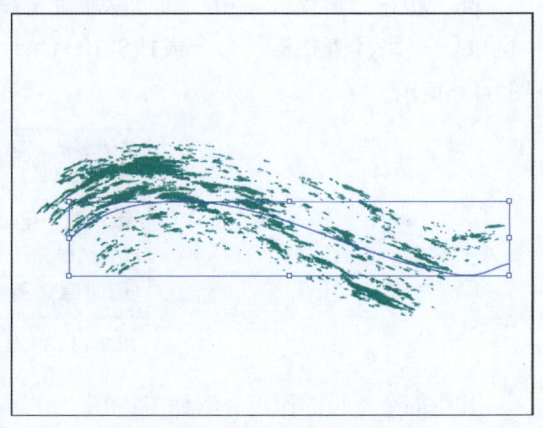

图 2-132 绘制的直线路径　　图 2-133 应用画笔笔刷效果

4. 编辑路径

创建路径后将其选中，执行"对象"→"路径"命令，其子菜单中包括多种用于编辑路径的命令，如图2-134所示。

图 2-134 路径命令

常用的编辑路径命令的作用介绍如下：
- **连接**：此命令用于将两个或多个开放路径的端点连接在一起，形成一个单一的开放或闭合路径。如果路径的端点足够接近，它们将被自动连接。
- **平均**：此命令用于计算两个或多个选定锚点的平均位置，并将这些锚点移动到计算出的平均位置上。这有助于对齐或均匀分布选定的锚点。
- **轮廓化描边**：将对象的描边（线条）转换为填充路径。
- **偏移路径**：通过指定的距离在原始路径的外部或内部创建新的路径。
- **简化**：通过减少路径中的锚点数量来简化复杂的路径。
- **分割下方对象**：当两个或多个对象重叠时，此命令会根据最上面的对象的形状来分割下面的对象。
- **分割为网格**：允许用户将选定的路径或图形对象分割成多个均匀分布的小块（网格），每个小块都可以单独进行编辑或操作。
- **清理**：此命令用于移除不可见的锚点、重叠的锚点或多余的路径段，以简化路径。

除"路径"命令外，用户还可以通过"路径查找器"面板对路径和形状进行编辑。执行"窗口"→"路径查找器"命令或按Shift+Ctrl+F9组合键，即可弹出"路径查找器"面板，如图2-135所示。

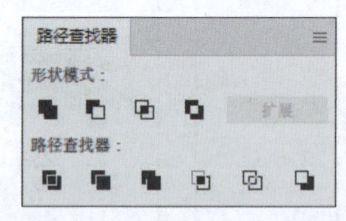

图 2-135 "路径查找器"面板

其中部分选项的作用介绍如下：
- **联集**：描摹所有对象的轮廓，结果形状会采用顶层对象的上色属性。
- **减去顶层**：从最后面的对象中减去最前面的对象。
- **交集**：描摹所有对象重叠的区域轮廓。
- **差集**：描摹对象所有未被重叠的区域，并使重叠区域透明。
- **分割**：将一个复杂的图形按照其内部的线条或重叠区域分解为多个独立的填充表面。完成分割后，可以将其取消编组并查看分割效果。
- **修边**：删除已填充对象被隐藏的部分。此操作会删除所有描边，且不会合并相同颜色的对象。将图形修边后，可以将其取消编组并查看修边效果。
- **合并**：删除已填充对象被隐藏的部分。此操作会删除所有描边，且会合并具有相同颜色的相邻或重叠的对象。
- **裁剪**：将图稿分割成由组件填充的表面，删除图稿中所有落在最上方对象边界之外的部分和所有描边。
- **轮廓**：将对象分割成它们的基本构成线段或边缘。

- **减去后方对象**⬜：从最前面的对象中减去后面的对象。

2.2.4 图形的填充与描边

填充和描边为图像增添了丰富的色彩和层次感。填充是指图形内部的颜色或图案，而描边则是围绕图形边缘的线条，设计师可以通过不同的颜色、描边的粗细和样式来增强视觉效果。下面将对图形的填充和描边进行介绍。

1. 图形填充

图形填充可以极大地增强图形的视觉效果，使动画更具吸引力和表现力。Illustrator中提供了"颜色"面板、"色板"面板、"渐变"面板、图案面板、渐变工具、实时上色工具、网格工具等多种面板和工具，以帮助用户轻松实现各种颜色效果。

(1)"颜色"面板

"颜色"面板用于为对象填充单色或设置单色描边。执行"窗口"→"颜色"命令，打开"颜色"面板，从中可以选择不同颜色模式显示对应的颜色值，如图2-136所示。选中要填充的图形后，在"颜色"面板中单击填色按钮⬛或描边按钮⬜，设置颜色即可。

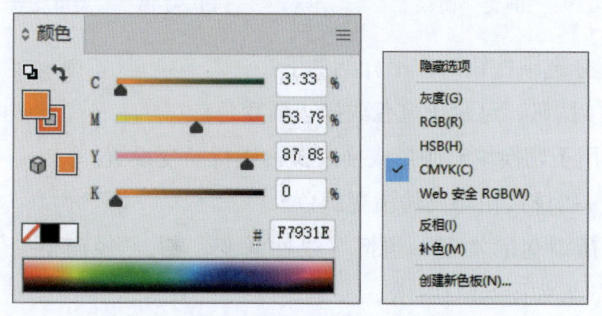

图 2-136 在"颜色"面板中选择颜色模式

(2)"色板"面板

"色板"面板可以为对象的填色和描边添加颜色、渐变或图案。执行"窗口"→"色板"命令，打开"色板"面板，如图2-137所示。选中要添加填色或描边的对象，在"色板"面板中单击填色或描边按钮，单击色板中的颜色、图案或渐变将为对象添加相应的填色或描边。单击"色板"面板左下方的"色板库"菜单按钮，在弹出的菜单中可以选择更丰富的颜色，如图2-138所示。

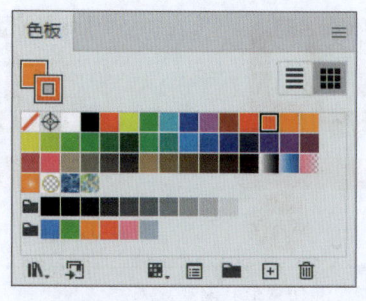

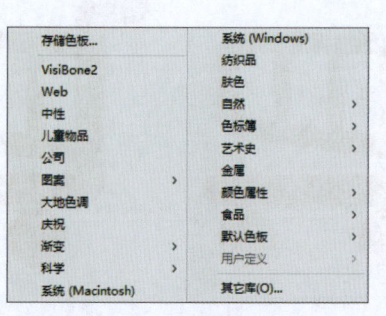

图 2-137 "色板"面板   图 2-138 "色板库"菜单

(3) 渐变工具和"渐变"面板

渐变填充是指通过两种或两种以上颜色的渐变过渡填充图形，用户可以通过渐变工具和"渐变"面板创建渐变效果。

选中图形对象后，执行"窗口"→"渐变"命令，打开"渐变"面板（如图2-139所示），在该面板中选择一种渐变类型激活渐变并进行相应设置，图形的渐变填充效果如图2-140所示。

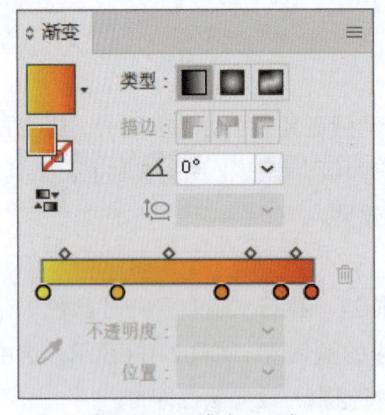

图 2-139　"渐变"面板　　　　图 2-140　渐变填充效果

"渐变"面板中部分选项按钮的作用介绍如下：

- 渐变：单击该按钮，可赋予填色或描边渐变色。
- 填色/描边：用于切换填充颜色或描边颜色进行渐变设置。
- 反向渐变：单击该按钮将反转渐变颜色。
- 类型：用于选择渐变的类型，包括"线性渐变"、"径向渐变"和"任意形状渐变"三种，效果如图2-141所示。
- 编辑渐变："编辑渐变"按钮仅在切换到工具栏中的其他工具时可见。单击该按钮将切换至渐变工具，进入渐变编辑模式。
- 描边：用于设置描边渐变的样式。该区域按钮仅在为描边添加渐变时激活。
- 角度：用于设置渐变的角度。
- 渐变滑块：双击该按钮，在弹出的面板中可设置该渐变滑块的颜色。若想添加新的渐变滑块，移动鼠标指针至渐变滑块之间单击即可添加。

图 2-141　线性渐变、径向渐变和任意形状渐变效果

选中要创建渐变的图形，选择渐变工具 ■，在该图形上方可以看到渐变批注者。渐变批注者是一个滑块，该滑块会显示起点、终点、中点以及起点和终点对应的两个色标，如图2-142所示。可以使用渐变批注者修改线性渐变的角度、位置和范围，以及径向渐变的焦点、原点和扩展等，如图2-143所示。

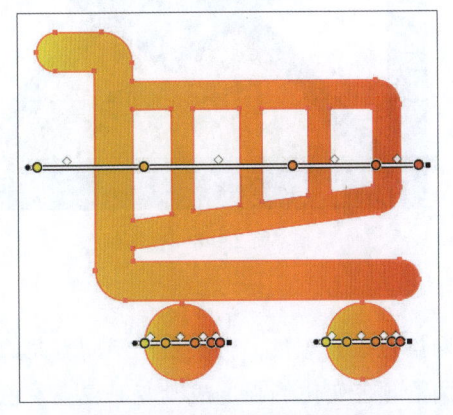

图2-142　显示的渐变批注者　　　　图2-143　调整渐变批注者

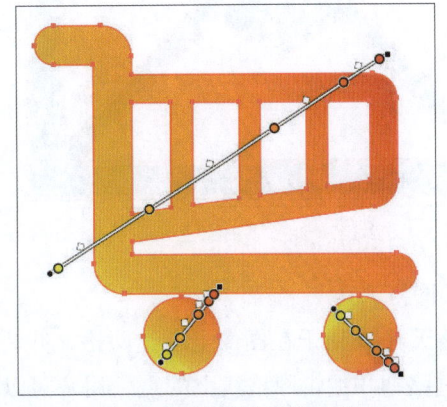

（4）图案面板

图案面板中提供了多种图案，可以帮助用户制作出丰富的图形效果。执行"窗口"→"色板库"→"图案"命令，在其子菜单中包括"基本图形""自然""装饰"三种预设图案，如图2-144所示。执行命令即可打开相应的面板，图2-145所示为打开的"自然_叶子"面板。应用图案的效果如图2-146所示。

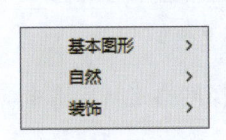

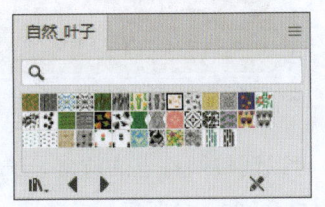

图2-144　图案菜单　　图2-145　"自然_叶子"面板　　图2-146　应用图案的效果

执行"对象"→"图案"→"建立"命令，在弹出的"图案选项"面板中设置参数，可以新建图案。

（5）实时上色工具

实时上色是一种智能填充方式，此时可以使用不同颜色为每个路径段描边，并使用不同的颜色、图案或渐变填充每个路径。选中要进行实时上色的对象（可以是路径也可以是复合路径），按Ctrl+Alt+X组合键或选择实时上色工具 ■，单击建立实时上色组，如图2-147所示。一旦建立了实时上色组，每条路径都会保持完全可编辑，可在控制栏或工具栏中设置前景色，单击进行填充，如图2-148所示。

图 2-147 建立实时上色组　　　　　　　图 2-148 填充颜色

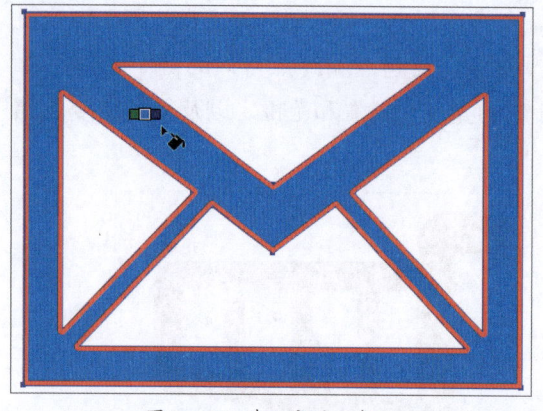

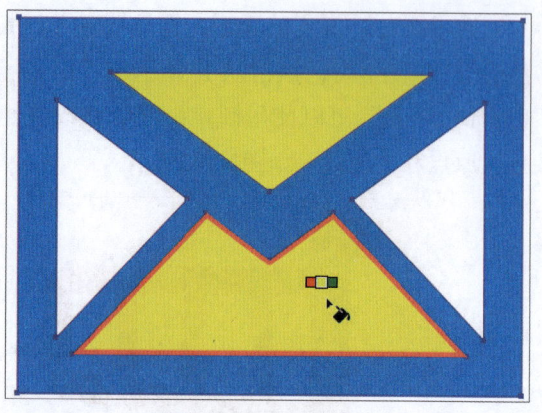

(6) 网格工具

网格工具用于在图像上创建网格，并为网格点设置颜色，可实现沿不同方向的平滑过渡。通过移动和编辑网格线上的点，用户可以调整颜色变化的强度或改变对象上着色区域的范围。

选择网格工具，当鼠标指针变为形状时，在图形上单击即可添加网格点，如图2-149所示。可以通过"颜色"面板、"色板"面板或拾色器为网格点填充颜色，效果如图2-150所示。

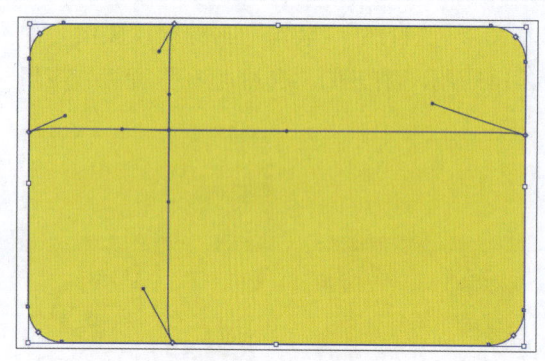

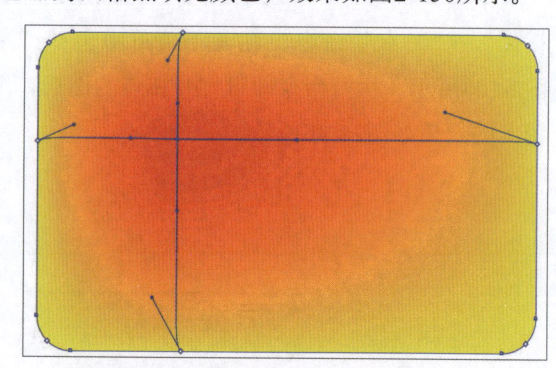

图 2-149 添加网格点　　　　　　　图 2-150 设置网格点颜色

若要调整图形中某部分颜色所处的位置时，可以调整网格点的位置。选择网格工具后选中网格点，将其拖动到目标位置释放即可，如图2-151和图2-152所示。

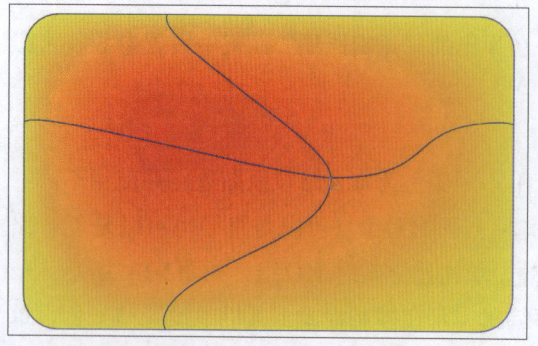

图 2-151 调整网格点位置　　　　　　图 2-152 调整后效果

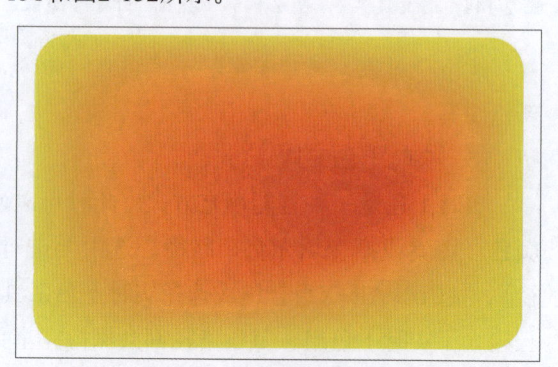

2. 图形描边

"描边"面板中可以对描边的粗细、端点、边角等参数进行设置。执行"窗口"→"描边"命令,打开"描边"面板,如图2-153所示。从中设置参数后,选中对象的描边将出现相应的变化,前后对比效果如图2-154和图2-155所示。

图2-153 "描边"面板　　图2-154 原矢量对象　　图2-155 调整描边后效果

"描边"面板中部分常用选项的作用介绍如下:

- **粗细**:设置选中对象的描边粗细。
- **端点**:设置端点样式,包括平头端点、圆头端点和方头端点三种。
- **边角**:设置拐角样式,包括斜接连接、圆角连接和斜角连接三种。
- **限制**:控制程序在何种情况下由斜接连接切换成斜角连接。
- **对齐描边**:设置描边路径的对齐样式。当对象为封闭路径时,可激活全部选项。
- **虚线**:勾选该复选框将激活虚线选项。用户可以输入数值设置虚线与间距的大小。
- **箭头**:添加箭头。
- **缩放**:调整箭头大小。
- **对齐**:设置箭头与路径的对齐方式。
- **配置文件**:选择预设的宽度配置文件,以改变线段宽度,制作造型各异的路径效果。

3. 吸管工具

吸管工具可以拾取对象的颜色和属性,并将之赋予其他矢量对象。矢量图形的描边样式、填充颜色,文字对象的字符属性和段落属性,以及位图中的特定颜色,都可以通过吸管工具轻松复制。

选择右侧图形,使用吸管工具单击左侧图形,这样可以为右侧图形应用和左侧图形相同的属性,如图2-156所示。在单击的同时按住Alt键,鼠标指针显示为形状(表示当前处于交换模式),此时单击处的图形(左侧图形外圈)将应用当前所选图形(右侧图形)的颜色与属性,如图2-157所示。

图 2-156　为当前所选图形应用左侧图形的颜色和属性

图 2-157　应用当前所选图形的颜色与属性

■2.2.5　文本的创建与编辑

文本是MG动画中的重要元素，Illustrator提供了强大的文本处理功能，便于用户创建与编辑文本。下面将对此进行介绍。

1. 创建文本

需要输入少量文字时，只需选择文字工具 T 或直排文字工具 IT，在页面中单击，出现插入文本光标，输入文本即可，如图2-158所示。在输入状态下，按Enter键可以换行，如图2-159所示。按Esc键可结束操作。

图 2-158　输入文本

图 2-159　文本换行

若需要输入大量文本，为了便于管理，可以创建段落文字。选择文字工具后，在画板中按住鼠标左键拖曳，创建文本框，如图2-160所示，在其中输入文本即可。当输入的文本到达文本框边界时将自动换行，如图2-161所示。

图 2-160　创建的文本框

图 2-161　输入文本自动换行

若输入的文本超出了文本框所能容纳的范围，将出现文本溢出的现象，会显示 ⊞ 标记，如

图2-162所示。此时可以调整文本框大小，或单击 标记，当鼠标指针变为 形状时，将其移动至空白处单击，创建新的文本框以容纳溢出的文本，如图2-163所示。

图 2-162　文本溢出

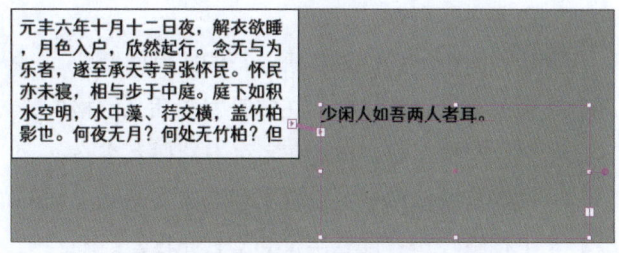

图 2-163　创建新文本框以容纳溢出文本

2. 编辑文本

创建文本后，可以通过"字符"面板、"段落"面板等对文本进行编辑，这一操作首先需要选中文本。选择文字工具，在文本中单击进入编辑状态，按住鼠标左键拖动，可以选中部分文本，如图2-164所示。在文本中双击或按Ctrl+A组合键可以全选文本，如图2-165所示。

图 2-164　选中部分文本

图 2-165　全选文本

对于选中的文本，可以通过"字符"面板设置字符格式。执行"窗口"→"文字"→"字符"命令或按Ctrl+T组合键，打开"字符"面板，单击右上角的 按钮，在弹出的菜单中选择"显示选项"命令，将显示被隐藏的选项，如图2-166所示。该面板中部分常用选项的功能介绍如下：

- **设置字体系列**：在下拉列表中可以选择文字的字体。
- **设置字体样式**：设置所选字体的字体样式。
- **设置字体大小**：在下拉列表中可以选择字体大小，也可以输入自定义数字。
- **设置行距**：设置字符行之间的距离大小。
- **垂直缩放**：设置文字的垂直缩放百分比。
- **水平缩放**：设置文字的水平缩放百分比。
- **设置两个字符间距微调**：微调两个字符间的距离。
- **设置所选字符的字距调整**：设置所选字符的间距。
- **对齐字形**：准确对齐实时文本的边界。可单击选择

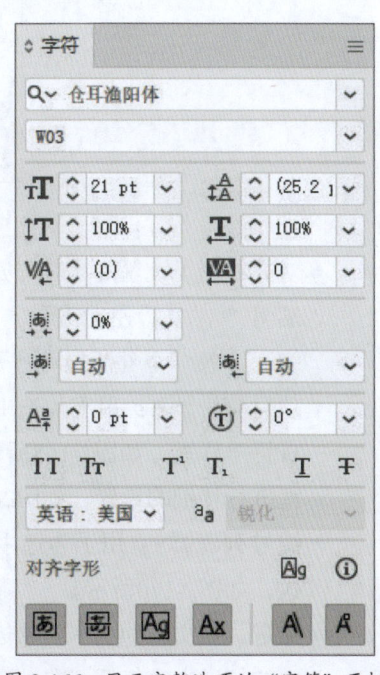

图 2-166　显示完整选项的"字符"面板

"全角字框"▣、"全角字框，居中"▣、"字形边界"▣、"基线"▣、"角度参考线"▣以及"锚点"▣。要启用该功能，需首先激活"视图"菜单中的"对齐字形"和"智能参考线"命令。

- **比例间距**▣：设置日语字符的比例间距。
- **插入空格（左）**▣：在字符左端插入空格。
- **插入空格（右）**▣：在字符右端插入空格。
- **设置基线偏移**▣：设置文字与文字基线之间的距离。
- **字符旋转**▣：设置字符的旋转角度。
- TT Tr T¹ T₁ T F：设置字符效果，从左至右依次为"全部大写字母"TT、"小型大写字母"Tr、"上标"T¹、"下标"T₁、"下画线"T和"删除线"F。
- **设置消除锯齿方法**：在下拉列表框中可选择"无""锐化""明晰""强"等。

"段落"面板可以设置文本的段落格式，包括对齐方式、段落缩进、段落间距等。选中要设置段落格式的文本，执行"窗口"→"文字"→"段落"命令，或按Ctrl+Alt+T组合键，将打开"段落"面板，如图2-167所示。该面板中部分常用选项的功能介绍如下：

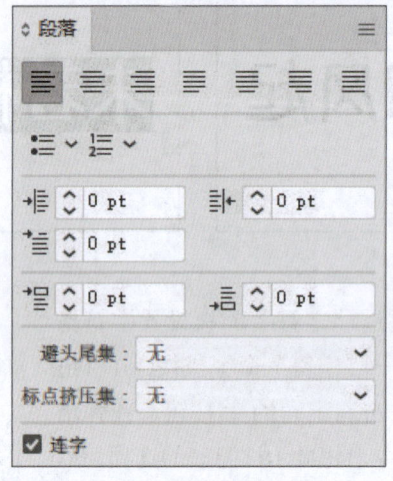

图2-167 "段落"面板

- **对齐**：用于设置段落对齐方式，包括"左对齐"▣、"居中对齐"▣、"右对齐"▣、"两端对齐，末行左对齐"▣、"两端对齐，末行居中对齐"▣、"两端对齐，末行右对齐"▣及"全部两端对齐"▣7种。
- **项目符号**▣：用于为选中的文本添加项目符号，单击右侧下拉按钮，可以选择更多项目符号样式，如图2-168所示。单击"更多选项"按钮，可打开"项目符号和编号"对话框进行详细的设置，如图2-169所示。
- **编号列表**▣：用于为选中的文本添加编号，单击右侧下拉按钮，可以选择更多编号样式，如图2-170所示。
- **缩进**：指文本和文本对象边界间的距离，可以为多个段落设置不同的缩进。"段落"面板中的缩进方式包括"左缩进"▣、"右缩进"▣和"首行左缩进"▣。

- **段落间距**：用于区分段落之间的距离。"段前间距"和"段后间距"参数分别用于设置所选段落与前一段和后一段的距离。
- **避头尾集**：用于指定中文文本的换行方式。不能位于行首或行尾的字符被称为避头尾字符。默认情况下，该选项被设置为"无"，用户可根据需要选择"严格"或"宽松"选项。

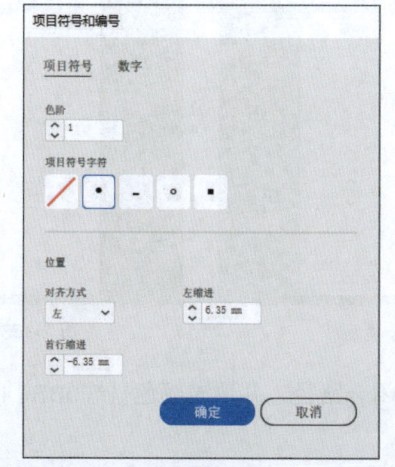

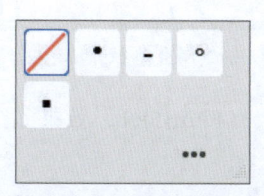

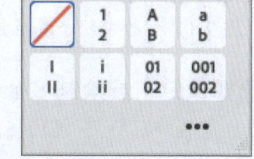

图2-168 项目符号样式　　图2-169 "项目符号和编号"对话框　　图2-170 编号样式

> **提示**：选中文本，执行"文字"→"创建轮廓"命令或按Shift+Ctrl+O组合键，可将文本转换为轮廓（矢量路径），从而能够自由调整每个字符的形状和大小。

2.3　实战演练：加载动画

本实战演练将制作加载动画效果。在实操中主要用到的知识点有新建文件、钢笔工具、椭圆工具、"路径查找器"面板、变换缩放以及时间轴帧动画等。下面将对动画的制作过程进行详细讲解。

扫码观看视频

1. 使用Illustrator绘制加载动画素材

步骤01 在打开的Illustrator软件中执行"文件"→"新建"命令，打开"新建文档"对话框，设置参数，单击"创建"按钮，如图2-171所示。

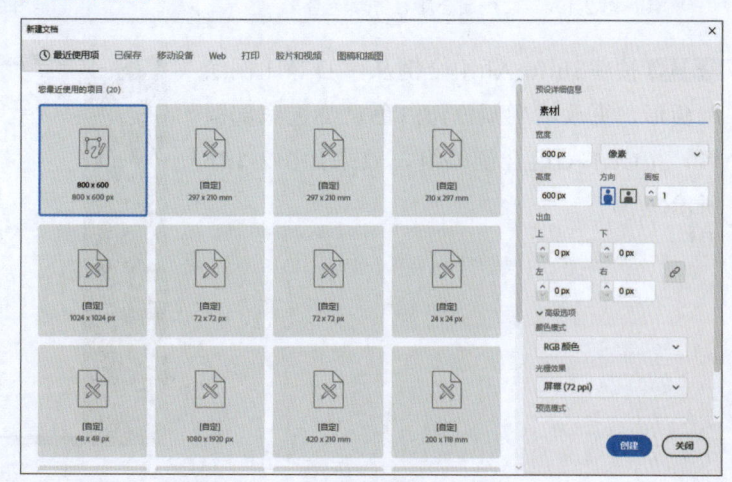

图2-171　新建文件

步骤 02 选择钢笔工具绘制闭合路径，填充颜色（#FFC144），效果如图2-172所示。

步骤 03 继续绘制闭合路径，并填充颜色（#00BBC4），如图2-173所示。

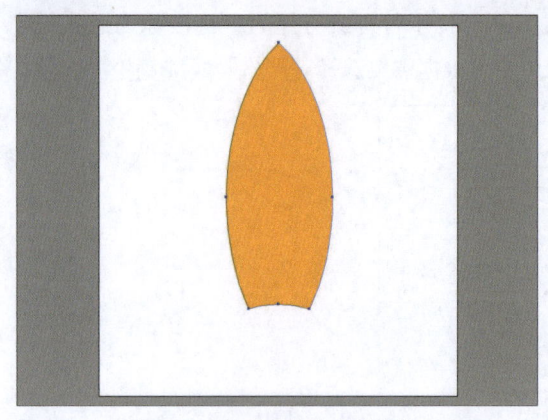

图 2-172 绘制闭合路径并填色 1

图 2-173 绘制闭合路径并填色 2

步骤 04 选择钢笔工具绘制多个闭合路径，并填充颜色（#00BBC4、#FF6B5E），效果如图2-174所示。

步骤 05 选择椭圆工具绘制圆形，并填充颜色（#FF6B5E），如图2-175所示。

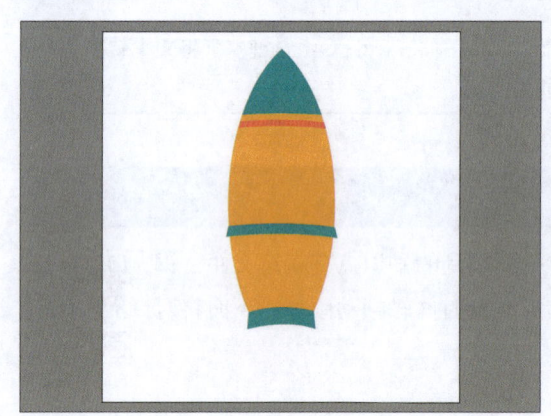

图 2-174 绘制闭合路径并填色 3

图 2-175 绘制圆形并填色

步骤 06 按住Shift+Alt组合键从中心等比例绘制圆形，更改填充颜色为白色，加选底部圆形，按Ctrl+G组合键编组，效果如图2-176所示。

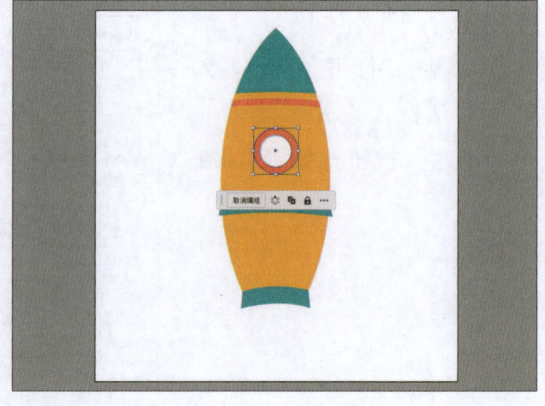

图 2-176 编组图形

步骤 07 选择椭圆工具绘制圆形，并填充颜色（#FF6B5E），按住Alt键移动复制，将复制出的圆形调整至合适位置后加选原圆形，如图2-177所示。

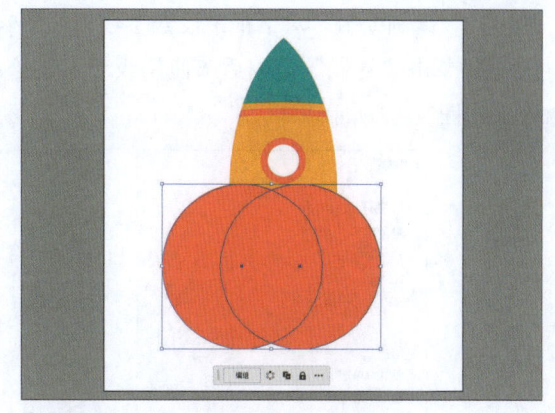

图 2-177　绘制并复制正圆

步骤 08 在"属性"面板中单击"减去顶层"按钮，效果如图2-178所示。

步骤 09 将上一步得到的图形旋转270°后置于底层，效果如图2-179所示。

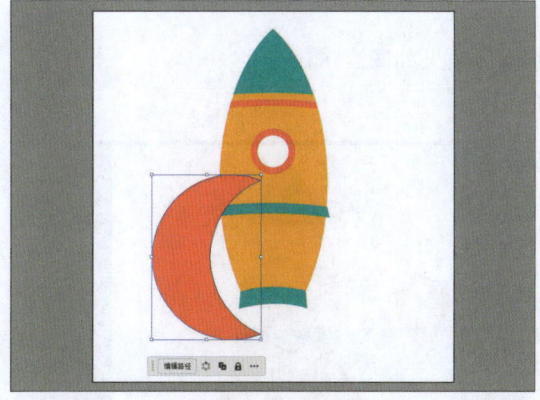

图 2-178　减去顶层效果

图 2-179　旋转图形并置于底层

步骤 10 选择钢笔工具绘制闭合路径，效果如图2-180所示。

步骤 11 继续使用钢笔工具绘制闭合路径，效果如图2-181所示。

图 2-180　绘制闭合路径1

图 2-181　绘制闭合路径2

步骤 12 右击上一步中绘制的闭合路径，在弹出的快捷菜单中选择"变换"→"缩放"命令，在弹出的"比例缩放"对话框中设置参数，如图2-182所示。

步骤 13 单击"复制"按钮后，使用吸管工具拾取并应用 步骤 02 所绘图形的颜色（#FFC144），效果如图2-183所示。

图 2-182 设置比例缩放 　　　图 2-183 拾取并应用颜色

步骤 14 继续缩放变换（64%），更改填充颜色为白色，效果如图2-184所示。

步骤 15 调整图形的显示位置，效果如图2-185所示。

图 2-184 比例缩放后更改填充色 　　　图 2-185 调整图形显示位置

步骤 16 将 步骤 11 ～ 步骤 15 绘制的图形编组后置于底层，并调整显示位置，效果如图2-186所示。

步骤 17 新建图层并调整图层顺序，如图2-187所示。

图 2-186 将图形编组后置于底层并调整位置 　　　图 2-187 新建图层并调整图层顺序

步骤 18 选择椭圆工具绘制圆形并填充颜色（#136791），效果如图2-188所示。
步骤 19 新建图层，如图2-189所示。

图 2-188　绘制圆形并填色

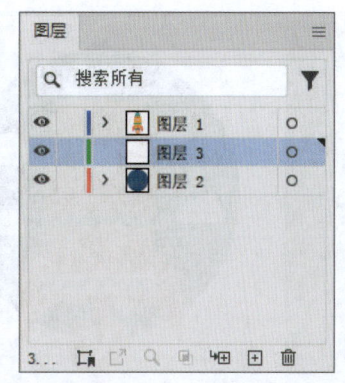

图 2-189　新建图层

步骤 20 绘制多个椭圆（填充颜色同 步骤 18 中的圆形），效果如图2-190所示。
步骤 21 选择圆角矩形工具绘制一个圆角矩形，效果如图2-191所示。

图 2-190　绘制多个椭圆

图 2-191　绘制一个圆角矩形

步骤 22 加选 步骤 20 中绘制的多个椭圆，在"属性"面板中单击"联集"按钮，效果如图2-192所示。
步骤 23 将上一步得到的图形的填充颜色更改为白色后，复制多个并调整大小和位置，效果如图2-193所示。

图 2-192　图形联集效果

图 2-193　复制图形并调整大小和位置

步骤 24 选择火箭图形中的火焰效果部分，按Ctrl+X组合键剪切，新建图层后粘贴并调整显示位置，如图2-194和图2-195所示。

图 2-194　调整显示位置 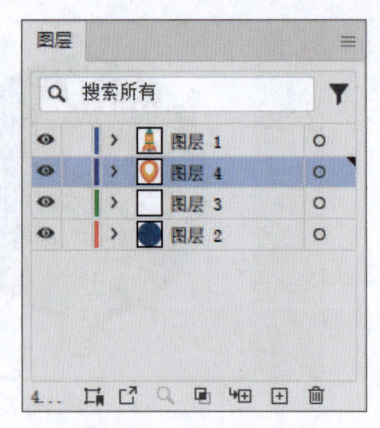　　　　　　　图 2-195　图层显示效果

步骤 25 执行"文件"→"导出"→"导出为"命令，将之前绘制的图形导出为PSD格式图像，如图2-196所示。

步骤 26 单击"导出"按钮后，在弹出的"Photoshop导出选项"对话框中设置参数，如图2-197所示。

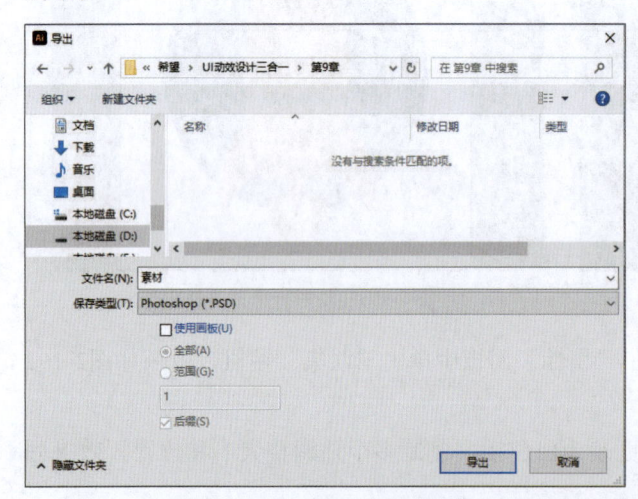

图 2-196　导出为 PSD 格式图像 　　　　图 2-197　设置 Photoshop 导出选项

2. 使用Photoshop制作加载动画效果

步骤 01 启动Photoshop，打开之前导出的"素材.psd"文档，在"时间轴"面板中创建帧动画，效果如图2-198所示。

图 2-198　创建帧动画

步骤02 在"图层"面板中隐藏"图层3",如图2-199所示。此时图像编辑窗口中的显示效果如图2-200所示。

图 2-199　隐藏"图层3"　　　　图 2-200　图像编辑窗口中的显示效果 1

步骤03 选择并复制组"图层4",然后隐藏组"图层4",如图2-201所示。

步骤04 选择组"图层4 拷贝",按Ctrl+T组合键,将图像缩小后居中对齐,效果如图2-202所示。

图 2-201　复制组"图层 4"后将其隐藏　　　　图 2-202　缩小图像后居中对齐

步骤05 选择"图层3"和"图层2"后创建组,重命名为0,如图2-203所示。

步骤06 复制组0后将其隐藏,再将复制得到的组重命名为700,如图2-204所示。

图 2-203　创建组　　　　图 2-204　复制组并重命名为 700

步骤07 显示"图层3",为其创建剪贴蒙版,如图2-205所示。

步骤08 保持"图层3"的选中状态,更改垂直位置为700像素,效果如图2-206所示。

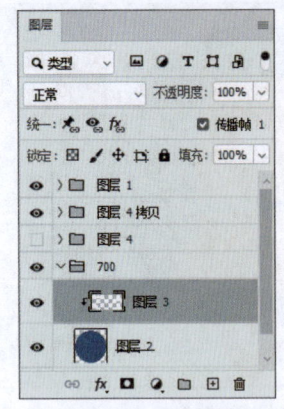

图 2-205　创建剪贴蒙版 　　　　图 2-206　更改垂直位置为 700 像素的效果

步骤09 复制组700后将其隐藏,再将复制得到的组重命名为400,如图2-207所示。

步骤10 选择"图层3",更改垂直位置为400像素,效果如图2-208所示。

图 2-207　复制组并重命名为 400 　　　图 2-208　更改垂直位置为 400 像素的效果

步骤11 使用相同的方法,多次创建组后重命名,并更改垂直位置(组名和垂直位置值相同),如图2-209所示。

步骤12 隐藏组900,显示组0,如图2-210所示。

图 2-209　多次复制组并重命名 　　　图 2-210　显示组 0

步骤13 复制帧，得到第2帧，如图2-211所示。

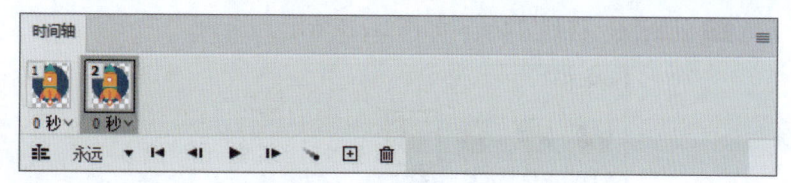

图 2-211　复制得到第 2 帧

步骤14 显示组"图层4"，隐藏组"图层4 拷贝"，隐藏组0，显示组700，如图2-212所示。此时图像编辑窗口中的显示效果如图2-213所示。

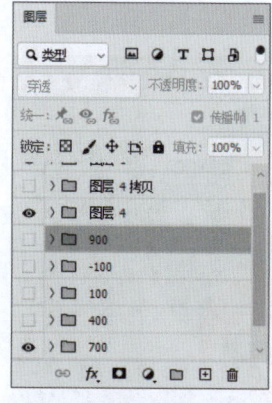

图 2-212　图层调整效果 1

图 2-213　图像编辑窗口中的显示效果 2

步骤15 复制帧，得到第3帧，如图2-214所示。

图 2-214　复制得到第 3 帧

步骤16 隐藏组"图层4"，显示组"图层4 拷贝"，隐藏组700，显示组400，如图2-215所示。此时图像编辑窗口中的显示效果如图2-216所示。

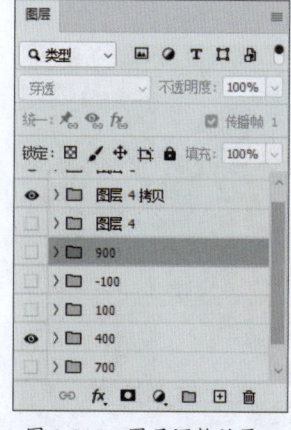

图 2-215　图层调整效果 2

图 2-216　图像编辑窗口中的显示效果 3

步骤17 复制帧，得到第4帧，如图2-217所示。

图 2-217　复制得到第 4 帧

步骤18 显示组"图层4"，隐藏组"图层4 拷贝"，隐藏组400，显示组100，如图2-218所示。此时图像编辑窗口中的效果如图2-219所示。

图 2-218　图层调整效果 3　　　图 2-219　图像编辑窗口中的显示效果 4

步骤19 复制帧，得到第5帧，如图2-220所示。

图 2-220　复制得到第 5 帧

步骤20 隐藏组"图层4"，显示组"图层4 拷贝"，隐藏组100，显示组-100，如图2-221所示。

步骤21 此时图像编辑窗口中的显示效果如图2-222所示。

图 2-221　图层调整效果 4　　　图 2-222　图像编辑窗口中的显示效果 5

步骤22 复制帧，得到第6帧，如图2-223所示。

图 2-223　复制得到第 6 帧

步骤23 显示组"图层4"，隐藏组"图层4 拷贝"，隐藏组-100，显示组900，如图2-224所示。此时图像编辑窗口中的显示效果如图2-225所示。

图 2-224　图层调整效果 5　　　图 2-225　图像编辑窗口中的显示效果 6

步骤24 在"时间轴"面板中，按住Shift键选择第1、3、5帧，如图2-226所示。

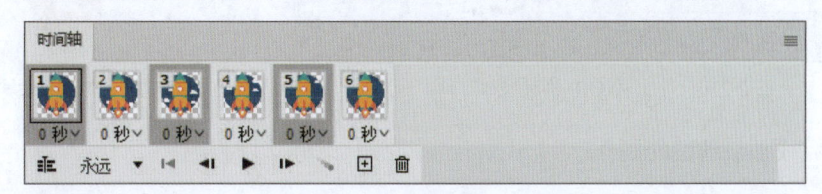

图 2-226　选择帧

步骤25 在选择的帧上右击，在弹出的快捷菜单中选择"0.2秒"命令，效果如图2-227所示。

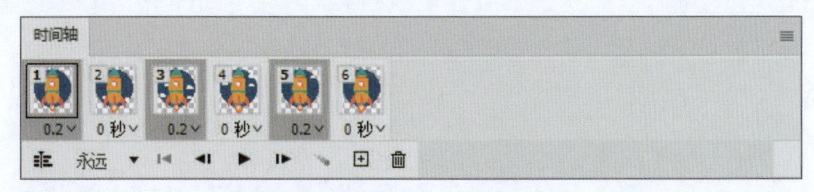

图 2-227　设置第 1、3、5 帧的帧时长

步骤26 按住Shift键选择第2、4帧，设置时长为0.5秒，效果如图2-228所示。

图 2-228　设置第 2、4 帧的帧时长

步骤 27 选择第6帧，设置时长为0.3秒，效果如图2-229所示。

图 2-229　设置第 6 帧的帧时长

步骤 28 执行"文件"→"导出"→"存储为Web所用格式（旧版）"命令，在弹出的"存储为Web所用格式"对话框中设置参数，如图2-230所示。

步骤 29 打开导出的GIF格式文件查看效果，如图2-231所示。

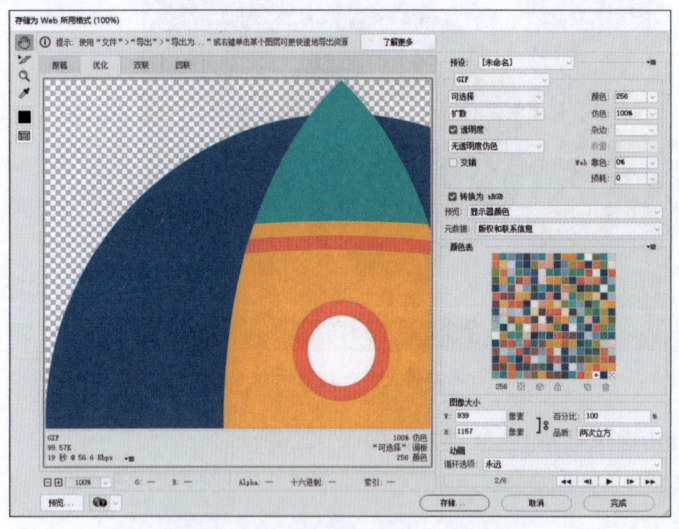

图 2-230　导出成 GIF 格式文件 　　　　图 2-231　查看导出文件效果

至此，完成加载动画的制作。

模块 3　MG 动画技术基础

内容概要　After Effects是一款出色的动态图形和视觉效果编辑软件，在MG动画制作中发挥着至关重要的作用。它不仅功能强大，灵活性也很高，能够帮助用户创作出高质量的动态图形，增强MG动画的视觉效果和创意表现。通过After Effects丰富的动画工具和特效库，设计师可以轻松实现复杂的动画效果，使作品更加生动和吸引人。本模块将对After Effects的基础知识进行介绍。

数字资源
【本模块素材】："素材文件\模块3"目录下
【本模块实战演练最终文件】："素材文件\模块3\实战演练"目录下

3.1　After Effects工作界面

　　After Effects是Adobe公司推出的一款专业的视频后期处理软件，在MG动画制作中，它不仅提供了强大的制作工具，还支持丰富的特效和高效的制作流程，使设计师能够创建优质、流畅的视觉效果。After Effects的工作界面如图3-1所示，其中包括"合成"面板、"时间轴"面板、"工具"面板等常用面板，这些面板在MG动画制作过程中发挥着各自的作用，助力设计师呈现精彩的动画效果。

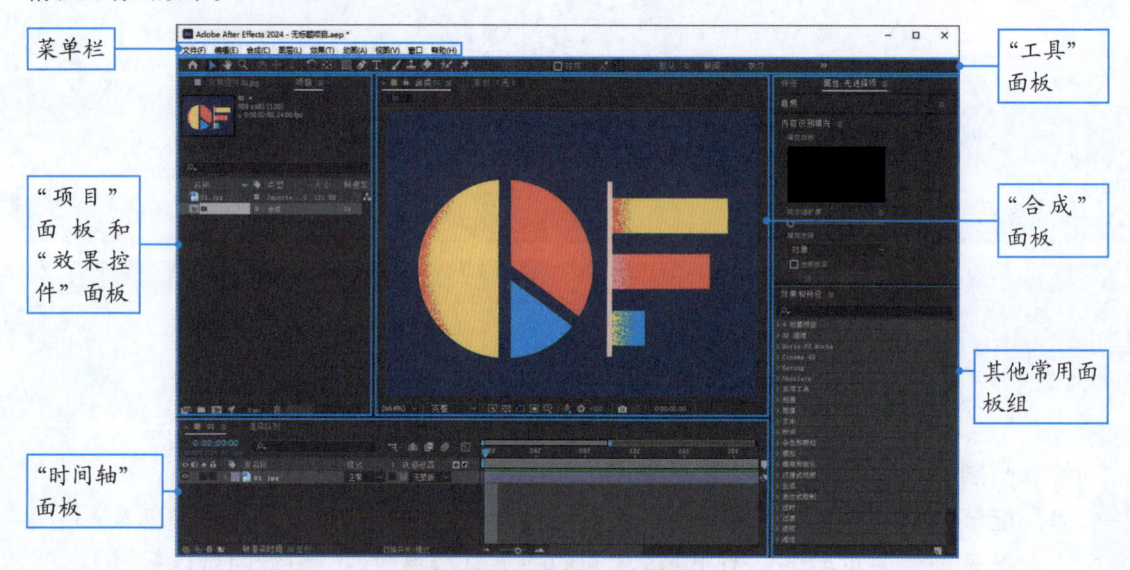

图 3-1　After Effects 工作界面

After Effects工作界面中常用面板的作用介绍如下：

- **"工具"面板**：包括一些常用的工具按钮，如选取工具、手形工具、缩放工具、旋转工具、形状工具、钢笔工具、文字工具等。部分图标右下角有小三角形的表示含有多重工具选项，单击并按住鼠标左键不放即可看到隐藏的工具。
- **"项目"面板**：存放着After Effects文档中所有的素材文件、合成文件以及文件夹。面板中将显示素材的名称、类型、大小、媒体持续时间、文件路径等信息，用户还可以单击面板左下方的按钮进行新建合成、新建文件夹等操作。
- **"合成"面板**：实时显示合成画面的效果，具有预览、控制、操作、管理素材、缩放窗口比例等功能，用户可以直接在该面板上对素材进行编辑。
- **"时间轴"面板**：After Effects中最重要的面板之一，可以精确设置合成中各种素材的位置、特效、属性等参数，从而控制图层效果和图层运动，还可以调整图层的顺序、制作关键帧动画等。

　　工作界面中的面板可以根据需要自定义。打开"窗口"菜单，如图3-2所示，在其中执行命令将打开或关闭相应的面板。执行"窗口"→"工作区"命令打开子菜单，如图3-3所示，从中执行命令可切换工作界面至预设的工作区。

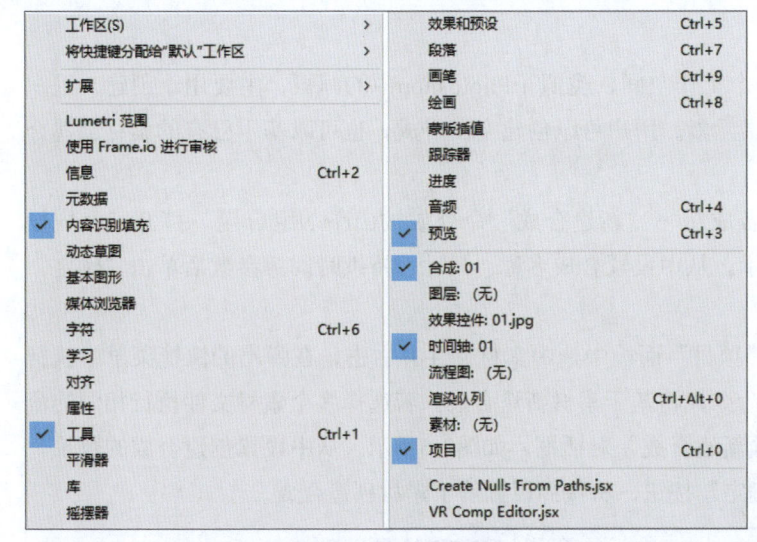

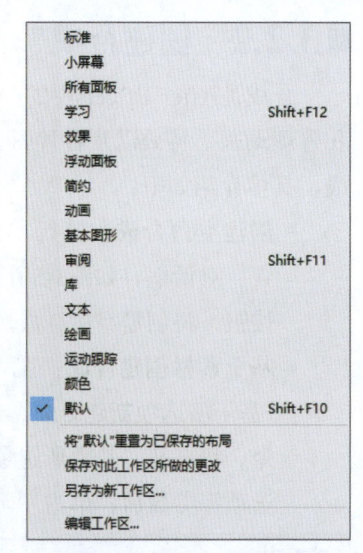

图3-2 "窗口"菜单　　　　　　　　　　　　　　　图3-3 "工作区"子菜单

3.2　项目与合成

项目是承载和组织MG动画文档的重要组成部分，合成则是创建动画的主要场所，这两者相辅相成，确保设计师能进行高质量的动画创作。本节将对项目与合成进行介绍。

■3.2.1　创建项目文档

项目是存储在硬盘中的单独文件，用户可以通过以下三种常用的方式创建项目。
- 单击主页中的"新建项目"按钮 新建项目 。
- 执行"文件"→"新建"→"新建项目"命令。
- 按Ctrl+Alt+N组合键。

使用以上三种方式都可以新建默认的项目文档，若想对项目进行设置，可以在新建项目后单击"项目"面板名称右侧的菜单按钮 ，在弹出的菜单中执行"项目设置"命令打开"项目设置"对话框，如图3-4所示。在该对话框中根据需要进行设置即可。

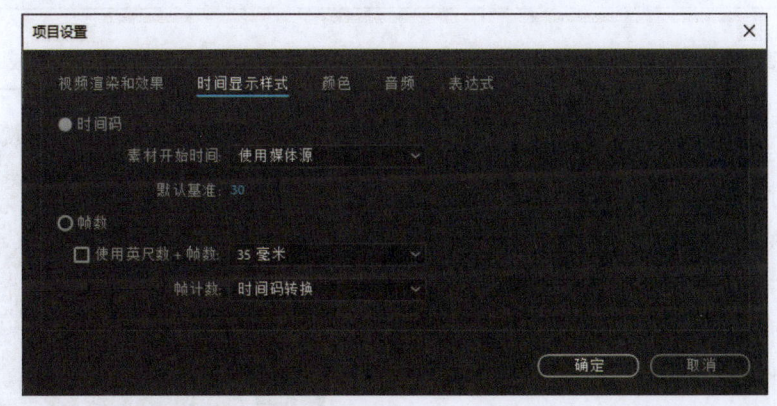

图3-4 "项目设置"对话框

■3.2.2　创建合成

合成是After Effects中的一个工作空间，类似于Photoshop中的画板，主要用于创建、组织和管理动画、特效以及各种图层元素。用户可以创建空白合成，也可以基于已有的素材创建合成，具体介绍如下：

- **创建空白合成**：执行"合成"→"新建合成"命令或按Ctrl+N组合键，打开"合成设置"对话框，如图3-5所示。从中设置合成名称、尺寸、持续时间等参数后单击"确定"按钮，将创建空白合成。
- **基于素材创建合成**：在"项目"面板中选中素材文件并右击，在弹出的快捷菜单中执行"基于所选项新建合成"命令，将基于素材新建合成。若选择多个素材文件执行相同的命令，将打开"基于所选项新建合成"对话框，如图3-6所示。从中设置创建合成的数量、选项等参数后，单击"确定"按钮，将按照设置基于素材创建合成。

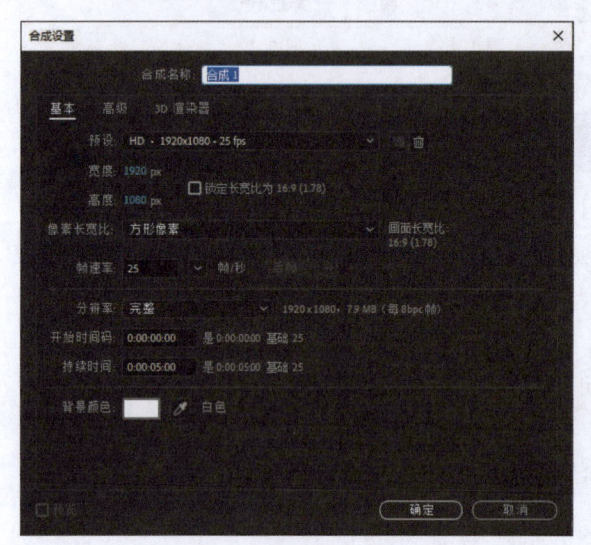

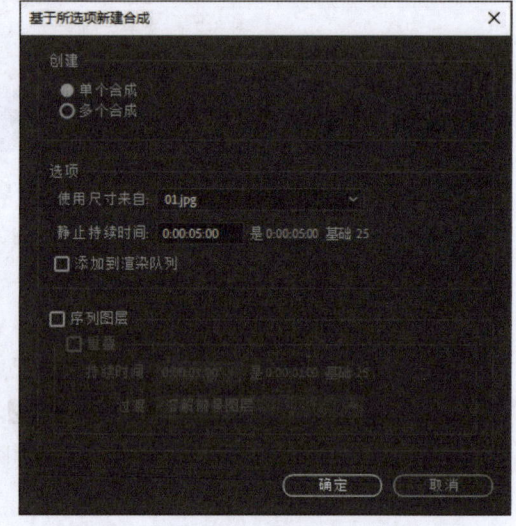

图3-5　"合成设置"对话框　　　　图3-6　"基于所选项新建合成"对话框

> 提示：用户也可以在"项目"面板空白处右击，在弹出的快捷菜单中执行"新建合成"命令，或单击"项目"面板左下角的"新建合成"按钮■新建合成。

After Effects中有一种特殊的合成，即预合成，又称嵌套合成，是指将一个或多个图层组合成一个新的合成，使其作为一个图层出现在主合成中，以简化主合成，方便进行复杂的动画制作。

选中"时间轴"面板中的图层，执行"图层"→"预合成"命令，或者右击并在弹出的快捷菜单中执行"预合成"命令，打开"预合成"对话框，设置预合成的名称和属性等参数后，单击"确定"按钮即可。图3-7所示为打开的"预合成"对话框。

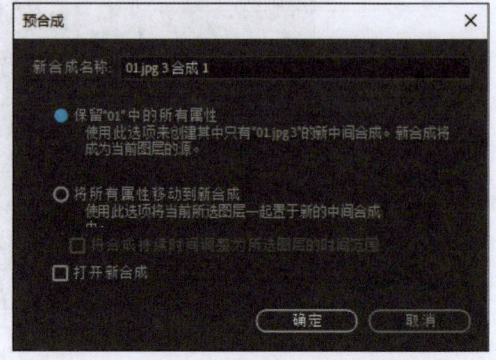

图3-7　"预合成"对话框

■3.2.3 动画的渲染与输出

制作完成MG动画后，可以选择将其导出为其他格式，以便快速分享和传播。下面将对此进行介绍。

1. 预览合成

通过预览可以及时查看制作效果。执行"窗口"→"预览"命令打开"预览"面板，如图3-8所示。在该面板中单击"播放/停止"按钮▶，可控制"合成"面板中素材的播放。"预览"面板中部分选项的作用如下：

- **快捷键**：选择用于播放/停止的键盘快捷键，默认为空格键。选择不同的快捷键时，默认的预览设置也会有所不同。
- **重置**：单击该按钮将恢复所有快捷键的默认预览设置。
- **包含**：用于设置在预览时播放的内容，从左至右依次为包含视频、包含音频、包含叠加和图层控件。
- **循环**：用于设置是否要循环播放预览。
- **在回放前缓存**：启用该选项，在开始回放前将缓存帧。
- **范围**：用于设置要预览的帧的范围。
- **帧速率**：用于设置预览的帧速率，选择"自动"则与合成的帧速率相等。
- **跳过**：选择预览时要跳过的帧数，以提高回放性能。
- **分辨率**：用于指定预览分辨率。

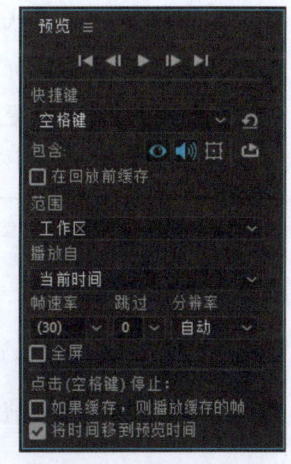

图3-8 "预览"面板

2. 渲染输出

渲染输出都需要在"渲染队列"面板中进行。选中要渲染的合成，执行"合成"→"添加到渲染队列"命令或按Ctrl+M组合键，即可将合成添加至渲染队列，如图3-9所示。从中设置参数后，单击右上角的"渲染"按钮，进行渲染输出即可。

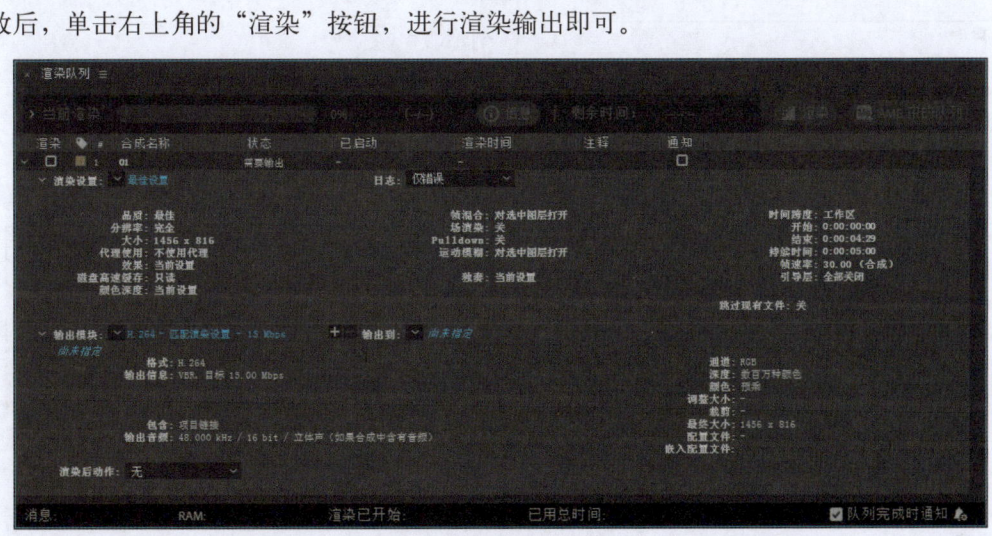

图3-9 "渲染队列"面板

"渲染队列"面板中部分选项的作用介绍如下：
- **渲染设置**：用于确定如何渲染当前渲染项的合成，包括输出帧速率、持续时间、分辨率等。单击"渲染队列"面板"渲染设置"右侧的模块名称，打开"渲染设置"对话框进行设置即可。
- **输出模块**：用于设置如何针对最终输出处理渲染的影片，包括输出格式、压缩选项、裁剪等。单击"渲染队列"面板"输出模块"右侧的模块名称，打开"输出模块设置"对话框进行设置即可。
- **输出到**：用于设置影片的存储路径和存储名称。
- **渲染**：单击该按钮，将开始渲染输出。

> 提示：将合成放入"渲染队列"面板中后，它将变为渲染项，用户可以一次性添加多个渲染项，进行批量渲染。

■ 3.2.4 保存和关闭文档

保存文档可以将当前制作的内容存储下来，方便后续的编辑修改。本节将对此进行介绍。

1. 保存项目

第一次保存项目文档时，在执行"文件"→"保存"命令或按Ctrl+S组合键后，将打开图3-10所示的"另存为"对话框，用户可以从中指定项目文档的名称及存储位置。完成后单击"保存"按钮即可按照设置保存文档。

非首次保存项目文档时，执行"保存"命令后将依照原有设置覆盖原项目。

2. 另存为

执行"文件"→"另存为"命令，在子菜单中执行相应的命令可以将文件另存、保存副本或保存为XML文件。图3-11所示为"另存为"子菜单。

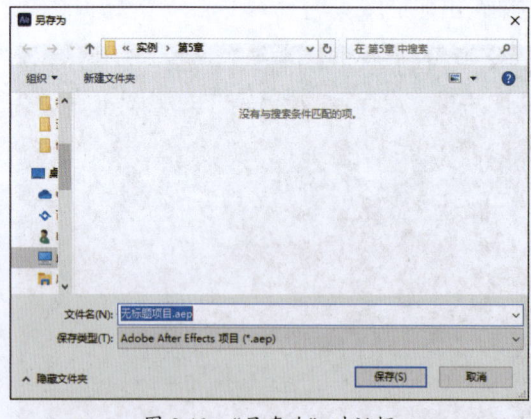

图 3-10 "另存为"对话框　　　　图 3-11 "另存为"子菜单

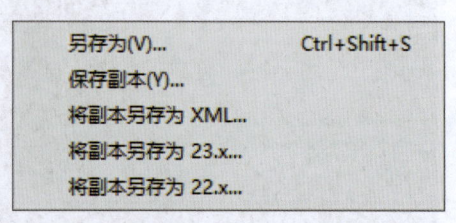

"另存为"子菜单中常用的子命令的作用如下：
- **另存为**：重新保存当前项目文档，设置不同的保存路径或名称，而不影响原文件。

- **保存副本**：备份文件，其内容和原文件一致。
- **将副本另存为XML**：将当前项目文档保存为XML编码文件。XML的中文名为可扩展标记语言，是一种简单的数据存储语言。

3. 关闭项目

完成动画设计后，执行"文件"→"关闭项目"命令即可关闭当前项目文档。若关闭之前没有保存文件，软件会自动弹出提示对话框提醒用户是否保存文件，如图3-12所示。

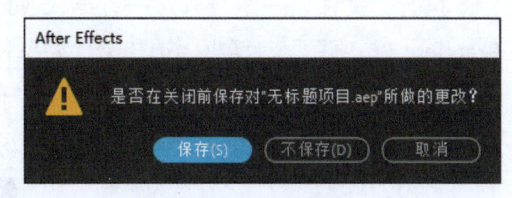

图3-12 提示对话框

3.3 素材的导入与管理

After Effects支持用户导入并管理多种素材，以便制作丰富的MG动画效果。下面将对此进行介绍。

3.3.1 导入素材

After Effects支持用户导入已有的素材后使用，从而可以减轻制作压力，提升制作效率。常用的导入素材的方式有以下5种。

- 执行"文件"→"导入"→"文件"命令或按Ctrl+I组合键，打开"导入文件"对话框，如图3-13所示，从中选择素材后，单击"导入"按钮即可。
- 执行"文件"→"导入"→"多个文件"命令或按Ctrl+Alt+I组合键，打开"导入多个文件"对话框，如图3-14所示，从中选择文件素材后，单击"导入"按钮即可。要注意的是，执行该命令导入一次素材后，将再次打开"导入多个文件"对话框方便用户继续导入素材，从而避免了多次执行导入命令的烦琐操作。
- 在"项目"面板素材列表的空白区域右击，在弹出的快捷菜单中执行"导入"→"文件"命令，打开"导入文件"对话框进行设置。
- 在"项目"面板素材列表的空白区域双击，打开"导入文件"对话框进行设置。
- 将素材文件或文件夹直接拖曳至"项目"面板。

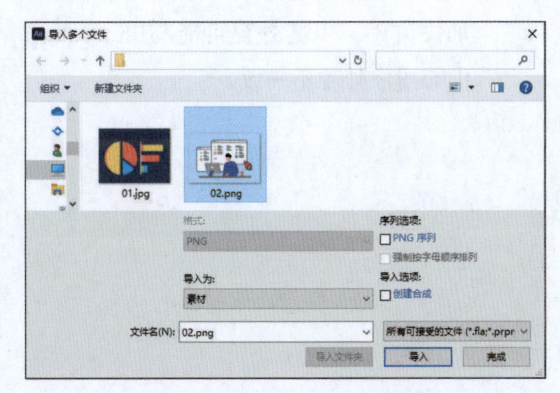

图3-13 "导入文件"对话框　　　　图3-14 "导入多个文件"对话框

除普通素材外，After Effects还支持导入Premiere、Photoshop、Illustrator等软件的源文档，并能够保留文档中的序列或图层。

1. 导入Premiere项目文件

执行"文件"→"导入"→"导入Adobe Premiere Pro项目"命令，打开"导入Adobe Premiere Pro项目"对话框，选择文件并单击"打开"按钮，在弹出的"Premiere Pro导入器"对话框中设置参数，如图3-15所示。单击"确定"按钮，即可将Premiere Pro项目文件以新合成和文件夹的形式导入After Effects，如图3-16所示。

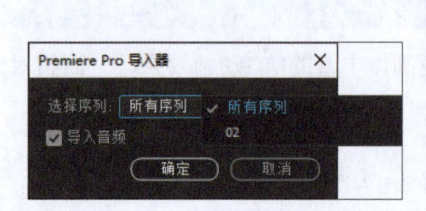

图 3-15　"Premiere Pro 导入器"对话框

图 3-16　导入的项目文件

2. 导入Photoshop文件

Photoshop文件的导入与普通素材的导入一致，只是会在执行命令后，打开PSD对话框，如图3-17所示。从中可以设置导入种类、图层选项等。PSD对话框中各选项的作用如下：

- **导入种类**：用于选择导入的素材种类，选择"素材"选项时，可以选择要导入的图层；选择"合成"选项或"合成-保持图层大小"选项时，将导入所有图层并新建一个合成，区别在于选择"合成"选项时每个图层的大小会匹配合成帧的大小，而选择"合成-保持图层大小"选项时每个图层保持其原始大小。
- **图层选项**：在导入种类为"合成"或"合成-保持图层大小"时，该选项将用于设置PSD文件的图层样式。选择"可编辑的图层样式"选项，受支持的图层样式属性为可编辑状态；选择"合并图层样式到素材"选项可以将图层样式合并到图层中，虽然可加快渲染，但其外观可能与Photoshop中的图像外观不一致。

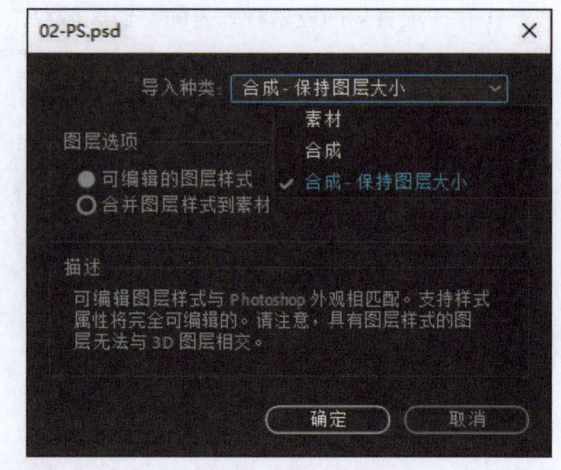

图 3-17　PSD 对话框

3. 导入Illustrator文件

Illustrator文件的导入和Photoshop文件的导入类似，只是打开的是AI对话框，如图3-18所示。从中可以设置导入素材的选项参数，完成后单击"确定"按钮即可。

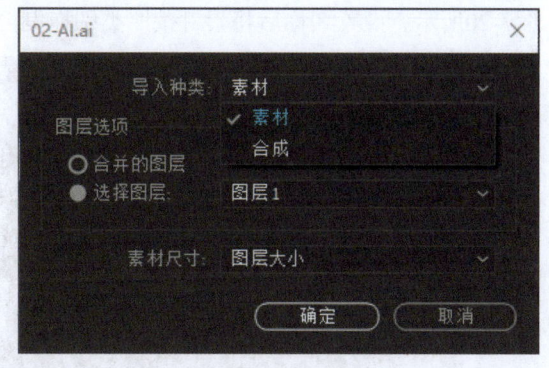

图 3-18　AI 对话框

要注意的是，在导入Illustrator文件之前，需要在Illustrator软件中执行"释放到图层"命令，将对象分离为单独的图层，才可以导入分层的文件。

■3.3.2　管理素材

对素材进行管理可以使素材在"项目"面板中更加整洁规律，便于用户查找和协同操作。下面将对此进行介绍。

1. 排序素材

"项目"面板中存放着项目文件中的素材，用户可以单击属性标签使素材按照该属性进行排序。图3-19所示为按"名称"排序的效果，再次单击属性标签可反向排序。

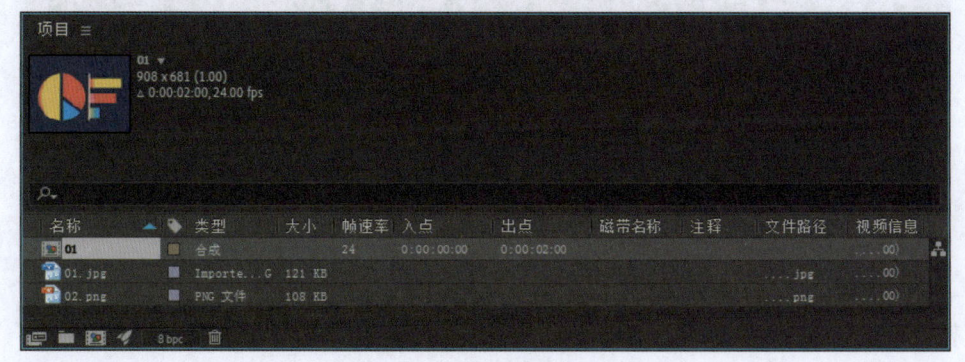

图 3-19　按"名称"排序

2. 归纳素材

在素材类别较为明显的情况下，用户可以通过创建文件夹来归纳素材，常用的创建文件夹的方式有以下三种。

- 执行"文件"→"新建"→"新建文件夹"命令或按Ctrl+Alt+Shift +N组合键。
- 在"项目"面板素材列表的空白区域右击，在弹出的快捷菜单中执行"新建文件夹"命令。
- 单击"项目"面板下方的"新建文件夹"按钮■。

使用以上三种方式都可在"项目"面板中新建一个名称处于可编辑状态的文件夹，如

图3-20所示。设置名称后将素材按照类别拖曳至不同的文件夹中进行归纳即可。

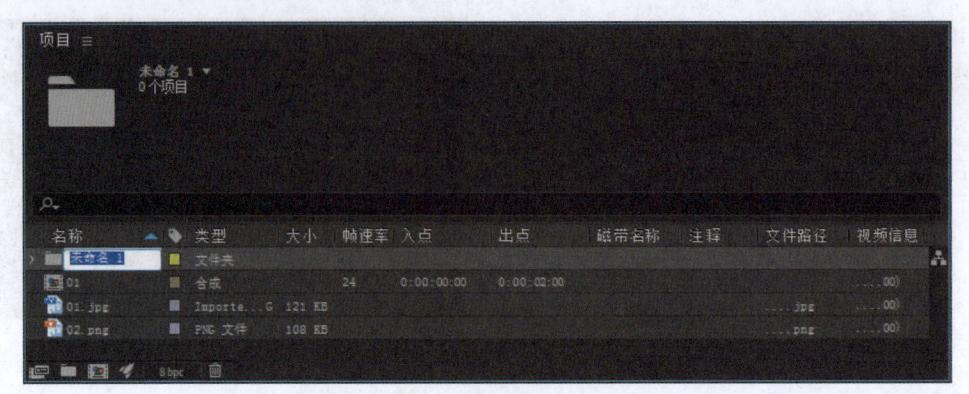

图 3-20　名称处于可编辑状态的文件夹

3. 搜索素材

当"项目"面板中的素材数量过多时，搜索素材功能可以帮助用户及时地找到需要的素材。单击"项目"面板中的搜索框，输入关键词并按Enter键即可快速找到对应的素材，如图3-21所示。

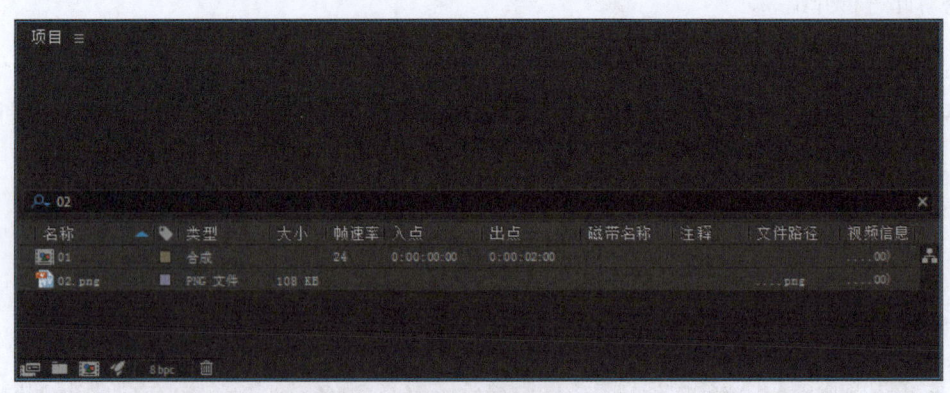

图 3-21　搜索素材

4. 替换素材

"替换素材"命令可以在不影响整体效果的情况下，单独替换某个素材。在"项目"面板中选择要替换的素材并右击，在弹出的快捷菜单中执行"替换素材"→"文件"命令，打开替换素材文件对话框，如图3-22所示。从中选择要替换成的素材后单击"导入"按钮，即可用选中的素材替换"项目"面板中的素材。

要注意的是，替换JPEG格式的图像素材时，需要在替换素材文件对话框中取消勾选"ImporterJPEG序列"复选框，以避免"项目"面板中因同时存在两个相同的素材而导致替换失败的情况出现。

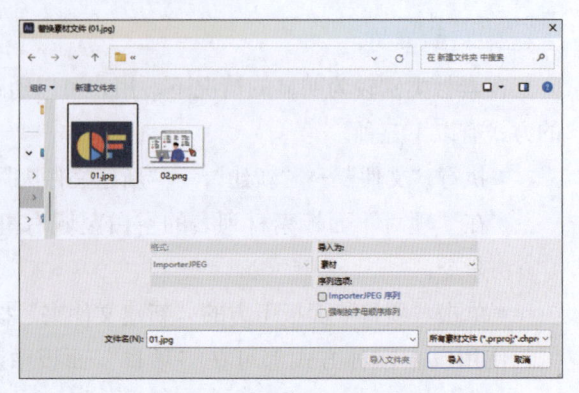

图 3-22　替换素材文件对话框

5. 代理素材

代理素材是指使用一个低质量的素材替换高质量的素材，以减轻剪辑软件运行的压力，在制作完成准备输出时，可再替换回高品质素材。用最终素材项目替换图层的代理时，将保留应用到图层的任何蒙版、属性、表达式、效果和关键帧。

选中"项目"面板中的素材并右击，在弹出的快捷菜单中执行"创建代理"命令，在子菜单中选择"静止图像"或"影片"后，打开"将帧输出到"对话框，从中设置代理名称和输出目标后，在"渲染队列"面板中指定渲染设置，然后单击"渲染"按钮，"项目"面板中选中的素材名称左侧将出现代理指示器，如图3-23所示。单击代理指示器可以在使用原始素材还是代理素材之间进行切换。

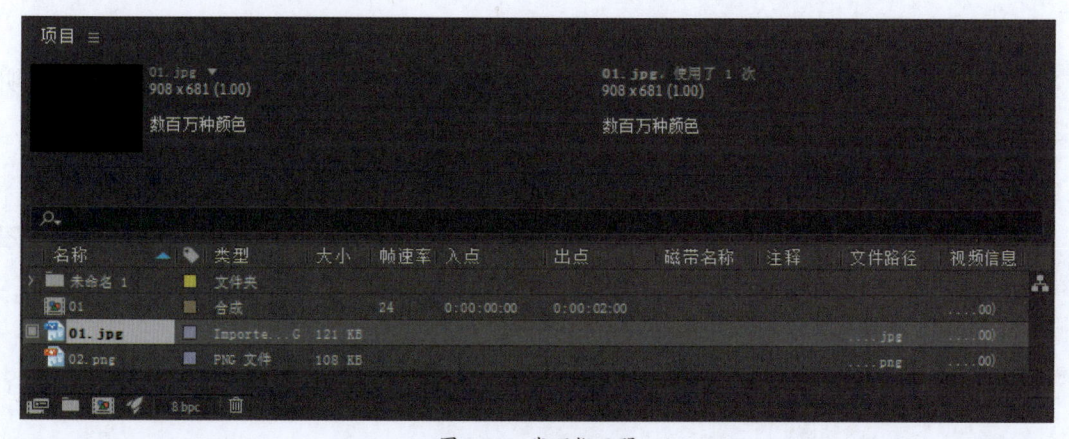

图 3-23　代理指示器

> **提示**：用户也可以执行"文件"→"设置代理"→"文件"命令或按Ctrl+Alt+P组合键打开"设置代理文件"对话框，从中选择代理文件后进行应用。

在"项目"面板中，通过素材名称前的标记可以区分当前使用的是实际素材还是其代理。

- **实心框**：表示整个项目目前在使用代理项目。当选定素材项目后，将在"项目"面板的顶端用粗体显示代理的名称。
- **空心框**：表示虽然已分配了代理，但整个项目目前在使用素材项目。
- **无框**：表示未向素材项目分配代理。

用户也可以使用"替换素材"命令中的占位符临时使用某内容代替素材项目。占位符是一个静止的彩条图像，执行该命令后软件会自动生成占位符，而无须提供相应的占位符素材。

3.4　图层控制

在制作MG动画时，图层顺序、图层样式等属性参数，都影响着动画最终的呈现效果。本节将对图层进行介绍。

3.4.1 图层的类型

After Effects是一款基于图层的动画和视频制作软件，图层是其中极为重要的一个概念。根据承载内容的不同，一般可以将图层分为素材图层、文本图层、纯色图层、形状图层、灯光图层等不同类型的图层，这些图层的作用各不相同，下面将对此进行介绍。

1. 素材图层

素材图层是After Effects中的常见图层。将图像、视频、音频等素材从外部导入After Effects软件中，然后应用至"时间轴"面板，会自动生成素材图层，用户可以对其进行移动、缩放、旋转等操作。

2. 文本图层

使用文本图层可以快速地创建文字，并制作文字动画，还可以进行移动、缩放、旋转及更改透明度等操作。此外，还可以应用各种特效，如模糊、阴影和颜色渐变等，使文字更加生动和引人注目。

3. 纯色图层

用户可以创建任何颜色和尺寸（最大尺寸可达30 000 px × 30 000 px）的纯色图层，纯色图层和其他素材图层一样，可以创建遮罩、修改图层的变换属性，还可以添加特效。

4. 灯光图层

灯光图层主要用于模拟不同种类的真实光源，模拟出真实的阴影效果。

5. 摄像机图层

摄像机图层常用于固定视角。用户可以制作摄像机动画，模拟真实摄像机的手持摄影效果和镜头漂移、焦点漂移、景深变化等动态变化。要注意的是，摄像机和灯光不能影响二维图层，仅适用于三维图层。

6. 空对象图层

空对象图层是具有可见图层的所有属性的不可见图层。用户可以将"表达式控制"效果应用于空对象，然后使用空对象控制其他图层中的效果和动画。空对象图层多用于制作父子链接和配合表达式等。

7. 形状图层

形状图层可以制作多种矢量图形效果。在不选择任何图层的情况下，使用形状工具或钢笔工具可以直接在"合成"面板中绘制形状生成形状图层。

8. 调整图层

调整图层的效果可以影响在图层堆叠顺序中位于该图层之下的所有图层。用户可以通过调整图层将效果同时应用于多个图层。

9. Photoshop图层

执行"图层"→"新建"→"Adobe Photoshop文件"命令，可创建PSD图层及PSD文件。

在Photoshop中打开该文件并进行更改和保存后，After Effects中引用这个PSD源文件的影片也会随之更新。创建的PSD图层的尺寸与合成一致，色位深度与After Effects项目相同。

■3.4.2 图层的创建

制作MG动画时，可以通过"图层"命令创建图层，也可以通过现有素材创建图层，下面将对此进行介绍。

1. 通过"图层"命令创建

执行"图层"→"新建"命令，在其子菜单中执行命令，将创建相应类型的图层，图3-24所示为"新建"命令的子菜单。在"时间轴"面板空白处右击，在弹出的快捷菜单中执行"新建"命令，在其子菜单中执行命令也将创建图层，如图3-25所示。

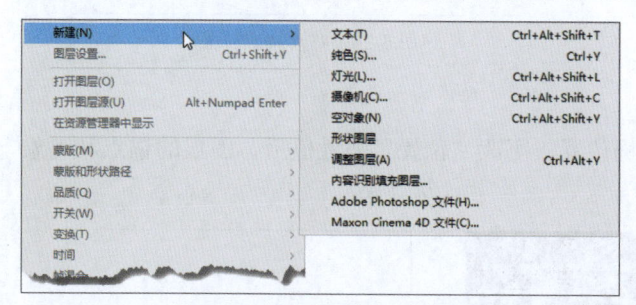

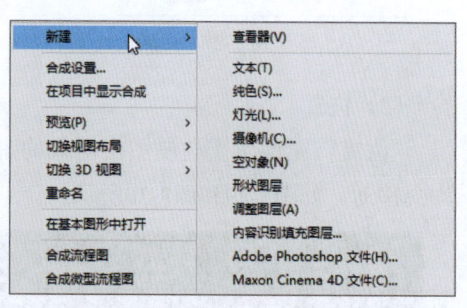

图 3-24 "新建"命令子菜单　　　　　　图 3-25 快捷菜单中的"新建"命令

在创建部分类型的图层（如纯色图层、灯光图层等）时，会弹出对话框用于设置图层参数，用户可以从中设置图层的名称等参数。

2. 根据素材创建

选中"项目"面板中的素材，直接拖曳至"时间轴"面板中或"合成"面板中，将在"时间轴"面板中生成新的图层，如图3-26所示。

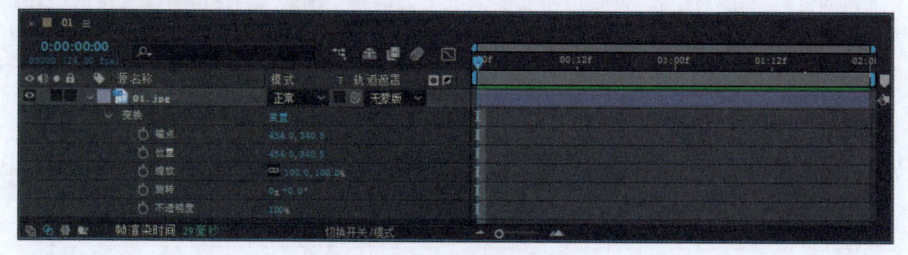

图 3-26 根据素材创建图层

3. 图层的基本属性

"时间轴"面板中几乎每个图层都具有锚点、位置、缩放、旋转和不透明度5个基本属性，用户可以通过这5个基本属性和关键帧结合，创造出动态变化的效果。

（1）锚点

锚点是After Effects中非常基础的概念，用于定位图层的位置和旋转中心。默认情况下锚点在图层的中心，不在的话，用户可以按Ctrl+Alt+Home组合键移动锚点至图层中心，如图3-27

和图3-28所示。

选择工具栏中的向后平移（锚点）工具⬛可以移动锚点的位置，此时"位置"属性值和"锚点"属性值都会改变，以使图层能够保持移动锚点之前在合成中的位置。若想仅更改"锚点"属性值，可以按住Alt键的同时使用向后平移（锚点）工具⬛移动。

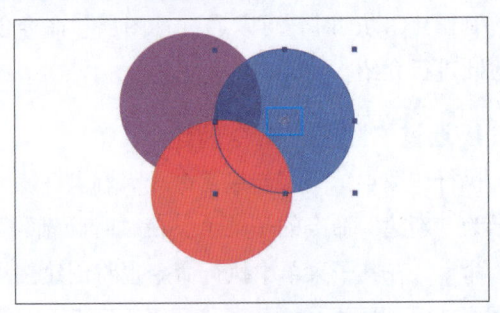

图 3-27　锚点原位置　　　　　　　　图 3-28　移动锚点位置

（2）位置

"位置"属性用于控制图层对象的坐标位置，更改"位置"属性值后，图层的锚点和对象均会移动，如图3-29和图3-30所示。

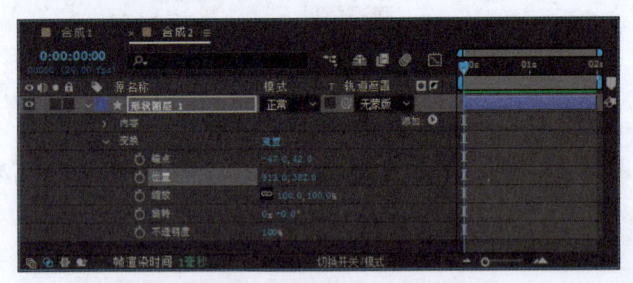

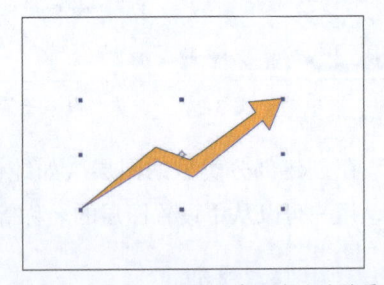

图 3-29　更改"位置"属性值　　　　　图 3-30　更改"位置"属性值后的效果

> **提示**："位置"属性值指的是锚点在整个合成窗口中的坐标，"锚点"属性值指的是锚点相对于其所在图层左上角的位置。在"位置"属性值不变的情况下，调整"锚点"属性值会改变锚点所在图层在合成中的显示位置，而不是锚点本身。

（3）缩放

"缩放"属性可以以锚点为中心改变图层对象的大小，如图3-31所示。当"缩放"属性值为负值时，将出现翻转效果，如图3-32所示。

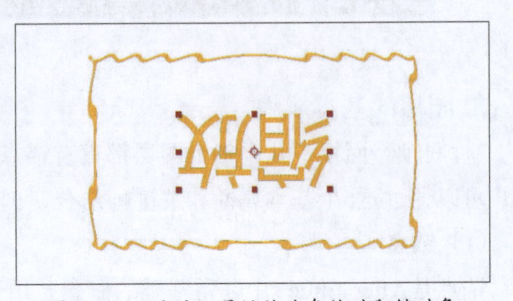

图 3-31　缩放对象　　　　　　　图 3-32　"缩放"属性值为负值时翻转对象

用户也可以执行"图层"→"变换"→"水平翻转"命令或"图层"→"变换"→"垂直翻转"命令翻转所选图层。

> **提示**：摄像机、灯光和仅音频图层等图层没有"缩放"属性。

（4）旋转

"旋转"属性可以围绕图层的锚点旋转图层，其中"旋转"属性值的第一部分表示完整旋转的圈数，第二部分表示部分旋转的度数。

（5）不透明度

"不透明度"属性可以控制图层的透明度，数值越小，图层越透明。图3-33和图3-34所示分别为不透明度为20%和80%时的效果。

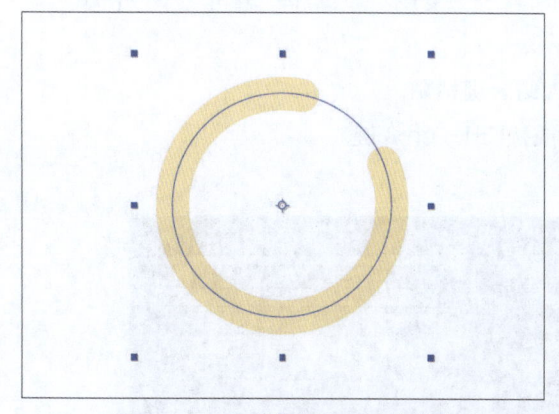

图 3-33　不透明度为 20% 时的效果 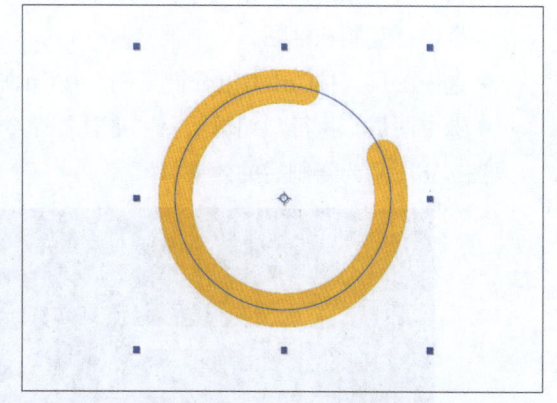　　　图 3-34　不透明度为 80% 时的效果

> **提示**：在编辑图层属性时，可以利用快捷键快速展开属性。选择图层后，按A键可以展开"锚点"属性，按P键可以展开"位置"属性，按R键可以展开"旋转"属性，按T键可以展开"不透明度"属性，按U键可以展开添加了关键帧的属性。在已显示一个图层属性的前提下按Shift键及其他图层属性快捷键可以显示多个图层的属性。

■3.4.3　图层的编辑

图层的编辑主要在"时间轴"面板中进行，包括选择图层、复制图层、调整图层顺序等，下面将对此进行介绍。

1. 选择图层

在对图层进行操作之前，首先需要选中图层，一般可以通过以下三种方式选择图层。

- 在"时间轴"面板中单击即可选择图层。按住Ctrl键单击可加选不连续图层，如图3-35所示；按住Shift键单击选择两个图层，则这两个图层之间的所有图层都会被选中。
- 在"合成"面板中单击选中素材，则"时间轴"面板中该素材对应的图层也将被选中。
在键盘右侧的数字小键盘中按图层排列序号对应的数字键，可选中该图层。

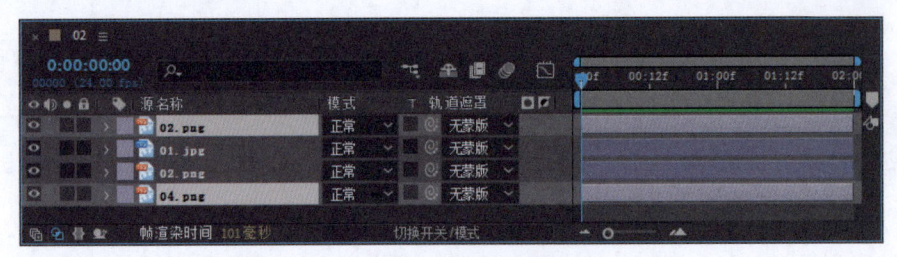

图 3-35　选择不连续图层

2. 复制图层

通过复制图层可以创建原始图层的备份，避免在编辑过程中丢失或破坏原始图层，也可以快速制作相同的效果和动画。常用的复制图层的方式包括以下三种。

- 在"时间轴"面板中选中图层，执行"编辑"→"复制"命令和"编辑"→"粘贴"命令进行复制和粘贴。
- 选中图层，按Ctrl+C组合键复制，按Ctrl+V组合键粘贴。
- 选中图层，执行"编辑"→"重复"命令或按Ctrl+D组合键。

图3-36所示为复制后的效果。

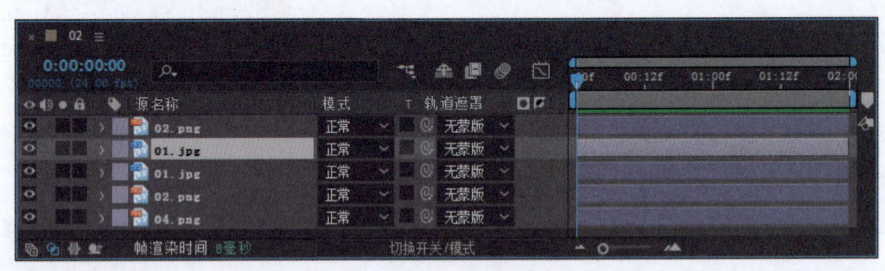

图 3-36　复制的图层

3. 删除图层

在"时间轴"面板中选中图层，执行"编辑"→"清除"命令将删除该图层，也可以按Delete键或BackSpace键快速删除图层。

4. 重命名图层

重命名图层可以分类整理与区分素材，便于团队协作和后期修改。选择"时间轴"面板中的图层，按Enter键使图层名进入编辑状态，输入名称即可，如图3-37所示。用户也可以选中图层后右击，在弹出的快捷菜单中执行"重命名"命令，图层名进入编辑状态后输入名称即可。

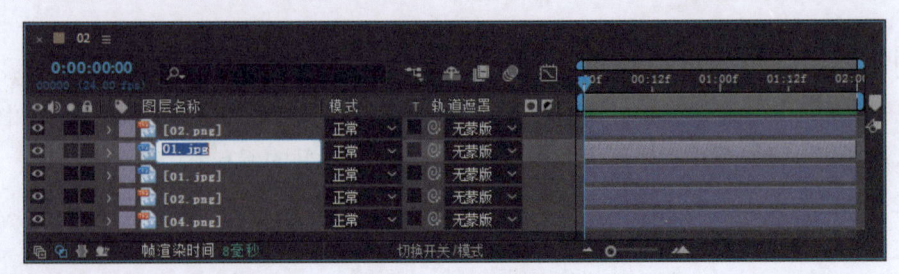

图 3-37　重命名图层

5. 调整图层顺序

After Effects是一个层级式的后期处理软件，图层顺序影响视觉显示效果，用户可以根据制作需要进行调整。选中"时间轴"面板中的图层，执行"图层"→"排列"命令，在其子菜单中执行命令即可前移或后移选中的图层，如图3-38所示。

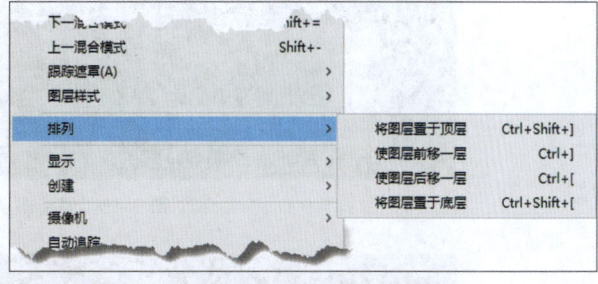

图 3-38 "排列"命令子菜单

移动后效果如图3-39所示。

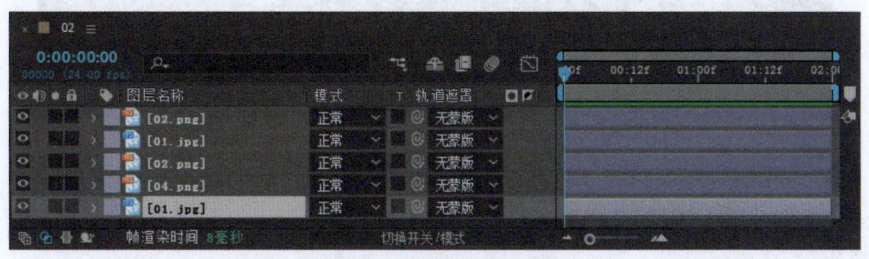

图 3-39 调整图层顺序效果

用户也可以直接在"时间轴"面板中选中图层上下拖曳调整，如图3-40所示。

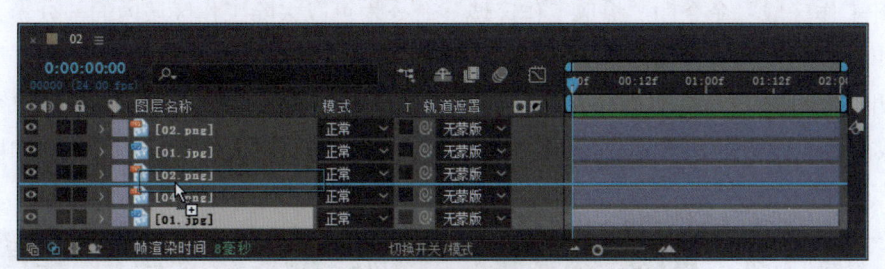

图 3-40 拖曳调整图层顺序

6. 剪辑/扩展图层

剪辑和扩展图层可以调整图层长度，从而改变影片显示内容。移动鼠标指针至图层的入点或出点处，按住鼠标左键拖曳进行剪辑，图层长度会发生变化，如图3-41所示。

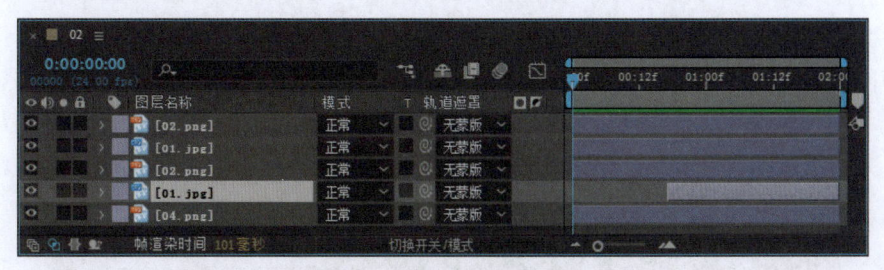

图 3-41 图层长度发生变化

用户也可以通过移动当前时间指示器至指定位置，选中图层后，按Alt+[组合键定义图层的入点位置，如图3-42所示；或按Alt+]组合键定义图层的出点位置，如图3-43所示。

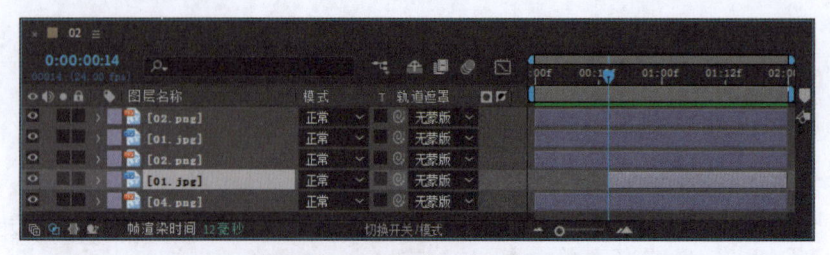

图 3-42 调整图层入点

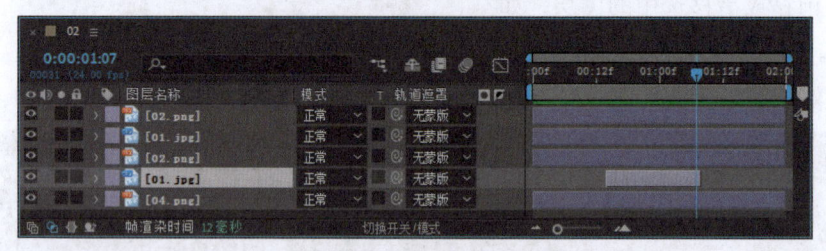

图 3-43 调整图层出点

要注意的是，图像图层和纯色图层可以随意剪辑或扩展；视频图层和音频图层可以剪辑，但不能直接扩展。

7. 提升/提取工作区域

"提升工作区域"命令和"提取工作区域"命令均可以去除工作区域内的部分素材，但适用场景和效果略有不同。下面将对此进行介绍。

"提升工作区域"命令可以移除选中图层工作区域内的内容，并保留移除后的空隙，将工作区域前后的素材拆分到两个图层中。在"时间轴"面板中调整工作区域入点和出点，如图3-44所示。

❗ 提示：移动当前时间指示器，按B键可以确定工作区域入点，按N键可以确定工作区域出点。

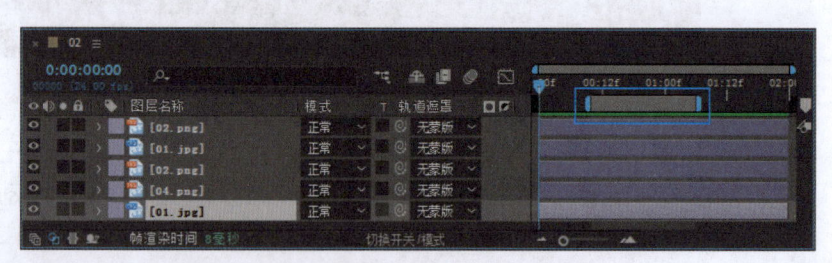

图 3-44 设置工作区域入点和出点

选中图层后，执行"编辑"→"提升工作区域"命令，提升工作区域，效果如图3-45所示。

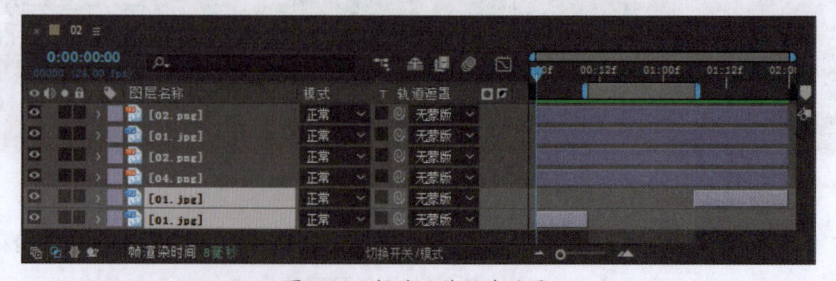

图 3-45 提升工作区域效果

"提取工作区域"命令同样可以移除选中图层工作区域内的内容，但不会保留空隙，效果如图3-46所示。

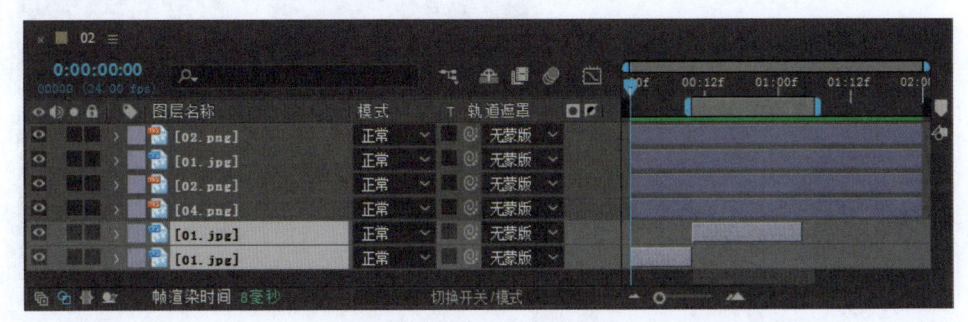

图 3-46 提取工作区域效果

8. 拆分图层

"拆分图层"命令可以在当前时间指示器处复制并修剪素材，使其前后段分布在两个独立的图层上，以便进行不同的操作。在"时间轴"面板中选中图层，移动当前时间指示器至要拆分的位置，执行"编辑"→"拆分图层"命令或按Ctrl+Shift+D组合键即可，图3-47和图3-48所示为拆分前后的效果。

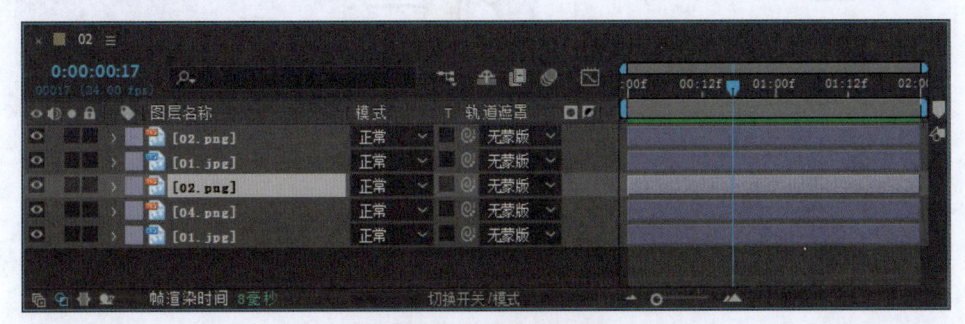

图 3-47 拆分图层前效果

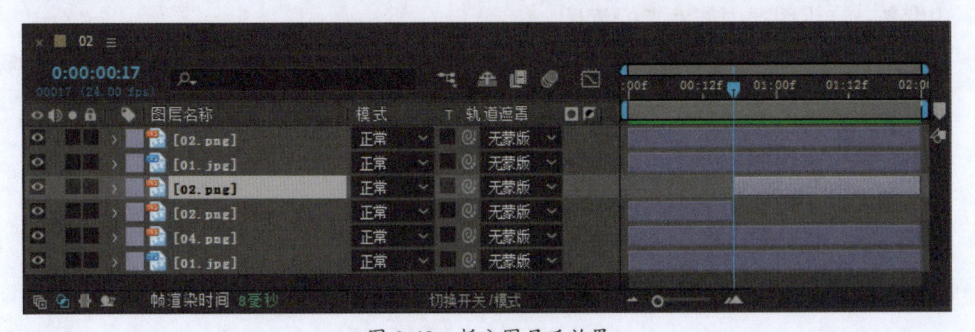

图 3-48 拆分图层后效果

■3.4.4 图层样式

图层样式可以为图层添加投影、发光、描边等视觉效果。选中图层，执行"图层"→"图层样式"命令，展开其子菜单，如图3-49所示。从中执行命令后，在"时间轴"面板中进行设置，将呈现相应的效果。图3-50和图3-51所示为添加图层样式并设置前后的对比效果。

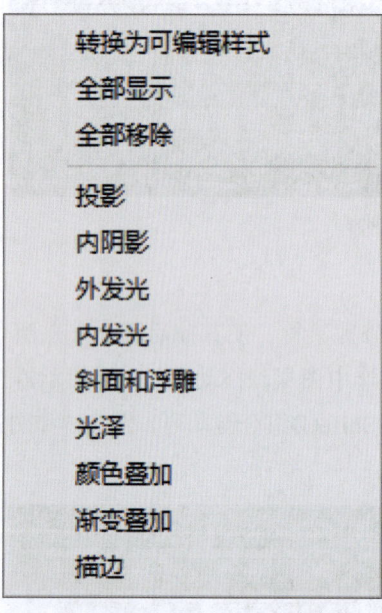

图 3-49 "图层样式"子菜单

图 3-50 原素材

图 3-51 添加图层样式效果

常用图层样式的作用介绍如下：
- **投影**：为图层增加阴影效果。
- **内阴影**：为图层内部添加阴影，使图层呈现出凹陷效果。
- **外发光**：产生图层外部发光的效果。
- **内发光**：产生图层内部发光的效果。
- **斜面和浮雕**：通过添加高光和阴影的各种组合，模拟冲压状态，为图层制作出浮雕效果，增加图层的立体感。
- **光泽**：使图层表面产生光滑的磨光或金属质感效果。
- **颜色叠加**：在图层上叠加新的颜色。
- **渐变叠加**：在图层上叠加渐变颜色。
- **描边**：使用颜色为当前图层的轮廓添加像素，从而使图层轮廓更加清晰。

■3.4.5 图层的混合模式

图层的混合模式控制着当前图层与其下方图层的交互和融合方式。通过"时间轴"面板中"模式"列的混合模式菜单，或执行"图层"→"混合模式"命令，可以设置图层的混合模式，如图3-52和图3-53所示。

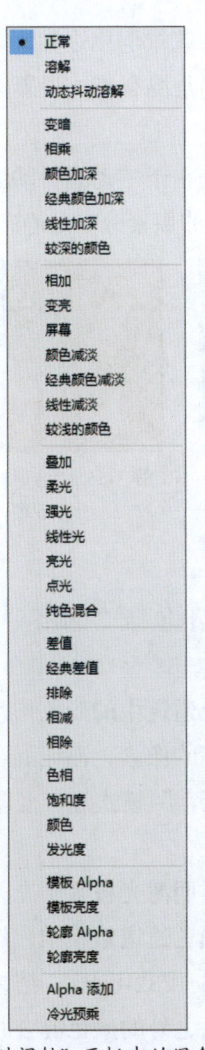

图 3-52 "时间轴"面板中的混合模式菜单　　图 3-53 菜单命令中的"混合模式"子菜单

根据混合模式所实现效果的相似性，可将其分为8个类别，每个类别中又包含多个模式。下面详细介绍这8个类别的混合模式。

1. 正常模式组

在不考虑透明度影响的前提下，正常模式组中的混合模式生成的最终颜色不会受底层像素颜色的影响，除非底层像素的不透明度小于当前图层。该组中包括"正常""溶解""动态抖动溶解"三种混合模式。

- **正常**：大多数图层默认的混合模式，当不透明度为100%时，此混合模式将根据Alpha通道正常显示当前层，并且当前层的显示不受到其他层的影响；当不透明度小于100%时，当前层的每一个像素点的颜色都将受到其他层的影响，会根据当前的不透明度值和其他层的色彩来确定显示的颜色，图3-54和图3-55所示的是混合模式设置为"正常"模式且不透明度分别为100%和30%时的效果。
- **溶解**：通过在图层边界处创建像素的分散效果控制层与层之间的融合显示。这种模式对于有羽化边界的图层影响较大。如果当前图层没有应用遮罩羽化边界，或图层设定为完全不透明，则该模式几乎是不起作用的。图3-56所示的是混合模式设置为"溶解"模式且不透明度为50%时的效果。

- **动态抖动溶解**：与"溶解"混合模式的原理类似，区别在于"动态抖动溶解"模式可以随时更新值，呈现出动态变化的效果，而"溶解"模式的像素分布是静态不变的。

图 3-54 "正常"模式且不透明度为 100% 时的效果

图 3-55 "正常"模式且不透明度为 30% 时的效果

图 3-56 "溶解"模式且不透明度为 50% 时的效果

2. 减少模式组

减少模式组中的混合模式可以变暗图像的整体颜色，该组包括"变暗""相乘""颜色加深""经典颜色加深""线性加深""较深的颜色"6种混合模式。

- **变暗**：当选中"变暗"混合模式后，软件将会查看每个通道中的颜色信息，并选择基色或混合色中较暗的颜色作为结果色，即替换比混合色亮的像素，而比混合色暗的像素保持不变。图3-57和图3-58所示的是混合模式设置为"正常"模式和"变暗"模式的对比效果。

- **相乘**：模拟了在纸上用多个记号笔绘图或将多个彩色透明滤光板置于光源前的效果。对于每个颜色通道，该混合模式将源颜色通道值与基础颜色通道值相乘，然后除以该颜色深度的最大值（取决于项目的颜色深度：8-bpc、16-bpc或32-bpc），结果颜色永远不会比原始颜色更明亮，如图3-59所示。在与除黑色或白色之外的颜色混合时，使用该混合模式的每个图层或画笔通常会生成较深的颜色。

图 3-57 "正常"模式效果

图 3-58 "变暗"模式效果

图 3-59 "相乘"模式效果

- **颜色加深**：当选择"颜色加深"混合模式时，软件将会查看每个通道中的颜色信息，并通过增加对比度使基色变暗以反映混合色，与白色混合不会发生变化。图3-60所示为设置"颜色加深"混合模式的效果。

- **经典颜色加深**：旧版本中的"颜色加深"模式。为了让旧版的文件在新版软件中打开时保持原始的状态，因此保留了旧版的"颜色加深"模式，并将其命名为"经典颜色加深"。

- **线性加深**：当选择"线性加深"混合模式时，软件将会查看每个通道中的颜色信息，并通过减小亮度使基色变暗以反映混合色，与白色混合不会发生变化。图3-61所示为设置"线性加深"混合模式的效果。
- **较深的颜色**：每个结果像素是源颜色值和相应的基础颜色值中的较深颜色。"较深的颜色"模式类似于"变暗"模式，但是"较深的颜色"模式不会对各个颜色通道分别执行操作。图3-62所示为设置"较深的颜色"混合模式的效果。

图 3-60 "颜色加深"模式效果 　　图 3-61 "线性加深"模式效果 　　图 3-62 "较深的颜色"模式效果

3. 添加模式组

添加模式组中的混合模式可以使当前图层中的黑色消失，从而使图像变亮，该组包括"相加""变亮""屏幕"等7种混合模式。
- **相加**：当选择"相加"混合模式时，将会比较混合色和基色的所有通道值的总和，并显示通道值较小的颜色。图3-63和图3-64所示的是混合模式设置为"正常"模式和"相加"模式的对比效果。
- **变亮**：当选择该混合模式后，软件将会查看每个通道中的颜色信息，并选择基色或混合色中较亮的颜色作为结果色，即替换比混合色暗的像素，而比混合色亮的像素保持不变。图3-65所示为设置"变亮"混合模式的效果。

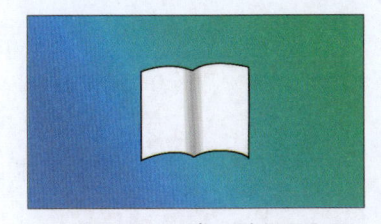

图 3-63 "正常"模式效果 　　图 3-64 "相加"模式效果 　　图 3-65 "变亮"模式效果

- **屏幕**：它是一种加色混合模式，通过将颜色值相加来产生效果。由于黑色的RGB通道值为0，所以在"屏幕"混合模式下，与黑色混合不会改变原始图像的颜色。而与白色混合时，结果将是RGB通道的最大值，即白色。图3-66所示为设置"屏幕"混合模式的效果。
- **颜色减淡**：当选择"颜色减淡"混合模式时，软件将会查看每个通道中的颜色信息，并通过减小对比度使基色变亮以反映混合色，与黑色混合不会发生变化。图3-67所示为设置"颜色减淡"混合模式的效果。
- **经典颜色减淡**：旧版本中的"颜色减淡"模式。为了让旧版的文件在新版软件中打开时保持原始的状态，因此保留了旧版的"颜色减淡"模式，并将其命名为"经典颜色减淡"。
- **线性减淡**：当选择"线性减淡"混合模式时，软件将会查看每个通道中的颜色信息，并通过增加亮度使基色变亮以反映混合色，与黑色混合不会发生变化。

- **较浅的颜色**：每个结果像素是源颜色值和相应的基础颜色值中的较亮颜色。"较浅的颜色"模式类似于"变亮"模式，但是"较浅的颜色"模式不会对各个颜色通道分别执行操作。图3-68所示为设置"较浅的颜色"混合模式的效果。

图3-66 "屏幕"模式效果　　　图3-67 "颜色减淡"模式效果　　　图3-68 "较浅的颜色"模式效果

4. 复杂模式组

复杂模式组中的混合模式在进行混合时，50%的灰色会完全消失，任何高于50%灰色的区域都可能加亮下方的图像，而低于50%灰色的区域都可能使下方图像变暗。该组包括"叠加""柔光""强光"等7种混合模式。

- **叠加**：根据底层的颜色，将当前层的像素相乘或覆盖，从而使当前层变亮或变暗，该模式对中间色调影响较明显，对于高亮度区域和暗调区域影响不大。图3-69和图3-70所示的是混合模式设置为"正常"模式和"叠加"模式的对比效果。
- **柔光**：模拟光线照射的效果，使图像的亮部区域变得更亮，暗部区域变得更暗。如果混合色比50%灰色亮，则图像会变亮；如果混合色比50%灰色暗，则图像会变暗。柔光的效果取决于混合层的颜色。使用纯黑色或纯白色作为混合层颜色时，会产生明显的暗部或亮部区域，但不会生成纯黑色或纯白色。图3-71所示为设置"柔光"混合模式的效果。

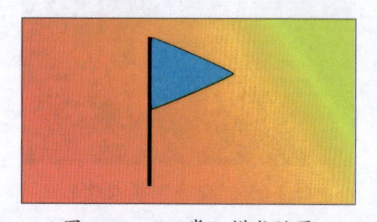

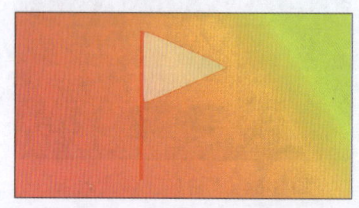

图3-69 "正常"模式效果　　　图3-70 "叠加"模式效果　　　图3-71 "柔光"模式效果

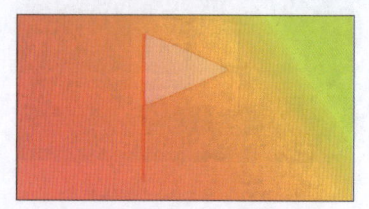

- **强光**：对颜色进行正片叠底或屏幕处理，具体效果取决于混合色的亮度。如果混合色比50%灰色亮，则会产生屏幕效果，使图像变亮；如果混合色比50%灰色暗，则会产生正片叠底效果，使图像变暗。当使用纯黑色和纯白色进行绘画时，会分别得到纯黑色和纯白色的效果。
- **线性光**：通过调整亮度来加深或减淡颜色，具体效果取决于混合色的亮度。如果混合色比50%灰色亮，则会增加亮度，使图像变亮；如果混合色比50%灰色暗，则会减小亮度，使图像变暗。
- **亮光**：通过调整对比度来加深或减淡颜色，具体效果取决于混合色的亮度。如果混合色比50%灰色亮（即混合色的亮度值大于128），则会通过增加对比度使图像变亮；如果混合色比50%灰色暗（即混合色的亮度值小于128），则会通过减小对比度使图像变暗。图3-72所示为设置"亮光"混合模式的效果。
- **点光**：根据混合色的亮度替换颜色。如果混合色比50%灰色亮，则替换比混合色暗的像素，而不改变比混合色亮的像素；如果混合色比50%灰色暗，则替换比混合色亮的像素，而保持比混合色暗的像素不变。图3-73所示为设置"点光"混合模式的效果。
- **纯色混合**：当选择"纯色混合"混合模式后，将把混合颜色的红色、绿色和蓝色的通道值添加到基色的RGB值中。如果通道值的总和大于或等于255，则值为255；如果小于255，则值为0。因此，所有混合像素的红色、绿色和蓝色通道值不是0就是255，这会使所有像素都更改为原色，即红色、绿色、蓝色、青色、黄色、洋红色、白色或黑色。图3-74所示为设置"纯色混合"混合模式的效果。

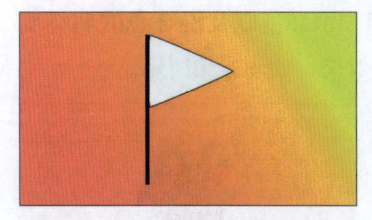

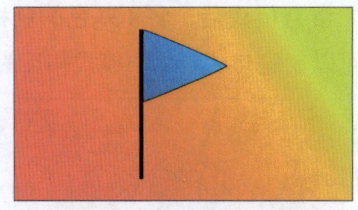

图3-72 "亮光"模式效果　　图3-73 "点光"模式效果　　图3-74 "纯色混合"模式效果

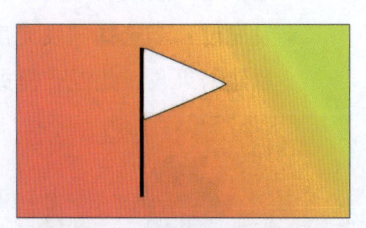

5. 差异模式组

差异模式组中的混合模式可以基于源颜色和基础颜色值之间的差异创建颜色，该组包括"差值""经典差值""排除""相减""相除"5种混合模式。

- **差值**：当选择"差值"混合模式后，软件会检查每个通道中的颜色信息，并根据亮度值的大小，从基色中减去混合色，或从混合色中减去基色。具体操作取决于哪个颜色的亮度值更大。与白色混合时，将反转基色值；与黑色混合时，则不会产生变化。图3-75和图3-76所示的是混合模式设置为"正常"模式和"差值"模式的对比效果。
- **经典差值**：即低版本软件中的"差值"模式，在新版软件中已被重命名为"经典差值"。使用它可保持与早期项目的兼容性，也可直接使用"差值"模式。
- **排除**：当选择"排除"混合模式后，将创建一种与"差值"模式相似但对比度更低的效果。该模式下，与白色混合将反转基色值，与黑色混合则不会发生变化。
- **相减**：从基础颜色中减去源颜色。如果源颜色是黑色，则结果颜色是基础颜色。
- **相除**：用基础颜色除以源颜色。如果源颜色是白色，则结果颜色将会是基础颜色。图3-77所示为设置"相除"混合模式的效果。

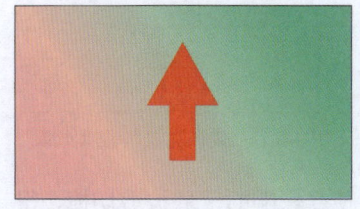

图3-75 "正常"模式效果　　图3-76 "差值"模式效果　　图3-77 "相除"模式效果

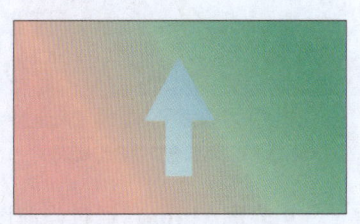

6. HSL模式组

HSL模式组中的混合模式可以将色相、饱和度和发光度三要素中的一种或两种应用在图像上。该组包括"色相""饱和度""颜色""发光度"4种混合模式。

- **色相**：将当前图层的色相应用到底层图像的亮度和饱和度上，从而改变底层图像的色相，但不会影响其亮度和饱和度。在黑色、白色和灰色区域，该模式将不起作用。图3-78和图3-79所示的是混合模式设置为"正常"模式和"色相"模式的对比效果。
- **饱和度**：当选择"饱和度"混合模式后，将用基色的明亮度和色相以及混合色的饱和度创建结果色。图像中灰色的区域将不会发生变化。
- **颜色**：选择"颜色"混合模式后，结果色将由基色的亮度和混合色的色相与饱和度共同创建。这种模式可以保留图像中的灰阶，非常适用于为单色图像上色或为彩色图像着色。
- **发光度**：当选择"发光度"混合模式后，将用基色的色相和饱和度以及混合色的明亮度创建结果色，此混合模式可以创建与"颜色"模式相反的效果，如图3-80所示。

图3-78 "正常"模式效果　　图3-79 "色相"模式效果　　图3-80 "发光度"模式效果

7. 遮罩模式组

遮罩模式组中的混合模式可以将当前图层转换为底层的一个遮罩，该组包括"模板Alpha""模板亮度""轮廓Alpha""轮廓亮度"4种混合模式。

- **模板Alpha**：当选择"模板Alpha"混合模式时，上层图像的Alpha通道将用于控制下层图像的显示。这意味着上层图像的Alpha通道会像一个遮罩一样，决定下层图像的透明度和可见性。图3-81和图3-82所示的是混合模式设置为"正常"模式和"模板Alpha"模式的对比效果。
- **模板亮度**：选择"模板亮度"混合模式时，上层图像的明度信息将决定下层图像的不透明度。亮的区域会完全显示下层的所有图层；黑暗的区域和没有像素的区域则完全隐藏下层的所有图层；灰色区域将依据其灰度值决定下层图层的不透明程度。图3-83所示为设置"模板亮度"混合模式的效果。

图3-81 "正常"模式效果　　图3-82 "模板Alpha"模式效果　　图3-83 "模板亮度"模式效果

- **轮廓Alpha**：通过当前图层的Alpha通道来影响底层图像，使受影响的区域被剪切掉，得到的效果与"模板Alpha"混合模式的效果正好相反。图3-84所示为设置"轮廓Alpha"

混合模式的效果。
- **轮廓亮度**：选择"轮廓亮度"混合模式时，得到的效果与"模板亮度"混合模式的效果正好相反。图3-85所示为设置"轮廓亮度"混合模式的效果。

图 3-84 "轮廓Alpha"模式效果　　　　图 3-85 "轮廓亮度"模式效果

8. 实用工具模式组

实用工具模式组中的混合模式都可以使底层与当前图层的Alpha通道或透明区域像素产生相互作用，该组包括"Alpha添加"和"冷光预乘"两种混合模式。

- **Alpha添加**：将当前图层的Alpha通道值与下层图层的Alpha通道值相加，创建一个无痕迹的透明区域。这种模式的主要目的是通过叠加多个图层的透明度信息，形成一个平滑过渡的透明效果。
- **冷光预乘**：使当前图层的透明区域与底层图像相互作用，产生透镜和光亮的边缘效果。

3.5 实战演练：进度条加载动画

进度条加载动画可以缓解观众等待时的焦虑感，提升用户体验。本实战演练将通过关键帧动画、图形变化等制作进度条加载动画。

扫码观看视频

步骤01 启动Illustrator软件，新建一个720 px×1 280 px的空白文档，导入本模块素材文件"基础.png"，如图3-86所示。在控制栏中单击"嵌入"按钮将素材嵌入。

步骤02 选择矩形工具，绘制一个与画板等大的矩形，设置其填充颜色为用户喜欢的颜色后右击，在弹出的快捷菜单中执行"排列"→"置于底层"命令，将其置于底层，效果如图3-87所示。

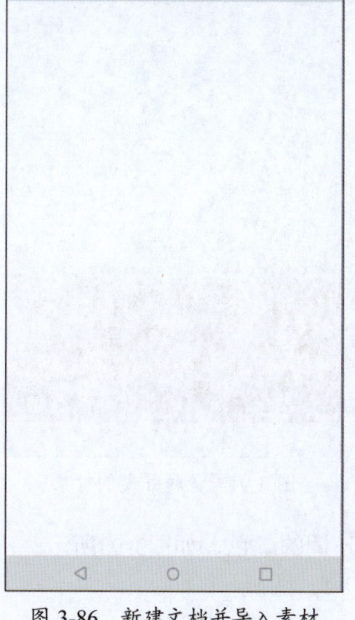

图 3-86 新建文档并导入素材　　　　图 3-87 绘制矩形并置于底层

步骤03 将本模块素材文件"背景.png"拖曳至文档中导入,调整大小和位置,然后将其置于 步骤01 导入素材的下方,如图3-88所示。在控制栏中单击"嵌入"按钮将素材嵌入。

步骤04 使用钢笔工具,绘制风车叶片,并填充用户喜欢的颜色,如图3-89所示。

图 3-88 导入素材并调整叠加顺序　　　图 3-89 绘制图形

步骤05 选中绘制的形状,按R键切换至旋转工具,按住Alt键移动旋转中心位置至叶片顶点处,释放鼠标左键后打开"旋转"对话框,设置参数,如图3-90所示。

步骤06 完成后单击"复制"按钮,旋转并复制对象,效果如图3-91所示。

步骤07 通过按Ctrl+D组合键重复操作,得到另外两个图形,效果如图3-92所示。

图 3-90 设置旋转参数　　　图 3-91 旋转并复制对象　　　图 3-92 重复操作

步骤08 为4块风车叶片图形指定不同的颜色,如图3-93所示。

步骤09 使用相同的方法,继续绘制图形并复制调整,如图3-94所示。

步骤10 按住Shift键,使用椭圆工具绘制圆形,设置填充颜色为白色,如图3-95所示。

图 3-93 调整颜色　　图 3-94 绘制图形并复制调整　　图 3-95 绘制圆形

步骤11 使用矩形工具绘制矩形,并设置圆角和颜色,调整至风车下方,效果如图3-96所示。

步骤12 选中风车叶片图形和中心的圆形,按Ctrl+G组合键编组。复制风车造型,调整大小和角度,如图3-97所示。

图 3-96 绘制矩形　　图 3-97 复制并调整风车造型

步骤13 选中"图层"面板中的"图层1"图层,单击面板右上角的菜单按钮≡,在弹出的菜单中执行"释放到图层(顺序)"命令,将其中的内容释放到图层,效果如图3-98所示。

步骤14 选中"图层2"~"图层8",将其拖曳至"图层1"上方,然后删除"图层1",并重命名各图层，如图3-99所示。然后保存文档。

步骤 15 打开After Effects软件，新建项目，按Ctrl+I组合键打开"导入素材"对话框，选择上一步保存的AI文档，单击"导入"按钮打开"进度条.ai"对话框，设置参数，如图3-100所示。

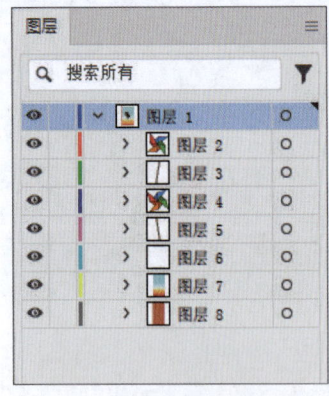

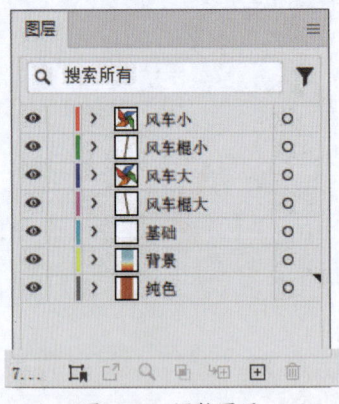

图 3-98　释放到图层　　　图 3-99　调整图层　　　图 3-100　导入 AI 文档

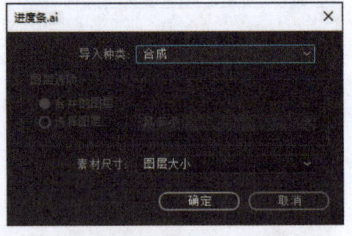

步骤 16 双击"进度条"合成将其打开。选中"背景"图层，按T键展开其"不透明度"属性，在0:00:00:00处激活关键帧，并设置"不透明度"属性值为0%。移动当前时间指示器至0:00:04:00处，设置"不透明度"属性值为100%，软件将自动添加关键帧，如图3-101所示。

图 3-101　添加"不透明度"关键帧

步骤 17 选择"风车小"和"风车大"图层，按R键展开其"旋转"属性，移动当前时间指示器至0:00:00:00处，激活关键帧；移动当前时间指示器至0:00:04:24处，设置"风车小"的"旋转"属性值为"3×+0.0°"、"风车大"的"旋转"属性值为"2×+0.0°"，软件将自动添加关键帧，如图3-102所示。

图 3-102　添加"旋转"关键帧

步骤18 不选择任何图层，使用圆角矩形工具在"合成"面板中绘制一个圆角矩形，在"属性"面板中设置参数，如图3-103所示。效果如图3-104所示。

步骤19 选中圆角矩形所在的"形状图层1"，按Ctrl+D组合键复制，设置复制得到的圆角矩形的填充颜色为白色、描边为无、大小为380 px×40 px、圆度为20，效果如图3-105所示。

图 3-103　设置圆角矩形属性 　　　图 3-104　绘制的圆角矩形 　　　图 3-105　复制圆角矩形并调整

步骤20 移动当前时间指示器至0:00:04:00处，单击"形状图层2"下"矩形路径1"属性组中"大小"和"位置"属性左侧的"时间变化秒表"按钮 添加关键帧。移动当前时间指示器至0:00:00:00处，设置"大小"属性值为"40.0,40.0"、"位置"属性值为"-170.0,0.0"，软件将自动添加关键帧，如图3-103所示。

图 3-106　添加"位置"和"大小"关键帧

提示：重新展开"形状图层2"图层的属性组，可以查看和编辑更多属性值。

步骤21 按Ctrl+Y组合键打开"纯色设置"对话框，设置参数，如图3-107所示。完成后单击"确定"按钮新建一个名为"数值"的纯色图层，如图3-108所示。

109

步骤 22 选中新建的纯色图层，执行"效果"→"文本"→"编号"命令打开"编号"对话框，设置参数，如图3-109所示。

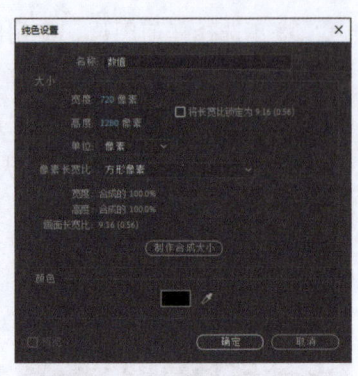

图 3-107 "纯色设置"对话框

图 3-108 新建的纯色图层

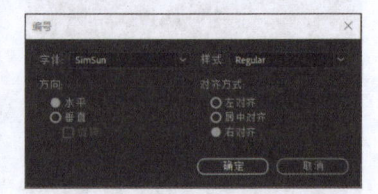

图 3-109 "编号"对话框参数设置

步骤 23 完成后单击"确定"按钮添加编号，如图3-110所示。

步骤 24 选中"数值"图层，在"效果控件"面板中设置参数，如图3-111所示。效果如图3-112所示。

图 3-110 添加编号

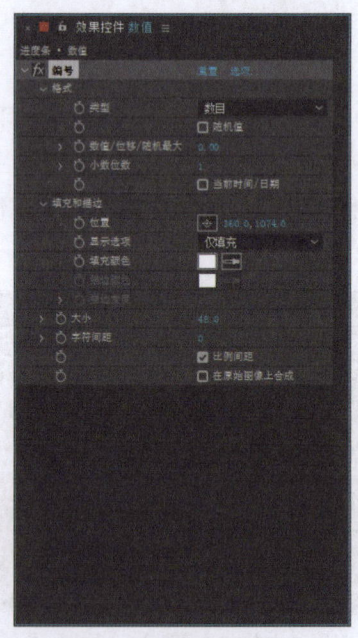

图 3-111 设置编号效果

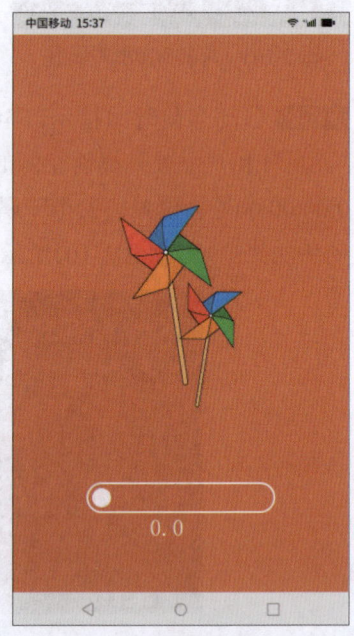

图 3-112 设置后的效果

步骤 25 移动当前时间指示器至0:00:00:00处，单击"效果控件"面板中"数值/位移/随机最大"属性左侧的"时间变化秒表"按钮激活关键帧。移动当前时间指示器至0:00:04:00处，设置"数值/位移/随机最大"属性值为100，软件将自动添加关键帧，如图3-113所示。

图 3-113　添加"数值/位移/随机最大"关键帧

步骤 26 使用横排文字工具在数值右侧输入"%",在"属性"面板中设置参数,如图3-114所示。

步骤 27 此时"合成"面板中的效果如图3-115所示。

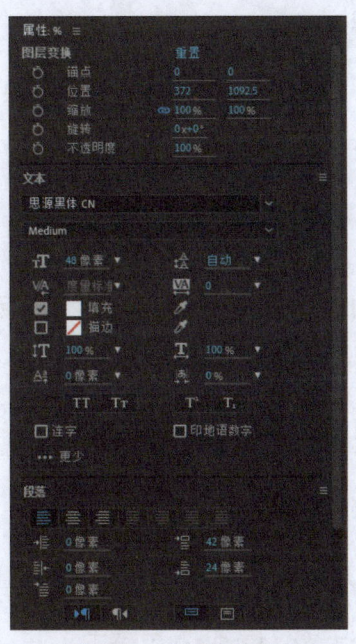

图 3-114　设置文本属性　　图 3-115　设置后效果

步骤 28 在"合成"面板中按空格键预览效果,如图3-116所示。

图 3-116　预览效果

至此,完成进度条加载动画的制作。

模块 4　关键帧

内容概要　关键帧是实现动态效果的关键，它定义了动画在特定时刻的状态。用户可以通过设置不同时间点的属性变化，制作出平滑流畅的动画效果。关键帧插值和图表编辑器为用户提供了精确控制动画节奏的强大工具，使得动画制作更加灵活和高效。本模块将对关键帧的应用进行介绍。

数字资源
【本模块素材】："素材文件\模块4"目录下
【本模块实战演练最终文件】："素材文件\模块4\实战演练"目录下

4.1 时间轴与关键帧

时间轴与关键帧是创建和控制动画的重要工具，它们相互配合，支持创作者精确控制动画的时间和内容，下面将对此进行介绍。

■4.1.1 认识时间轴

时间轴是After Effects中的重要面板，用户可以通过该面板管理和控制动画的时间、图层和效果。图4-1所示为"时间轴"面板，其中左侧是图层控制的列，右侧则包括了图层的时间标尺、标记、关键帧、表达式、图层持续时间条及图表编辑器的时间图形等。

图 4-1 "时间轴"面板

下面将对"时间轴"面板进行介绍。

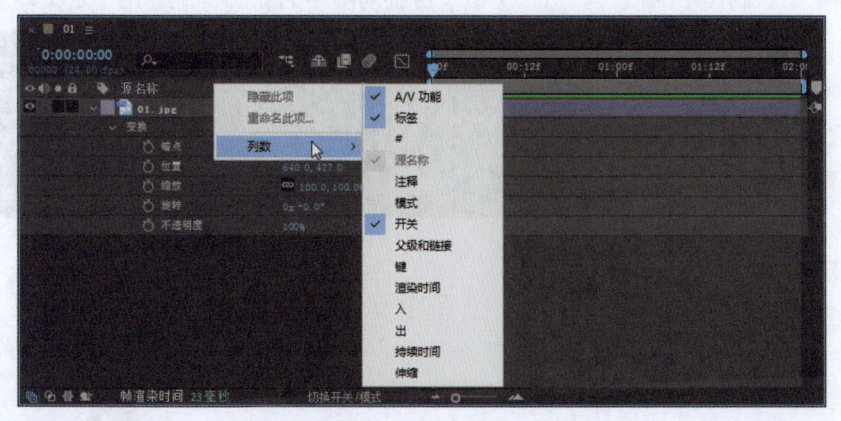

1. 图层控制的列

图层控制的列主要用于高效地组织和管理图层。移动鼠标指针至图层控制的列处右击，在弹出的快捷菜单中执行"列数"命令，在子菜单中执行命令将打开或关闭选中的列，如图4-2所示。

图 4-2 图层控制的列

2. 当前时间指示器

当前时间指示器可用于指示合成的当前时间，图4-3所示为移动当前时间指示器至1秒12帧处的效果。用户可以通过"时间轴"面板中的当前时间显示 0:00:01:12 精确控制当前时间指示器的位置，也可以直接拖曳调整。

图 4-3　当前时间指示器所在位置

移动当前时间指示器后，在不选择图层或属性的情况下，按B键可移动工作区域开头至当前时间指示器所在处；按N键可移动工作区域结尾至当前时间指示器所在处，工作区域开头和结尾的位置确定了影片的有效区域，即可以渲染输出的部分。

3. 时间轴的显示比例

在制作MG动画的过程中，用户可以根据需要放大或缩小时间轴的显示比例。常用的调整方式有以下4种。

- 单击"时间轴"面板中的"缩小（时间）"按钮 或"放大（时间）"按钮 ，还可以直接拖动这两个按钮之间的滑块。
- 按主键盘中的+键或-键。
- 拖动"时间轴"面板顶部时间导航器 中的"时间导航器开始"按钮 或"时间导航器结束"按钮 。
- 按住Alt键使用鼠标滚轮缩放。

4.1.2　认识关键帧

关键帧是动画制作中的核心概念，类似于传统动画中的原画，主要用于定义动画的特定状态和变化。在现代计算机技术中，动画制作软件会在两个关键帧之间自动计算出中间状态，从而实现平滑的过渡效果。图4-4所示为添加的"缩放"关键帧。

图 4-4　"缩放"关键帧

预览效果如图4-5所示。

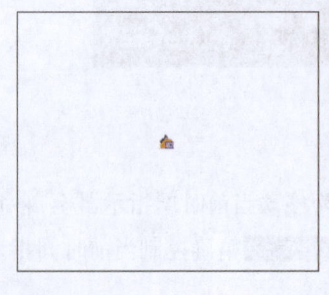

图 4-5　预览效果

4.2 关键帧创建与编辑

关键帧是动画制作的基础工具，通过定义特定时间点的状态，可以创造出丰富多彩的动画效果。下面将对关键帧的创建与编辑进行介绍。

4.2.1 激活与创建关键帧

关键帧的激活主要通过属性中的"时间变化秒表"按钮 实现。在"时间轴"面板中展开属性列表，可以看到每个属性名称左侧都有一个"时间变化秒表"按钮 ，单击该按钮将激活关键帧，如图4-6所示。

图 4-6 激活关键帧

激活关键帧后移动当前时间指示器，单击属性名称左侧的"在当前时间添加或移除关键帧"按钮 ，将在当前位置添加关键帧或移除当前位置的关键帧。图4-7所示为添加关键帧的效果。用户也可以通过修改属性参数，或在合成窗口中修改图像对象，自动生成关键帧。

图 4-7 添加的关键帧

4.2.2 编辑关键帧

创建关键帧后，用户可以对其进行选择、移动、复制、删除等操作。下面将对此进行介绍。

1. 选择关键帧

编辑关键帧的第一步是将其选中，使用选取工具 在"时间轴"面板中单击关键帧即可，如图4-8所示。若想选择多个关键帧，可以按住鼠标左键拖曳框选，或按住Shift键单击进行选择。

图 4-8 选中关键帧

2. 移动关键帧

选中关键帧后，按住鼠标左键拖动将移动关键帧，如图4-9所示。用户可以通过调整两个关键帧之间的距离，改变动画效果。

图 4-9　移动关键帧

3. 复制关键帧

选中要复制的关键帧，执行"编辑"→"复制"命令，然后将当前时间指示器移动至目标位置，执行"编辑"→"粘贴"命令将在目标位置粘贴复制的关键帧，如图4-10所示。用户也可利用Ctrl+C和Ctrl+V组合键进行复制粘贴操作。

图 4-10　复制关键帧

4. 删除关键帧

选中关键帧，执行"编辑"→"清除"命令或按Delete键即可。若想删除某一属性的所有关键帧，可以单击该属性名称左侧的"时间变化秒表"按钮以将其停用。

4.3　关键帧插值

插值是指在两个已知值之间填充未知数据的过程。通过创建关键帧和运动路径，使相关值随时间变化后，用户可以利用软件提供的插值方式，精确调整这些变化发生的方式和效果。

选中关键帧后右击，在弹出的快捷菜单中执行"关键帧插值"命令，打开"关键帧插值"对话框，如图4-11所示。其中临时插值是时间值的插值，空间插值是空间值的插值。

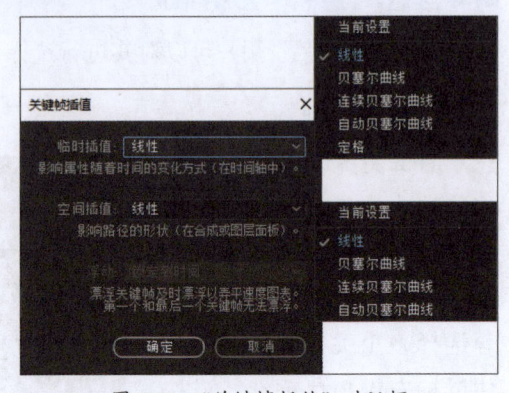

图 4-11　"关键帧插值"对话框

在该对话框中设置参数可调整关键帧的变化效果，其中部分选项作用如下：
- **线性**：线性插值将在关键帧之间创建统一的变化速率，动画效果看起来较为机械，在值图表中，连接采用线性插值方法的两个关键帧的段显示为一条直线。
- **贝塞尔曲线**：贝塞尔曲线插值支持用户手动调整关键帧任一侧的值图表或运动路径段的形状，提供最精确的控制效果。与连续贝塞尔曲线插值和自动贝塞尔曲线插值不同的是，贝塞尔曲线插值可以在值图表和运动路径中单独操控贝塞尔曲线关键帧上的两个方向手柄。默认的贝塞尔曲线插值将创建平滑的变化效果。
- **连续贝塞尔曲线**：创建经过所有关键帧的平滑变化速率曲线，用户可以手动调整创建后曲线的方向手柄的位置，以更改关键帧任一侧的值图表或运动路径段的形状。
- **自动贝塞尔曲线**：创建经过所有关键帧的平滑变化速率曲线。当关键帧的值被更改后，创建的曲线的方向手柄会自动调整，以确保关键帧之间的过渡保持平滑。如果用户手动调整了这些方向手柄，则关键帧的插值方式将会切换为"连续贝塞尔曲线"。
- **定格**：仅适用于临时插值，可以创建突然的变化效果。在值图表中，定格关键帧之后的图表段显示为水平直线。

> **提示**：选中关键帧后，执行"动画"→"关键帧辅助"→"缓动"命令或按F9键，可以设置关键帧缓入与缓出。

4.4 图表编辑器

图表编辑器是After Effects中一种强大的工具，支持用户以可视化的方式编辑动画的关键帧和速度。单击"时间轴"面板中的"图表编辑器"按钮，或按Shift+F3组合键，可以在图层条模式和图表编辑器模式间切换。图4-12所示为图表编辑器模式。

图 4-12　图表编辑器

图表编辑器提供值图表和速度图表两种类型的图表，值图表显示属性值，速度图表显示属性值变化的速度。单击图表编辑器底部的"选择图表类型和选项"按钮，在弹出的菜单中可以选择相关的命令实现图表类型的切换，如图4-13所示。

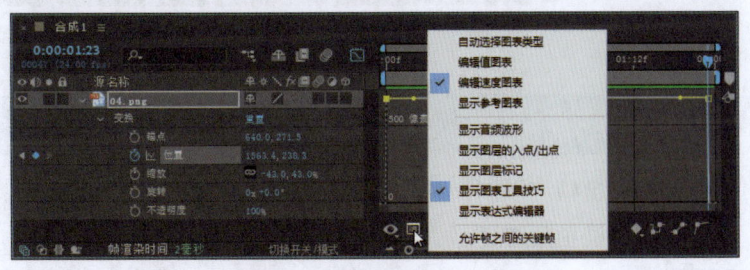

图 4-13　选择图表类型和选项

弹出菜单中部分选项的作用介绍如下：
- **编辑值图表**：显示选中属性的值图表。图4-14所示为显示的位置值，单击"单独尺寸"按钮 将显示单独的尺寸，如图4-15所示。
- **编辑速度图表**：显示选中属性的速度图表。
- **显示参考图表**：在后台显示未选择仅供查看的图表类型。
- **显示表达式编辑器**：显示或隐藏表达式编辑器字段。
- **允许帧之间的关键帧**：允许在两帧之间放置关键帧以微调动画。

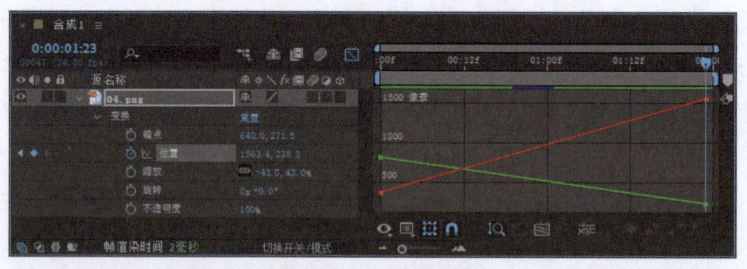

图 4-14 显示值图表

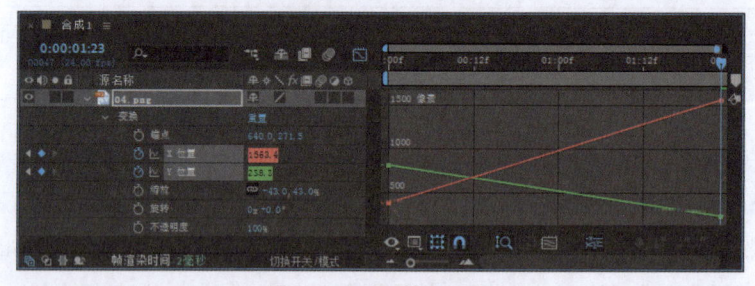

图 4-15 显示单独尺寸

选中图表编辑器中的关键帧，调整其方向手柄，将改变曲线，从而调整最终动画效果。图4-16所示为在速度图表中调整关键帧方向手柄的效果。

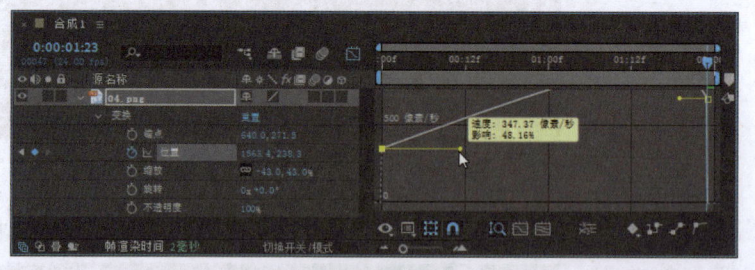

图 4-16 调整图表

4.5 实战演练：相机拍摄动画

使用关键帧可以制作各种有趣的MG动画效果。本实战演练将通过关键帧、形状等制作相机拍摄动画。

步骤 01 打开After Effects软件，单击"主页"中的"新建项目"按钮新建项目，单

扫码观看视频

击"合成"面板中的"新建合成"按钮,打开"合成设置"对话框,设置其中的相关参数,如图4-17所示。

步骤 02 完成后单击"确定"按钮,新建的合成如图4-18所示。

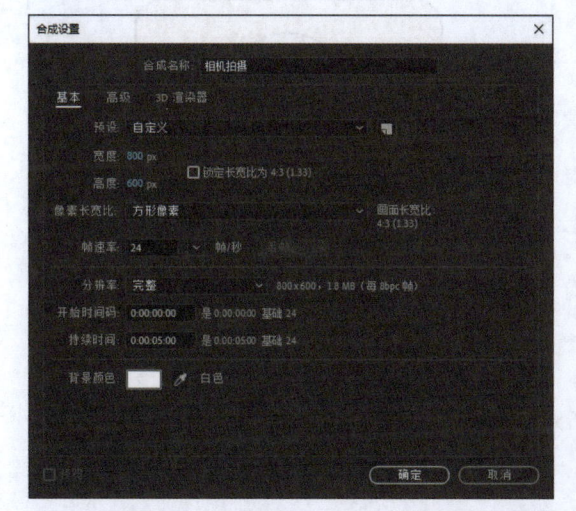

图 4-17 "合成设置"对话框参数设置

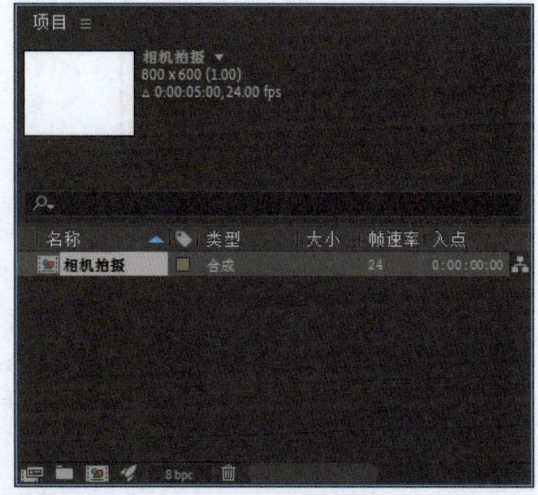

图 4-18 新建的合成

步骤 03 双击"工具"面板中的矩形工具,创建一个与合成等大的矩形,设置描边为无、填充颜色为#C8E9F8,效果如图4-19所示。然后锁定该图层。

图 4-19 创建的矩形

步骤 04 取消选择图层,选择圆角矩形工具,在"工具"面板中设置填充颜色为#FFD200、描边颜色为黑色、描边宽度为4 px,在"合成"面板中拖曳绘制矩形,绘制过程中按↑键调整圆角,最终效果如图4-20所示。按Ctrl+Alt+Home组合键设置锚点居中。

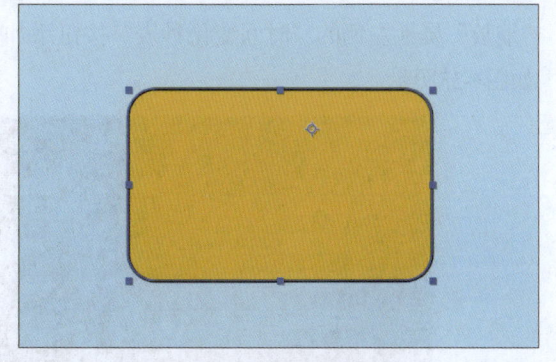

图 4-20 绘制的圆角矩形

步骤 05 取消选择图层,选择椭圆工具,按住Shift键,在"合成"面板中拖曳绘制圆形,并设置填充颜色为#8A8A8A,按Ctrl+Alt+Home组合键设置锚点居中,效果如图4-21所示。

步骤 06 继续绘制圆形,设置填充颜色为#424242,效果如图4-22所示。

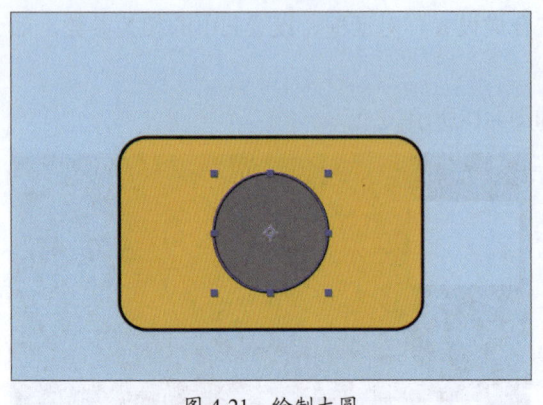

图 4-21 绘制大圆　　　　　　　　　图 4-22 绘制小圆

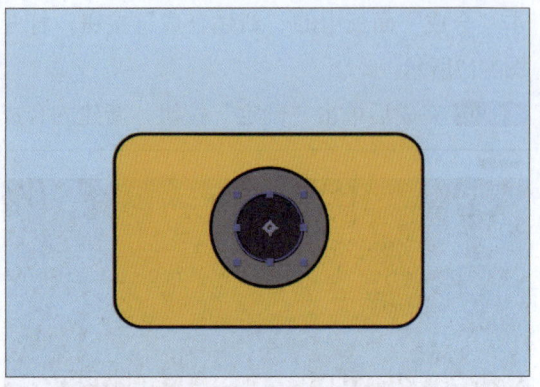

步骤 07 取消选择图层，选择椭圆工具绘制圆形，设置填充颜色为白色，效果如图4-23所示。

步骤 08 取消选择图层，选择矩形工具绘制矩形，设置填充颜色为黑色，使用向后平移（锚点）工具，设置锚点位于矩形底部中心，如图4-24所示。

图 4-23 绘制白色圆形　　　　　　　图 4-24 绘制矩形

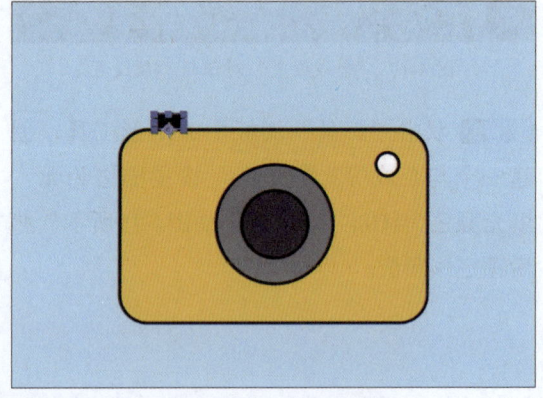

步骤 09 选择"形状图层2"~"形状图层6"，按S键展开其"缩放"属性，在0:00:00:00处，单击"缩放"属性左侧的"时间变化秒表"按钮添加关键帧，并设置"缩放"属性值为"0.0,0.0%"，如图4-25所示。

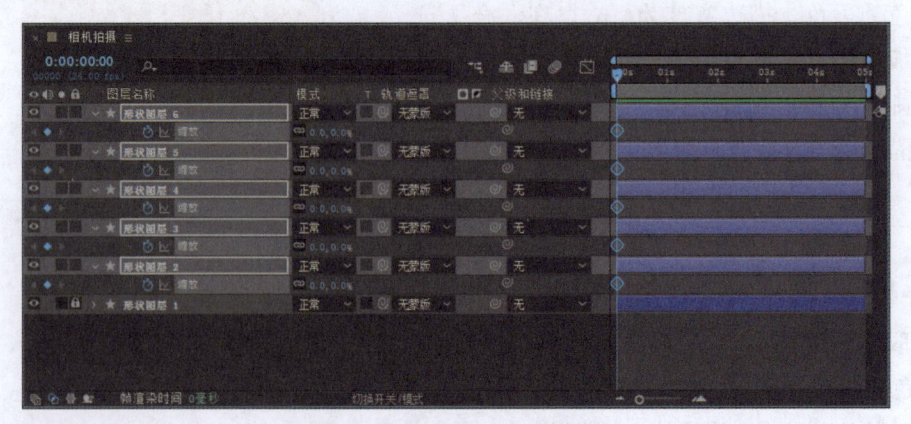

图 4-25 添加"缩放"关键帧

步骤 10 移动当前时间指示器至0:00:01:00处，设置"缩放"属性值为"100.0,100.0%"，软件将自动添加关键帧，如图4-26所示。

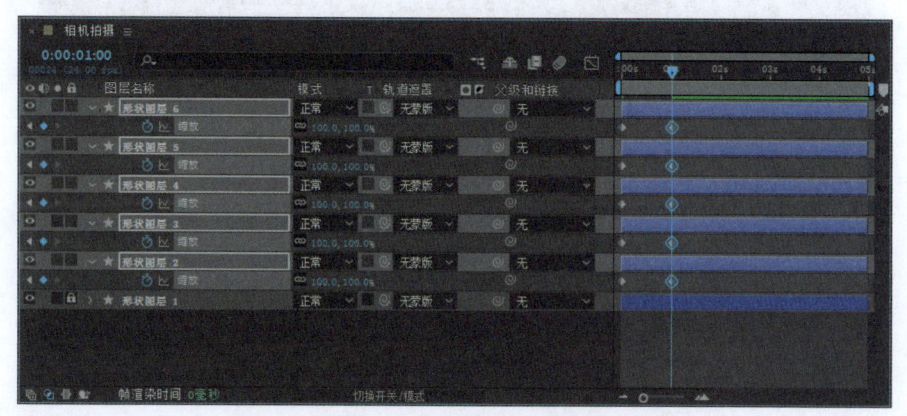

图 4-26 调整"缩放"属性值后自动添加关键帧

步骤 11 调整关键帧位置，使上一层关键帧比下一层关键帧向右移动5帧，如图4-27所示。

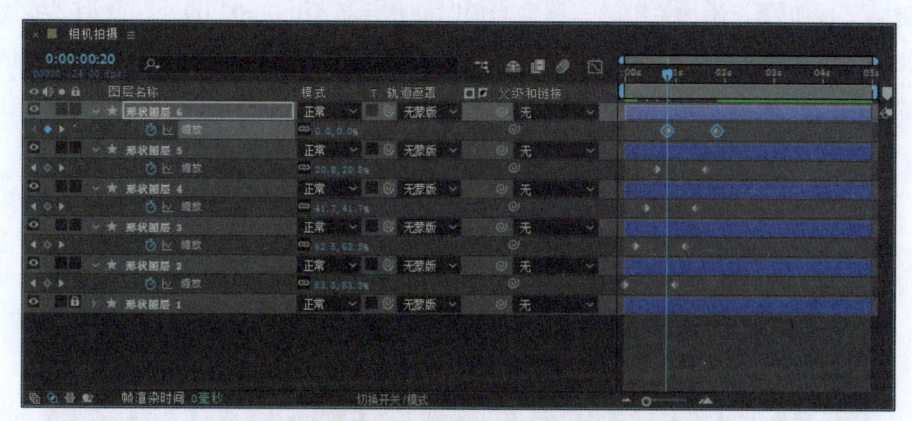

图 4-27 调整关键帧位置

步骤 12 选中所有关键帧，按F9键创建缓动，如图4-28所示。

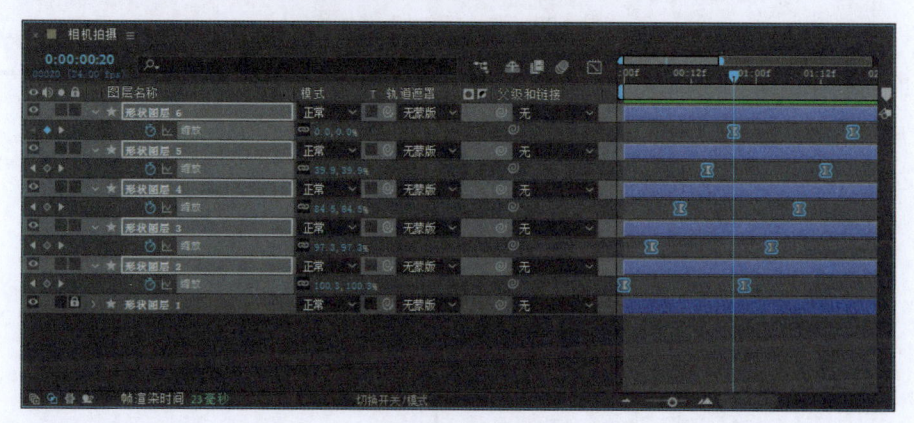

图 4-28 创建缓动

步骤 13 单击"时间轴"面板中的"图表编辑器"按钮，切换至图表编辑器模式，显示速度图表，调整速度曲线，如图4-29所示。

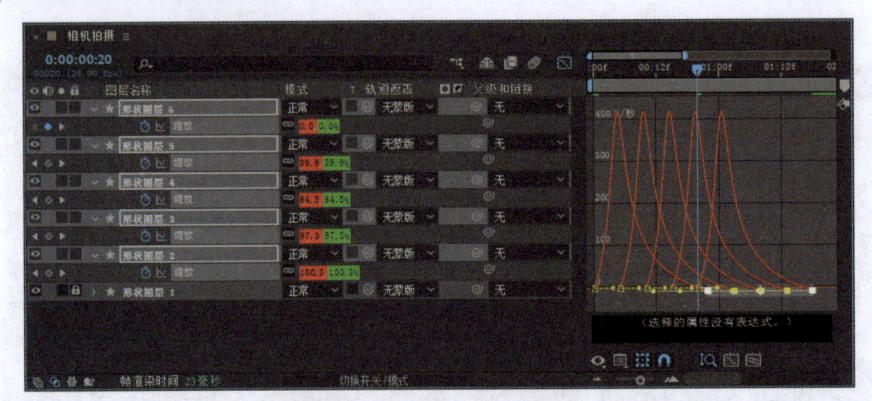

图 4-29 调整速度曲线1

步骤 14 单击"时间轴"面板中的"图表编辑器"按钮■，返回图层条模式。移动当前时间指示器至0:00:01:23处，选中"形状图层6"，单击"缩放"属性名称左侧的"在当前时间添加或移除关键帧"按钮■，添加关键帧。移动当前时间指示器至0:00:02:09处，取消"缩放"属性的约束比例，设置"缩放"属性值为"100.0,40.0%"。移动当前时间指示器至0:00:02:14处，设置"缩放"属性值为"100.0,100.0%"，软件将自动添加关键帧，如图4-30所示。

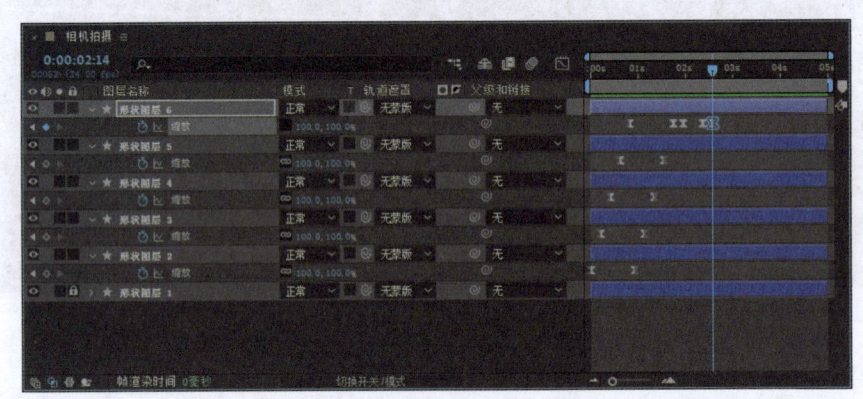

图 4-30 添加"缩放"关键帧

步骤 15 取消选择图层，双击矩形工具绘制一个与合成等大的矩形，设置填充颜色为白色、描边为0 px，如图4-31所示。

图 4-31 绘制矩形

步骤 16 选中"形状图层7",按T键展开其"不透明度"属性,在0:00:02:02处添加关键帧,并设置"不透明度"属性值为"0%",效果如图4-32所示。

图 4-32 添加"不透明度"关键帧效果

步骤 17 移动当前时间指示器至0:00:02:09处,设置"不透明度"属性值为"90%"。移动当前时间指示器至0:00:02:14处,设置"不透明度"属性值为"0%"。每次调整属性值软件都会自动添加关键帧,选中"不透明度"属性的三个关键帧后按F9键创建缓动,如图4-33所示。

图 4-33 调整"缩放"属性值添加关键帧,并创建缓动

步骤 18 单击"时间轴"面板中的"图表编辑器"按钮,切换至图表编辑器模式,显示速度图表,调整速度曲线,如图4-34所示。

图 4-34 调整速度曲线 2

步骤 19 单击"时间轴"面板中的"图表编辑器"按钮,返回图层条模式。按Ctrl+I组合键,打开"导入文件"对话框,选中要导入的本模块素材文件"照片.jpg",如图4-35所示。

步骤20 单击"导入"按钮将素材文件导入,并将其拖曳至"时间轴"面板中,然后在"合成"面板中调整图片大小,如图4-36所示。

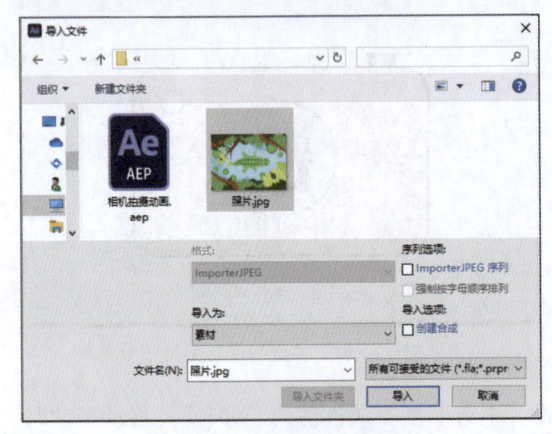

图 4-35 选中要导入的素材　　　　　　图 4-36 导入并调整图像素材

步骤21 取消选择图层,使用矩形工具绘制一个比图片略大的矩形,填充为白色,在"时间轴"面板中将素材图片图层拖曳至最上方,效果如图4-37所示。

步骤22 移动当前时间指示器至0:00:02:14处,选中素材图片图层,按T键展开其"不透明度"属性,并设置属性值为"0%",添加关键帧,效果如图4-38所示。

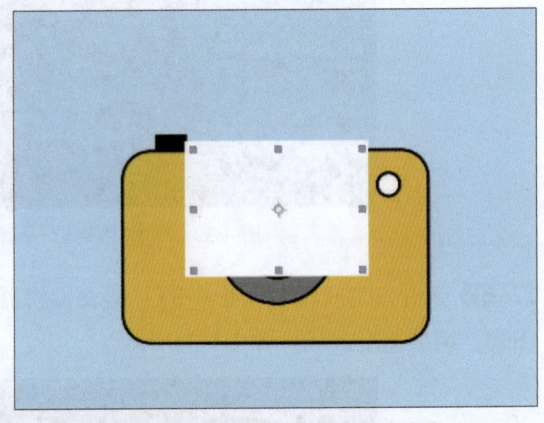

图 4-37 绘制矩形并调整　　　　　　　图 4-38 添加"不透明度"关键帧

步骤23 移动当前时间指示器至0:00:03:05处,设置"不透明度"属性值为"100%",软件将自动添加关键帧。选中"不透明度"属性的两个关键帧,按F9键创建缓动,如图4-39所示。

图 4-39 调整"不透明度"属性值添加关键帧,并创建缓动

步骤 24 选中素材图片图层和"形状图层8",拖曳至"形状图层1"上方,如图4-40所示。

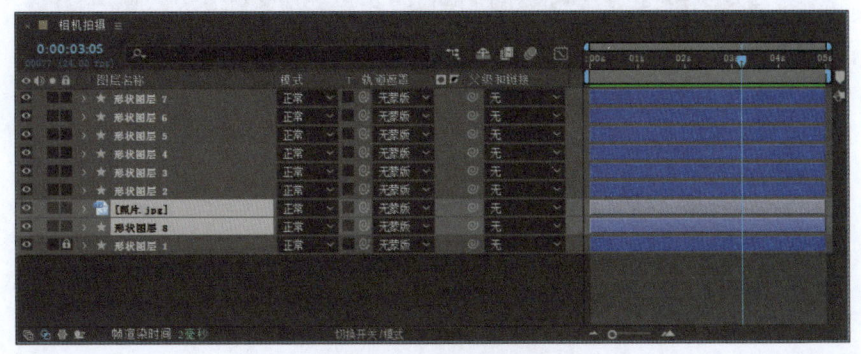

图 4-40　调整图层顺序

步骤 25 选中素材图片图层和"形状图层8",按P键展开其"位置"属性,在0:00:02:09处为"位置"属性添加关键帧,并调整位置使其完全被相机遮盖,如图4-41所示。

图 4-41　添加"位置"关键帧

步骤 26 移动当前时间指示器至0:00:03:05处,设置"位置"属性值,软件将自动添加关键帧。选中"位置"属性的两个关键帧,按F9键创建缓动,如图4-42所示。

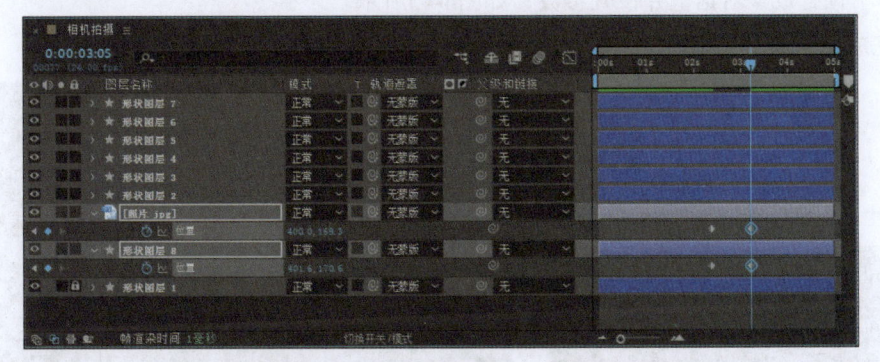

图 4-42　调整"位置"属性值添加关键帧,并创建缓动

步骤 27 选中素材图片图层和"形状图层8",按S键展开其"缩放"属性,添加关键帧;按U键展开添加了关键帧的属性,移动当前时间指示器至0:00:04:00处,设置"位置"属性和"缩放"属性,软件将自动添加关键帧;选中这两个图层的所有"位置"和"缩放"关键帧,按F9键创建缓动,如图4-43所示。

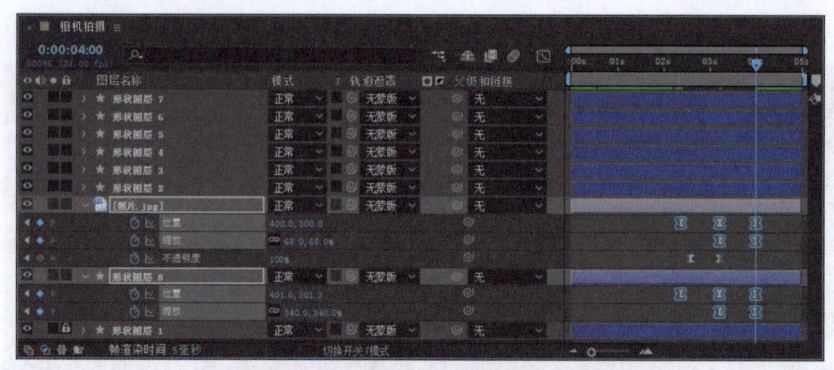

图 4-43 添加"位置"和"缩放"关键帧并创建缓动

步骤 28 选中"形状图层8",按T键展开其"不透明度"属性,在0:00:02:09处添加关键帧,并设置属性值为"0%";移动当前时间指示器至0:00:02:14处,设置属性值为"100%",软件将自动添加关键帧;选中该图层的所有"不透明度"关键帧,按F9键创建缓动,如图4-44所示。

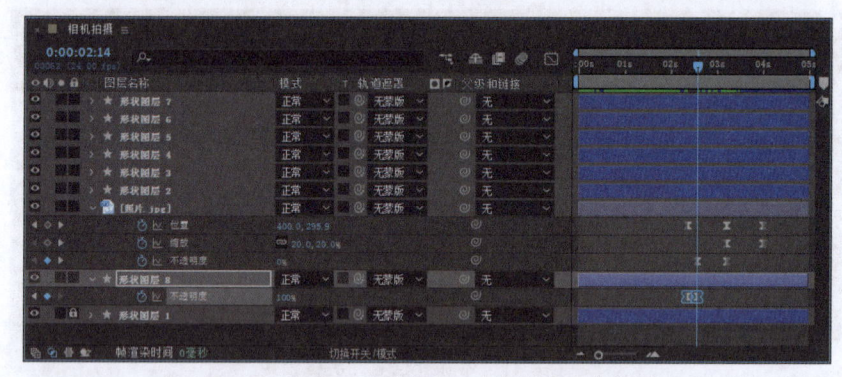

图 4-44 添加"不透明度"关键帧并创建缓动

步骤 29 选中"形状图层2"~"形状图层7"并右击,在弹出的快捷菜单中执行"预合成"命令,打开"预合成"对话框并设置参数,如图4-45所示。

步骤 30 完成后单击"确定"按钮,创建的预合成如图4-46所示。

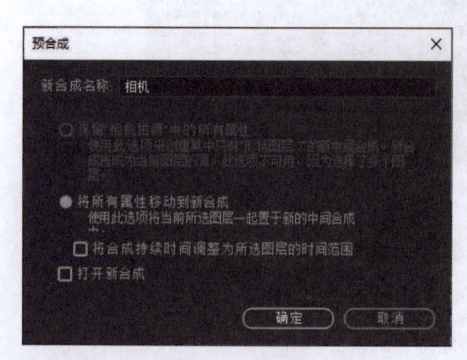

图 4-45 设置预合成

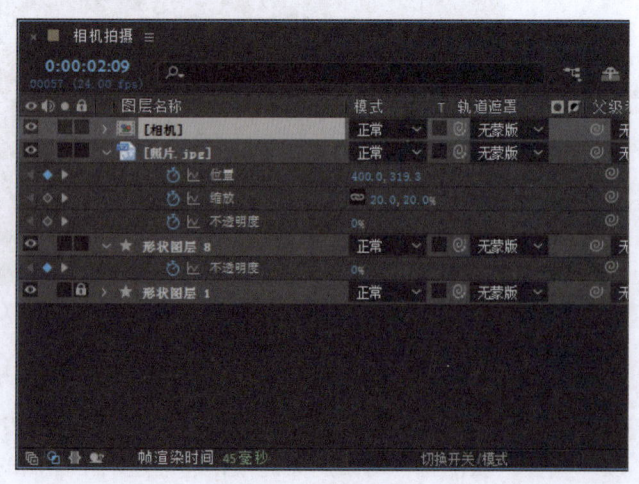

图 4-46 创建的预合成

步骤 31 选中"相机"预合成,按T键展开其"不透明度"属性,在0:00:03:05处为"不透明度"属性添加关键帧;移动当前时间指示器至0:00:04:00处,设置"不透明度"属性值为"0%",软件将自动添加关键帧;选中该预合成的两个"不透明度"关键帧,按F9键创建缓动,如图4-47所示。

图 4-47 添加"不透明度"关键帧并创建缓动

步骤 32 按空格键预览,效果如图4-48所示。

图 4-48 预览效果

至此,完成相机拍摄动画的制作。

模块 5 蒙版与遮罩

内容概要

蒙版和遮罩是MG动画中不可或缺的工具，它们能够赋予图形更丰富的造型和表现效果。蒙版用于控制透明度，允许用户选择性地显示或隐藏图层的部分内容，而遮罩则用于限制图层的可见区域。通过灵活运用这两种工具，可以创造出更加生动和富有创意的MG动画效果。本模块将对蒙版与遮罩进行介绍。

数字资源

【本模块素材】："素材文件\模块5"目录下
【本模块实战演练最终文件】："素材文件\模块5\实战演练"目录下

5.1 认识蒙版和遮罩

蒙版和遮罩是动画制作中常用的概念，它们都能有效控制图层的可见性和效果，从而实现丰富的视觉效果。本节将对蒙版和遮罩进行介绍。

■5.1.1 认识蒙版

蒙版主要用于控制图层可见性，用户可以通过它隐藏或显示图层的部分区域，或者进行特殊处理，制作出创意性的视觉效果。图5-1和图5-2所示为应用蒙版前后的对比效果。

图 5-1　原素材　　　　图 5-2　应用蒙版效果

After Effects中的蒙版可以分为闭合路径蒙版和开放路径蒙版两种，闭合路径蒙版可以为图层创建透明区域，开放路径蒙版无法为图层创建透明区域，但可用作效果参数。一个图层可以包含多个蒙版，其中蒙版层为轮廓层，决定着看到的图像区域；被蒙版层为蒙版下方的图像层，决定看到的内容。

■5.1.2 认识遮罩

遮罩同样可以控制图层的可见性，与蒙版不同的是，遮罩通常是一个独立图层，可以控制多个图层的可见性。图5-3和图5-4所示为应用遮罩前后的对比效果。

图 5-3　原素材　　　　图 5-4　应用遮罩效果

After Effects中的遮罩可以分为Alpha遮罩和亮度遮罩两种。亮度遮罩是根据图层的亮度值来控制可见性，黑色部分隐藏，白色部分显示，灰色部分则部分透明。Alpha遮罩是使用一个图层的Alpha通道（透明度）作为另一个图层的遮罩，常用于复杂的合成效果。

5.2 蒙版的创建

蒙版可以通过形状工具组及钢笔工具组中的工具创建,也可以从文本创建。本节将对此进行介绍。

■ 5.2.1 形状工具组

形状工具组中的工具可用于创建常规形状和蒙版,该工具组中包括矩形工具▭、圆角矩形工具▢、椭圆工具⬭、多边形工具⬠和星形工具☆5种工具,长按"工具"面板中的矩形工具,将展开工具组以选择工具,如图5-5所示。下面将对这5种工具进行介绍。

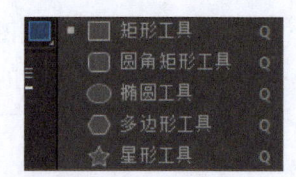

图 5-5 矩形工具组

1. 矩形工具

矩形工具可用于绘制矩形形状或矩形蒙版。选中图像图层之后选择矩形工具,在图像中按住鼠标左键拖曳即可创建矩形蒙版,如图5-6所示。继续绘制可以增加蒙版范围,如图5-7所示。

图 5-6 创建矩形蒙版   图 5-7 增加蒙版范围

> **提示**:按住Shift键拖曳绘制将创建正方形蒙版。

若想移动蒙版,可以选中"时间轴"面板属性组中的"蒙版",按Ctrl+T组合键后,使用选择工具进行移动,如图5-8所示。若想反转蒙版,可以勾选"时间轴"面板"蒙版"属性组中的"反转"复选框进行反转。图5-9所示为反转效果。

图 5-8 移动蒙版   图 5-9 反转蒙版效果

2. 圆角矩形工具

圆角矩形工具可用于绘制圆角矩形形状或蒙版,其绘制方法与矩形工具相同。图5-10和图5-11所示为创建圆角矩形蒙版前后的对比效果。

图 5-10　原效果　　　　　　　　图 5-11　应用圆角矩形蒙版效果

在绘制圆角矩形的过程中，用户可以通过箭头键调整圆角值。按↑键可以增大圆角值，按↓键可以减小圆角值，按←键可以将圆角值设置为最小值，按→键可以将圆角值设置为最大值。

3. 椭圆工具

椭圆工具可用于绘制椭圆形状或椭圆蒙版。选中图像图层之后选择椭圆工具，按住鼠标左键拖曳即可创建椭圆蒙版，如图5-12所示。按住Shift键的同时拖曳鼠标将创建圆形蒙版，如图5-13所示。

图 5-12　椭圆蒙版　　　　　　　　图 5-13　圆形蒙版

4. 多边形工具

多边形工具可用于绘制多边形形状或蒙版。选中图像图层，在"合成"面板中按住鼠标左键拖曳，将从中心点绘制多边形蒙版，如图5-14所示。在绘制过程中，按键盘上的↑键和↓键可以调整多边形边数，按键盘上的←键和→键可以调整多边形外圆度，如图5-15所示。

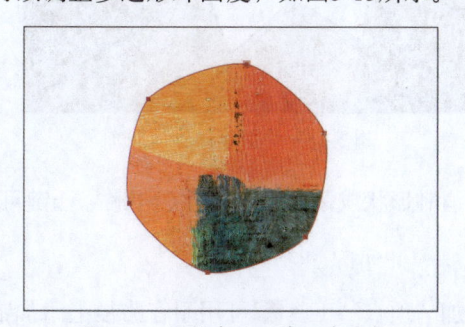

图 5-14　多边形蒙版　　　　　　　　图 5-15　调整多边形蒙版外圆度

5. 星形工具

星形工具可用于绘制星形形状或蒙版。选中图像图层,在"合成"面板中按住鼠标左键拖曳,将从中心点绘制星形蒙版,如图5-16所示。在绘制过程中,按键盘上的↑键和↓键可以调整星形角数,按住Ctrl键可在保持内径不变的情况下增大或减小外径,如图5-17所示。

图 5-16 星形蒙版　　　　　　　图 5-17 调整星形蒙版外径

■5.2.2 钢笔工具组

钢笔工具组中的工具能够绘制并精细调整路径,创建自由形状的蒙版。下面将对钢笔工具组中的工具进行介绍。

1. 钢笔工具

钢笔工具 可用于绘制不规则的形状或蒙版。选中图像图层之后选择钢笔工具,在"合成"面板中单击创建锚点,按住鼠标左键拖曳将创建平滑锚点,多次创建锚点后,在起始锚点处单击闭合路径将创建蒙版,如图5-18和图5-19所示。

图 5-18 绘制路径　　　　　　　图 5-19 蒙版效果

在绘制形状或蒙版时,按住Ctrl键或Alt键可单独控制锚点一侧的控制杆以调整路径走向。

2. 添加"顶点"工具

添加"顶点"工具 可用于在路径上添加锚点,增加路径细节。选择该工具,移动鼠标指针至蒙版路径上单击，将添加锚点。图5-20和图5-21所示为添加并调整锚点前后的对比效果。若移动鼠标指针至锚点上，按住鼠标左键拖曳可移动锚点。

图 5-20　原蒙版路径

图 5-21　调整锚点后效果

提示：在有平滑锚点的路径上单击将添加平滑锚点，用户也可以在蒙版路径上按住鼠标左键拖曳，创建平滑锚点。若在两侧都是硬转角的路径上单击将添加硬转角。

3. 删除"顶点"工具

删除"顶点"工具 的作用与添加"顶点"工具 截然相反，它用来删除锚点。选择该工具，在锚点上单击即可将其删除。

图 5-22　转换顶点

4. 转换"顶点"工具

转换"顶点"工具 可以将顶点的类型转换为硬转角或平滑锚点。选择该工具后，在锚点上单击即可。图5-22和图5-23所示为转换并调整顶点的效果。

图 5-23　调整顶点

5. 蒙版羽化工具

蒙版羽化工具 可用来柔化蒙版边缘。选择该工具，在蒙版路径的锚点上单击并拖动，将

133

创建向内或向外的羽化效果。图5-24和图5-25所示分别为向内羽化和向外羽化的效果。

图 5-24　向内羽化蒙版　　　　　　　　图 5-25　向外羽化蒙版

■ 5.2.3　绘画工具

After Effects提供了画笔工具 、仿制图章工具 、橡皮擦工具 等绘画工具，方便用户在图层上进行绘画、描边等操作。下面将对此进行介绍。

1. 画笔工具

使用画笔工具可以借助前景色在"图层"面板中的图层上绘画。选择"工具"面板中的画笔工具，在"画笔"面板和"绘画"面板中可设置画笔属性，如图5-26和图5-27所示。

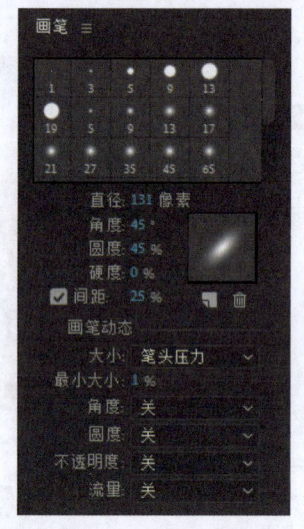

图 5-26　"画笔"面板　　　　图 5-27　"绘画"面板

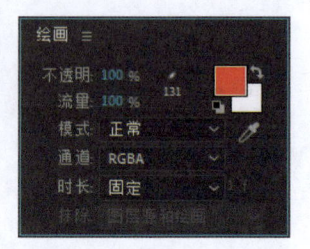

"画笔"面板中部分属性参数介绍如下：
- **画笔笔尖选择器**：用于选择预设的画笔笔刷。
- **直径**：用于控制画笔大小。
- **角度**：用于设置画笔的长轴相对于水平方向旋转的角度。
- **圆度**：用于设置画笔的短轴和长轴之间的比例。值为100%是圆形画笔，值为0%是线性画笔，介于两者之间的值为椭圆画笔。
- **硬度**：控制画笔描边从中心不透明到边缘透明的过渡。
- **间距**：用于设置画笔笔迹之间的距离，以画笔直径的百分比度量。若取消选择该选项，间距将由创建描边时的拖动速度决定。
- **画笔动态**：用于设置笔刷的动态变化效果。

"绘画"面板中部分属性参数介绍如下：
- **不透明度**：用于设置绘制时的不透明度。
- **流量**：用于设置绘制时的涂抹强度和速度。
- **模式**：用于设置底层图像的像素与画笔或仿制描边所绘制的像素的混合方式。
- **通道**：用于设置画笔描边影响的图层通道。
- **时长**：用于设置绘制对象的持续时间。"固定"选项将描边从当前帧应用到图层持续时间结束；"单帧"选项仅将描边应用于当前帧；"自定义"选项将描边应用于从当前帧开始的指定帧数；"写入"选项将描边从当前帧应用到图层持续时间结束，并动画显示描边的"结束"属性，以便匹配绘制描边时所用的运动。

设置画笔属性后，双击"时间轴"面板中的图层将其在"图层"面板中打开，按住鼠标左键拖曳绘制即可。图5-28和图5-29所示为绘制前后的对比效果。

图 5-28　原素材　　　　　　　　图 5-29　绘制后效果

使用画笔工具绘制后，"时间轴"面板中将出现相应的"绘画"属性组，如图5-30所示。用户可以从中修改绘画效果。

图 5-30　"绘画"属性组

2. 仿制图章工具

仿制图章工具可以从一个位置和时间点复制像素值，并将其应用至另一个位置和时间点，多用于复制或局部修复。

选中仿制图章工具，在"图层"面板中打开源图层，按住Alt键单击设置采样点，在"图层"面板中打开目标图层，将当前时间指示器移动至开始绘制仿制描边的帧，按住鼠标左键拖曳绘制即可，如图5-31和图5-32所示。

图 5-31　设置采样点 　　　　　　　　　　图 5-32　仿制效果

每次释放鼠标左键时，将停止绘制描边，再次拖曳时，将创建新的描边。若想继续绘制之前的描边，可以按住Shift键拖曳。

3. 橡皮擦工具

橡皮擦工具可以擦除当前图层的一部分，显示出下层图像的内容，其使用方式与画笔工具类似。选择橡皮擦工具，在"画笔"面板和"绘画"面板中设置画笔属性参数，然后在"图层"面板中拖曳擦除即可。图5-33和图5-34所示为使用橡皮擦工具擦除图层部分区域后，在"图层"面板和"合成"面板中的显示效果。

图 5-33　在"图层"面板中擦除图层区域 　　　　图 5-34　"合成"面板中的擦除效果

5.2.4　从文本创建蒙版

After Effects支持从文本创建蒙版。选中"时间轴"面板中的文本图层并右击，在弹出的快捷菜单中执行"创建"命令，打开其子菜单，如图5-35所示，然后从中执行"从文字创建蒙

版"命令即可。此时，After Effects将提取每个字符的轮廓创建蒙版，并将每个字符的轮廓作为一个独立的蒙版放置在新的纯色图层上，如图5-36所示。原文本图层会被保留。

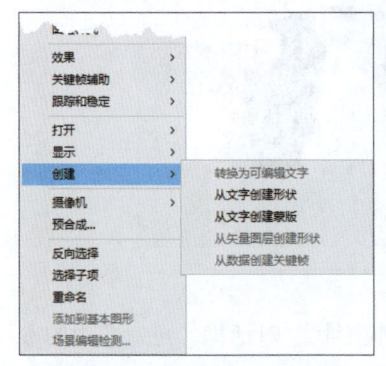

图 5-35 "创建"子菜单

图 5-36 从文本创建的蒙版

5.3 蒙版属性编辑

创建蒙版后，在"时间轴"面板中的"蒙版"属性组中，可以对"蒙版路径""蒙版羽化"等属性进行编辑，如图5-37所示。下面将对蒙版属性进行介绍。

图 5-37 "蒙版"属性组

■5.3.1 蒙版路径

蒙版路径影响着蒙版的形状，用户可以通过移动、增加或减少蒙版路径上的控制点，改变蒙版路径。图5-38和图5-39所示为调整蒙版路径前后的效果。

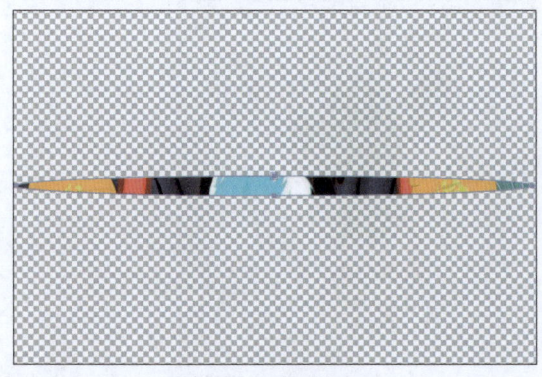

图 5-38 原蒙版路径

图 5-39 调整后蒙版路径

通过为"蒙版路径"属性添加关键帧,可以制作出蒙版形状变化的动画效果,如图5-40所示。

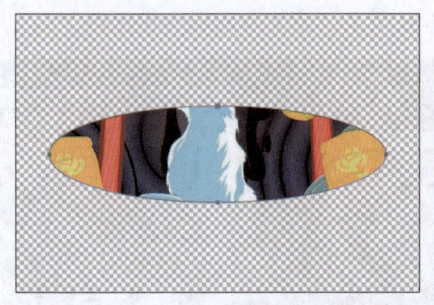

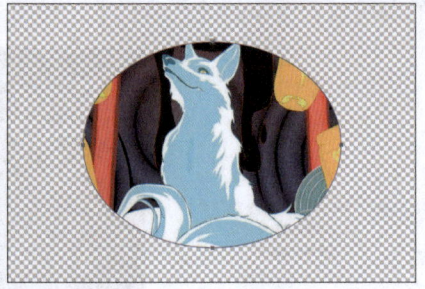

图 5-40　蒙版形状变化的动画效果

单击"蒙版路径"属性右侧的"形状..."文本,打开"蒙版形状"对话框,可对其中的参数进行设置,如图5-41和图5-42所示。可以通过"定界框"参数确定蒙版路径距离合成四周的位置,从而拉伸蒙版路径,还可以选择将蒙版路径重置为矩形或椭圆。

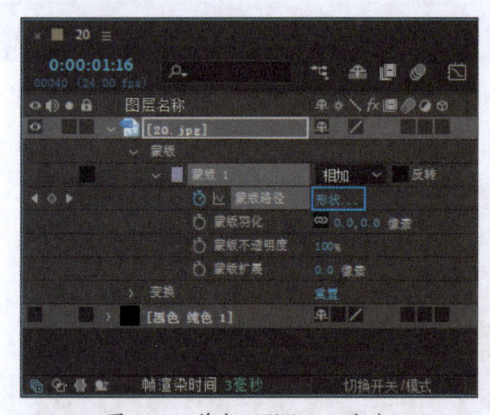

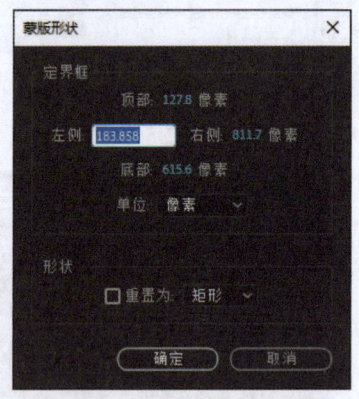

图 5-41　单击"形状..."文本　　　　图 5-42　"蒙版形状"对话框

■5.3.2　蒙版羽化

与蒙版羽化工具类似,"蒙版羽化"属性也可以柔化处理蒙版边缘,制作出边缘虚化的效果。图5-43和图5-44所示为蒙版羽化前后的效果。二者的不同之处在于,蒙版羽化工具可以控制向内或向外羽化,而"蒙版羽化"属性是内外双向羽化。

图 5-43　原蒙版　　　　图 5-44　蒙版羽化效果

"蒙版羽化"属性默认包括水平方向和垂直方向两个属性值，单击取消"约束比例"按钮，可以制作仅水平方向或仅垂直方向的羽化效果，如图5-45和图5-46所示。

图 5-45　水平方向羽化效果　　　　图 5-46　垂直方向羽化效果

5.3.3　蒙版不透明度

"蒙版不透明度"属性影响蒙版内区域的显示效果，数值越低，蒙版越透明。图5-47和图5-48所示为不同不透明度的蒙版效果。为"蒙版不透明度"属性添加关键帧，可以制作蒙版对象逐渐出现或逐渐消失的动画效果。

图 5-47　原蒙版　　　　图 5-48　降低不透明度后的蒙版效果

5.3.4　蒙版扩展

"蒙版扩展"属性可以扩展或收缩蒙版区域范围。当属性值为正值时，将在原蒙版的基础上进行扩展，如图5-49所示；当属性值为负值时，将在原蒙版的基础上进行收缩，如图5-50所示。

> 提示：蒙版扩展本质上是一个量的偏移，不会影响蒙版路径。

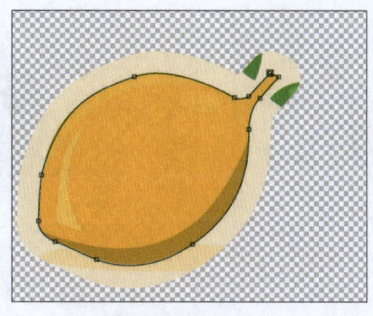

图 5-49　扩展蒙版　　　　图 5-50　收缩蒙版

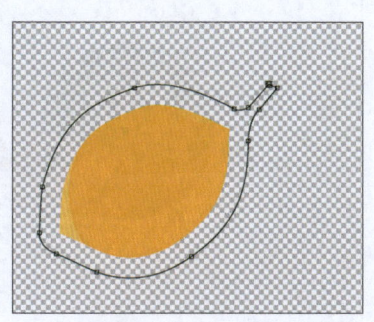

5.3.5 蒙版混合模式

蒙版混合模式可以控制图层中蒙版间的交互效果，创建复合蒙版效果，默认混合模式为"相加"，如图5-51所示。

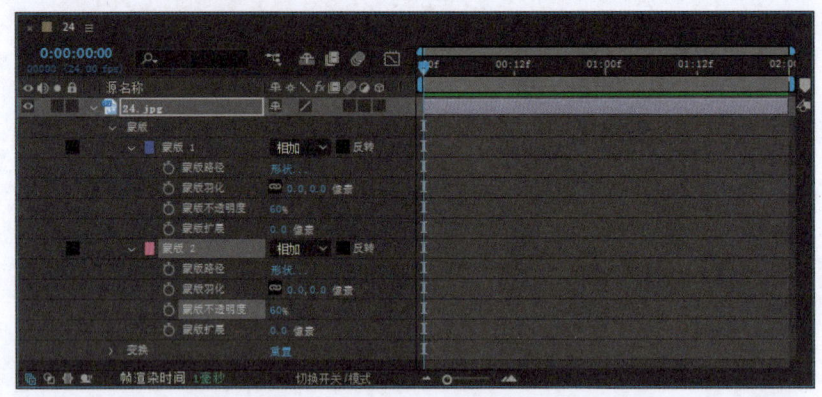

图 5-51　默认的蒙版混合模式

各蒙版混合模式的作用介绍如下：

1. 无

选择此模式，路径将不会对图层产生遮罩效果，但仍然可以用于各种动画和视觉效果，如描边、光线动画或路径动画等。

2. 相加

如果绘制的蒙版中有两个或两个以上的图形，选择"相加"模式可将当前蒙版添加到堆积顺序位于它上面的蒙版中，蒙版的影响将与位于它上面的蒙版累加。例如，设置"蒙版2"的混合模式为"相加"，效果如图5-52所示（本节所举例子中，"蒙版1"对应的是整个西瓜，"蒙版2"对应的是一牙西瓜，"蒙版1"位于"蒙版2"之上）。

3. 相减

选择"相减"模式，将从位于该蒙版上面的蒙版中减去其影响，创建镂空的效果。例如，设置"蒙版2"的混合模式为"相减"，效果如图5-53所示。

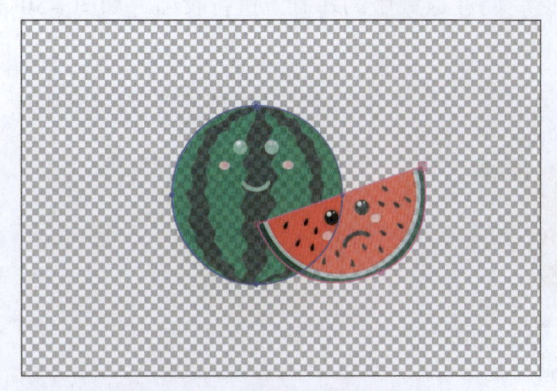

图 5-52　"相加"模式效果　　　　　　　　图 5-53　"相减"模式效果

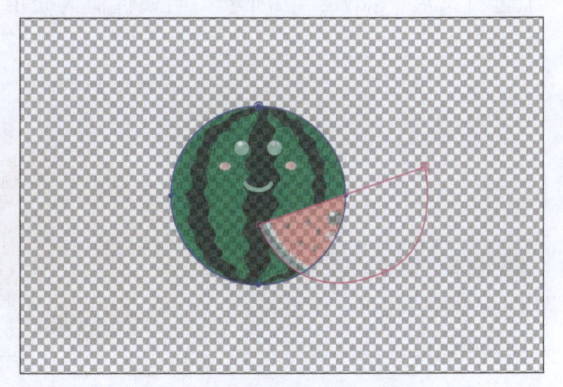

4. 交集

"交集"模式下,蒙版将添加到堆积顺序位于它上面的蒙版中。在蒙版与位于它上面的蒙版重叠的区域中,该蒙版的影响将与位于它上面的蒙版累加。在蒙版与位于它上面的蒙版不重叠的区域中,结果是完全不透明。例如,设置"蒙版2"的混合模式为"交集",效果如图5-54所示。

5. 变亮

对于可视范围区域,"变亮"模式与"相加"模式相同。但对于重叠处的不透明度,则采用不透明度较高的值。例如,设置"蒙版2"的混合模式为"变亮",效果如图5-55所示。

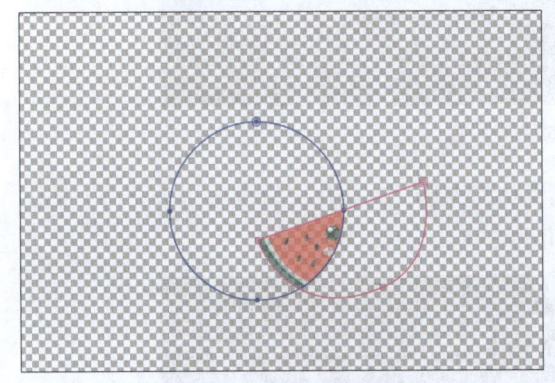

图 5-54 "交集"模式效果

图 5-55 "变亮"模式效果

6. 变暗

对于可视范围区域,"变暗"模式与"相减"模式相同。但对于重叠处的不透明度,则采用不透明度较低的值。例如,设置"蒙版2"的混合模式为"变暗",效果如图5-56所示。

7. 差值

"差值"模式下,蒙版将添加到堆积顺序位于它上面的蒙版中。在蒙版与位于它上面的蒙版不重叠的区域中,将应用该蒙版,就好像图层上仅存在该蒙版一样;在蒙版与位于它上面的蒙版重叠的区域中,将从位于它上面的蒙版中抵消该蒙版的影响。例如,设置"蒙版2"的混合模式为"差值",效果如图5-57所示。

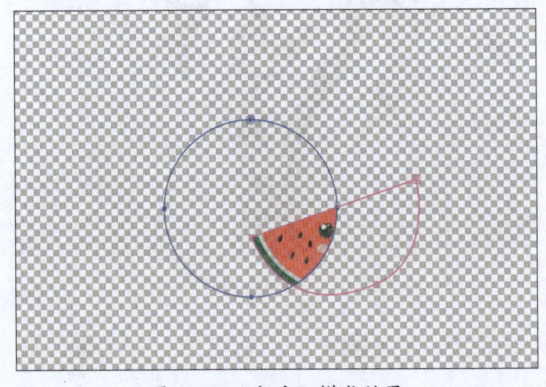

图 5-56 "变暗"模式效果

图 5-57 "差值"模式效果

5.4 遮罩的创建与编辑

After Effects中的遮罩一般指轨道遮罩，可以让一个图层通过另一个图层定义的孔显示出来。合成中的任何图层均可作为其他图层的轨道遮罩层，并且可以根据图层的Alpha通道或亮度信息创建遮罩效果。在"时间轴"面板中，轨道遮罩菜单和混合模式菜单共同位于"模式"列中，显示"模式"列后即可看到轨道遮罩菜单，如图5-58所示。

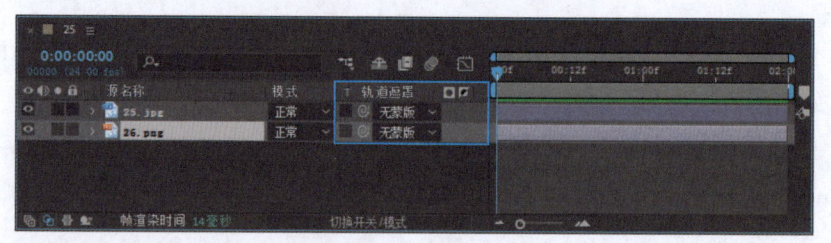

图 5-58　轨道遮罩菜单

在轨道遮罩层选择菜单中选择要作为轨道遮罩层的图层，或按住"轨道遮罩关联器"按钮向轨道遮罩源图层拖曳，将创建遮罩效果，如图5-59所示。

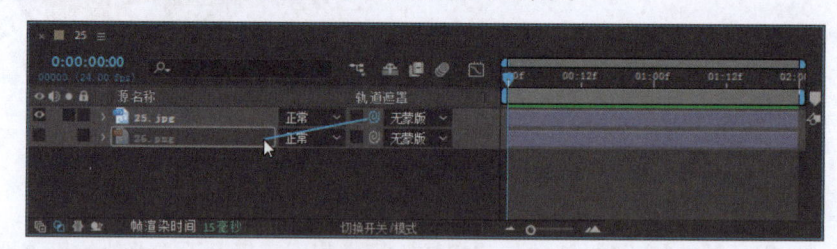

图 5-59　创建轨道遮罩

遮罩前后的对比效果如图5-60和图5-61所示。

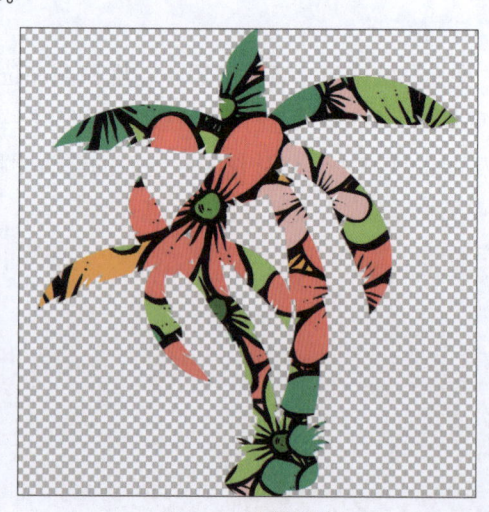

图 5-60　原素材　　　　图 5-61　遮罩效果

将图层设置为轨道遮罩层后，将启用"Alpha/亮度"开关和"反转遮罩"开关，如图5-62所示。

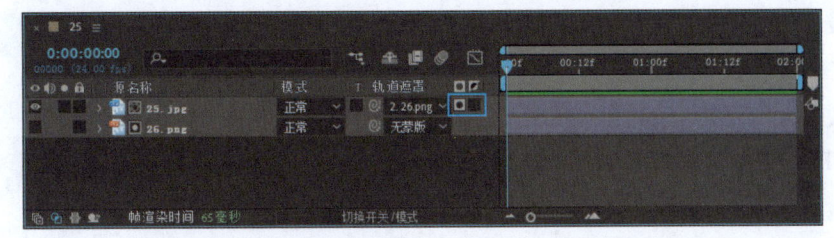

图 5-62　启用的"Alpha/亮度"开关和"反转遮罩"开关

单击"Alpha/亮度"开关可以切换轨道遮罩为Alpha遮罩或亮度遮罩，图5-63所示为亮度遮罩效果。单击"反转遮罩"开关可以设置是否反转遮罩效果，图5-64所示为反转亮度遮罩效果。

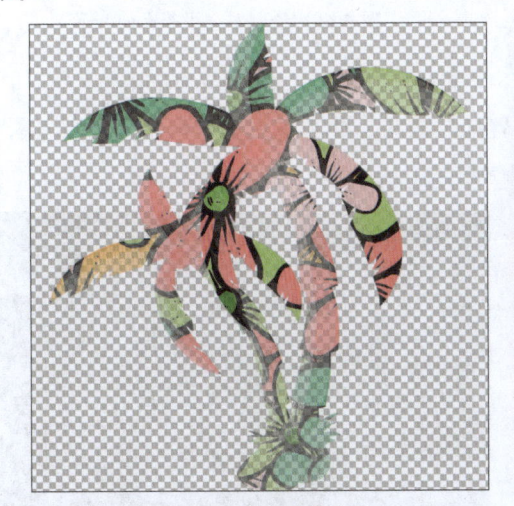

图 5-63　亮度遮罩效果　　　　　　图 5-64　反转亮度遮罩效果

5.5　实战演练：船行海上动画

通过蒙版和遮罩，可以轻松制作出各种视觉效果和动画。本实战演练将通过蒙版和遮罩制作船行海上动画效果。

步骤 01 打开After Effects软件，单击"主页"中的"新建项目"按钮新建项目，单击"合成"面板中的"新建合成"按钮，打开"合成设置"对话框，设置参数，如图5-65所示。

扫码观看视频

图 5-65　设置合成参数

143

步骤 02 完成后单击"确定"按钮，新建合成。双击"工具"面板中的矩形工具，创建一个与合成等大的矩形，设置描边为无、填充颜色为#7FC7FF，效果如图5-66所示。然后锁定该图层。

图 5-66 绘制与合成等大的矩形

步骤 03 取消选择图层，选择矩形工具，在合成下半部分绘制矩形，如图5-67所示。

步骤 04 在"效果和预设"面板中搜索出"湍流置换"效果，将其拖曳至"形状图层2"上，然后在"效果控件"面板中设置参数，如图5-68所示。

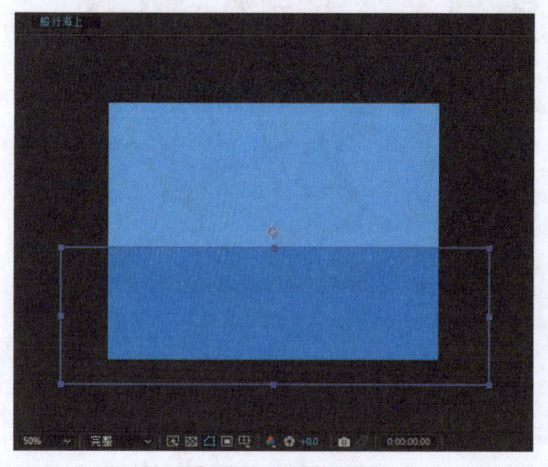

图 5-67 绘制矩形

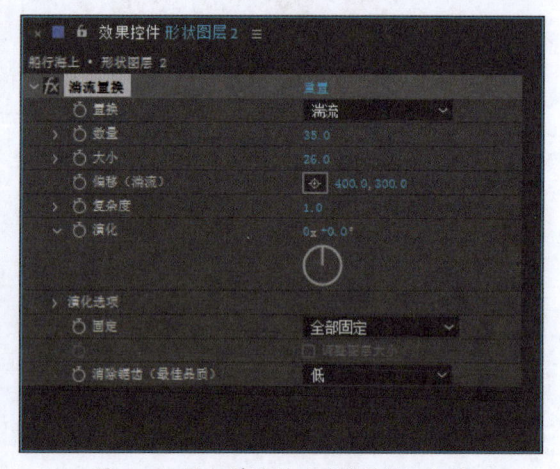

图 5-68 添加并设置"湍流置换"效果

步骤 05 移动当前时间指示器至0:00:00:00处，单击"演化"属性左侧的"时间变化秒表"按钮添加关键帧。移动当前时间指示器至0:00:04:23处，设置"演化"属性值为"2×+0.0°"，软件将自动添加关键帧，如图5-69所示。

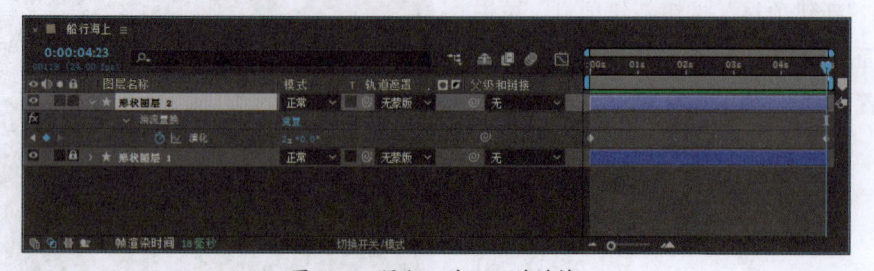

图 5-69 添加"演化"关键帧

步骤 06 选中"形状图层2"，按Ctrl+D组合键复制，调整图层顺序，并设置"形状图层3"的

"演化"属性值为"1×+0.0°",如图5-70所示。

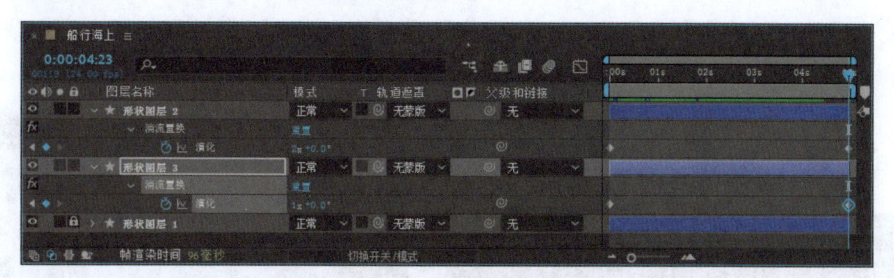

图 5-70 调整复制图层的属性值

步骤07 选中"形状图层3",在"效果控件"面板中设置参数,如图5-71所示。
步骤08 在"合成"面板中调整"形状图层3"中的对象位置,并设置颜色为#1687DF,效果如图5-72所示。

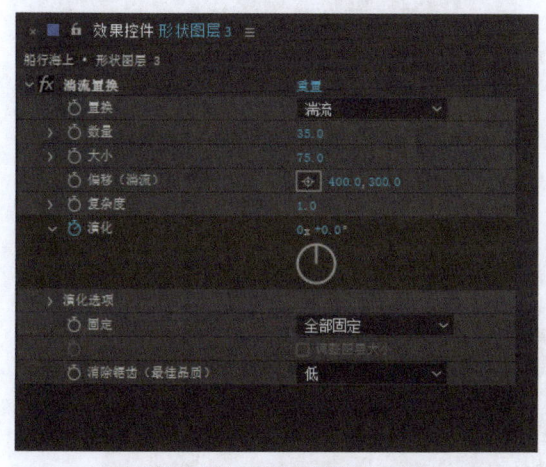

图 5-71 设置"湍流置换"效果1

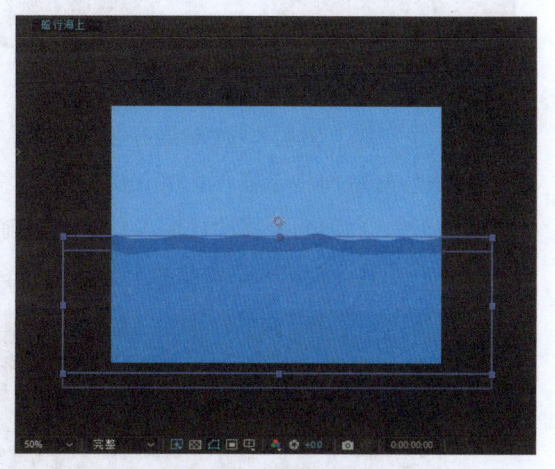

图 5-72 调整形状颜色1

步骤09 使用相同的方法,再次复制图层并调整,如图5-73和图5-74所示。

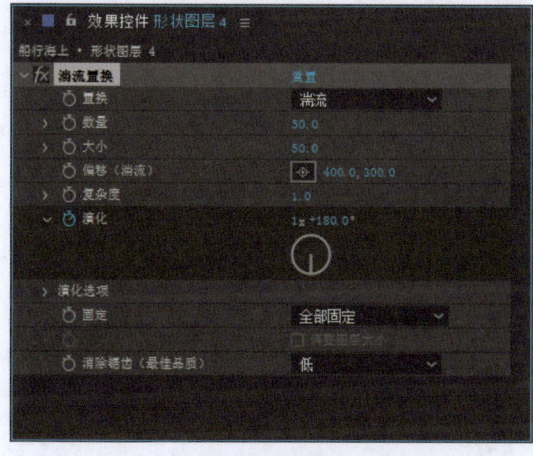

图 5-73 调整"湍流置换"效果2

图 5-74 调整形状颜色2

步骤10 按Ctrl+I组合键导入本模块素材文件"船.ai",在弹出的"船.ai"对话框中设置参数,如

图5-75所示。

步骤 11 完成后单击"确定"按钮导入。将"船"合成拖曳至"时间轴"面板中"形状图层2"的下方,在"合成"面板中调整位置,如图5-76所示。

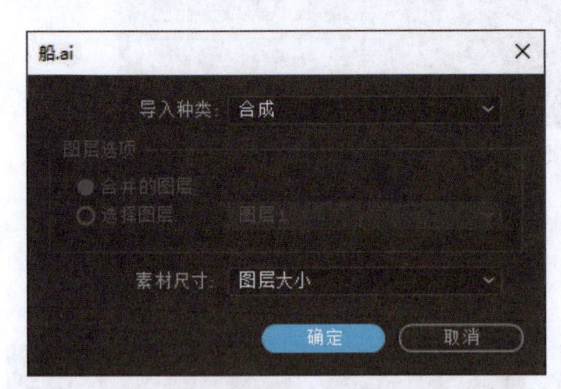

图 5-75 设置导入参数　　　　　图 5-76 调整素材位置

步骤 12 选中"船"图层,按P键展开其"位置"属性,在0:00:00:00处为"位置"属性添加关键帧。移动当前时间指示器至0:00:00:05处,将船向下移动10像素;移动当前时间指示器至0:00:00:10处,将船向上移动10像素;移动当前时间指示器至0:00:00:15处,将船向上移动10像素。软件将在这三处位置自动添加"位置"关键帧,如图5-77所示。

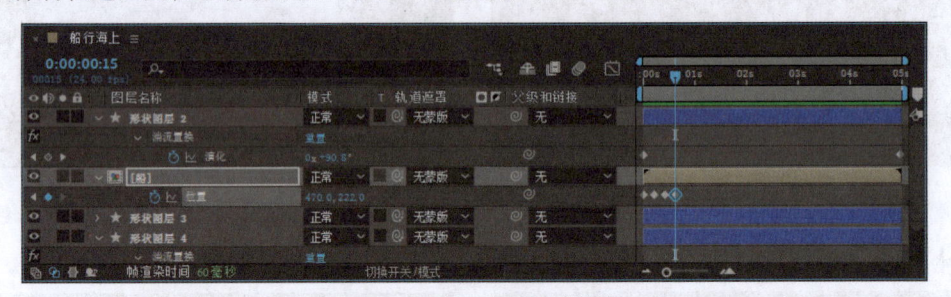

图 5-77 添加"位置"关键帧

步骤 13 移动当前时间指示器至0:00:00:20处,选中所有"位置"关键帧,按Ctrl+C组合键复制,再按Ctrl+V组合键粘贴,如图5-78所示。

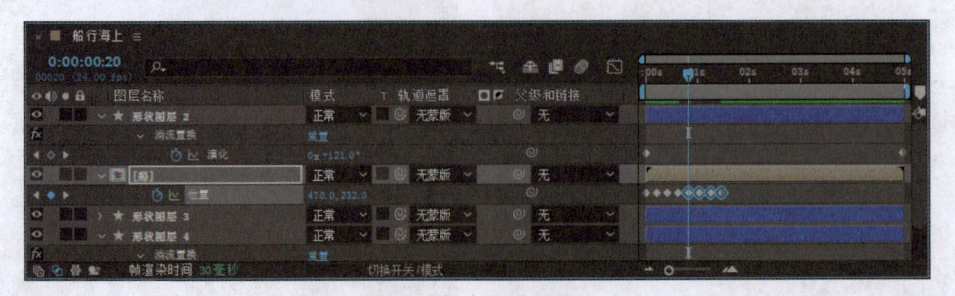

图 5-78 复制关键帧

步骤 14 重复**步骤 12**和**步骤 13**的操作,效果如图5-79所示。选中所有"位置"关键帧,按F9键创建缓动。

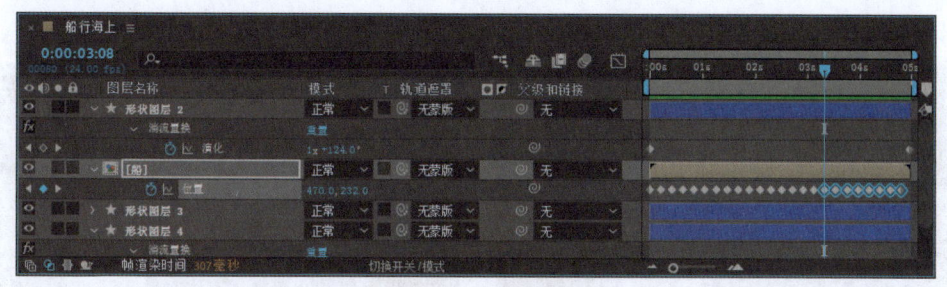

图 5-79 复制关键帧

步骤 15 选中"船"图层并右击,在弹出的快捷菜单中执行"预合成"命令,打开"预合成"对话框,在其中设置参数,如图5-80所示。

步骤 16 完成后单击"确定"按钮创建预合成,得到"船运动"图层,如图5-81所示。

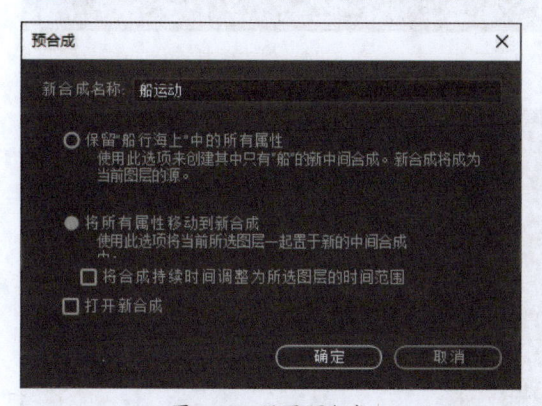

图 5-80 设置预合成

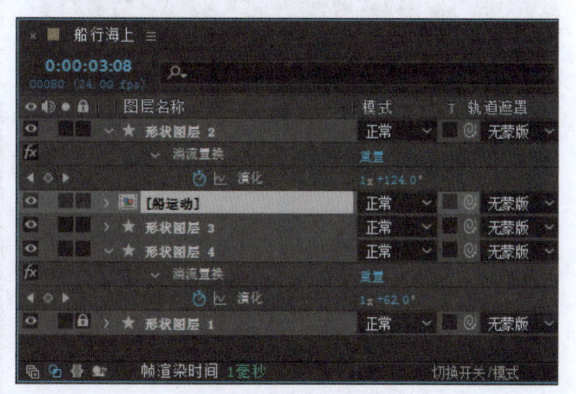

图 5-81 创建的预合成

步骤 17 选中"船运动"图层,按P键打开"位置"属性,在0:00:00:00处为"位置"属性添加关键帧,在0:00:04:23处设置"位置"属性值,使船左移,软件将自动添加关键帧,如图5-82所示。选中"船运动"图层中的所有"位置"关键帧,按F9键创建缓动。

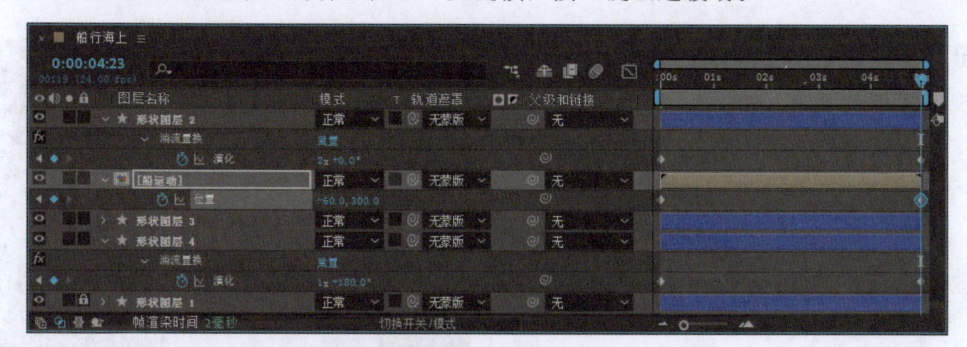

图 5-82 添加"位置"关键帧

步骤 18 取消选择图层,按住Shift键使用椭圆工具绘制圆形,并设置填充颜色为#FF7E00,效果如图5-83所示。

步骤 19 选中圆形所在的"形状图层5",选择椭圆工具,在"工具"面板中激活"工具创建蒙版"按钮,在"合成"面板中按住Shift键拖曳绘制圆形蒙版,在"时间轴"面板的"蒙版"

属性组中勾选"反转"复选框,效果如图5-84所示。

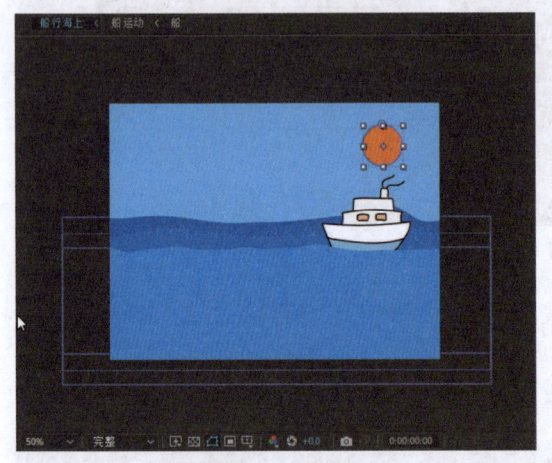

图 5-83 绘制圆形

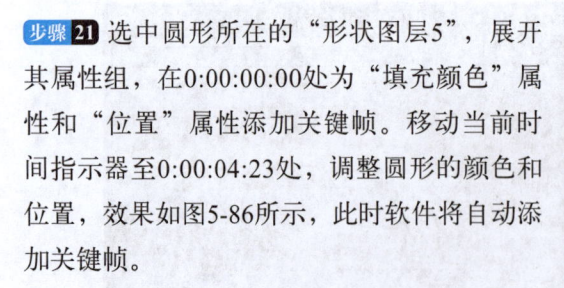

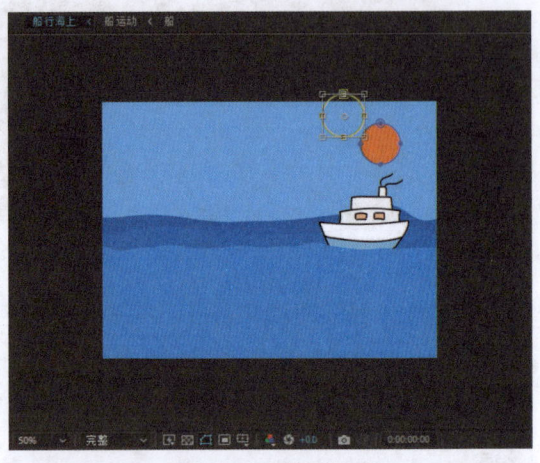

图 5-84 创建蒙版

步骤 20 展开"蒙版"属性组,在0:00:00:00处为"蒙版路径"属性添加关键帧。移动当前时间指示器至0:00:04:23处,选中"蒙版1"属性组,按Ctrl+T组合键进入变换状态,在"合成"面板中调整蒙版路径的位置,如图5-85所示,此时软件将自动添加关键帧。

图 5-85 调整蒙版路径的位置

步骤 21 选中圆形所在的"形状图层5",展开其属性组,在0:00:00:00处为"填充颜色"属性和"位置"属性添加关键帧。移动当前时间指示器至0:00:04:23处,调整圆形的颜色和位置,效果如图5-86所示,此时软件将自动添加关键帧。

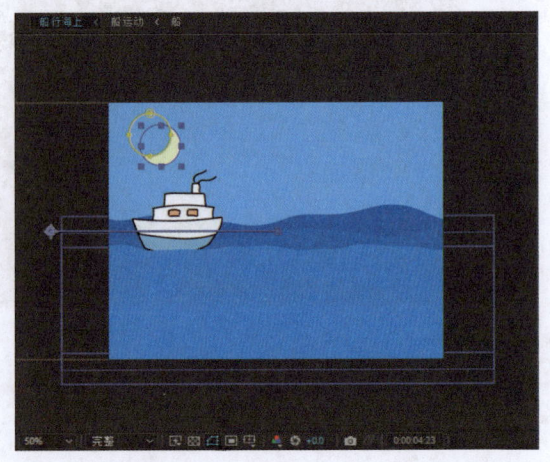

图 5-86 调整圆形的颜色和位置

步骤22 执行"图层"→"新建"→"调整图层"命令，新建一个调整图层，并将其拖曳至圆形所在的"形状图层5"下方。在"效果和预设"面板中搜索出"曲线"效果，将其拖曳至调整图层上。在0:00:00:00处为"曲线"属性添加关键帧。移动当前时间指示器至0:00:04:23处，在"效果控件"面板中设置参数，如图5-87所示，此时软件将自动添加关键帧。效果如图5-88所示。

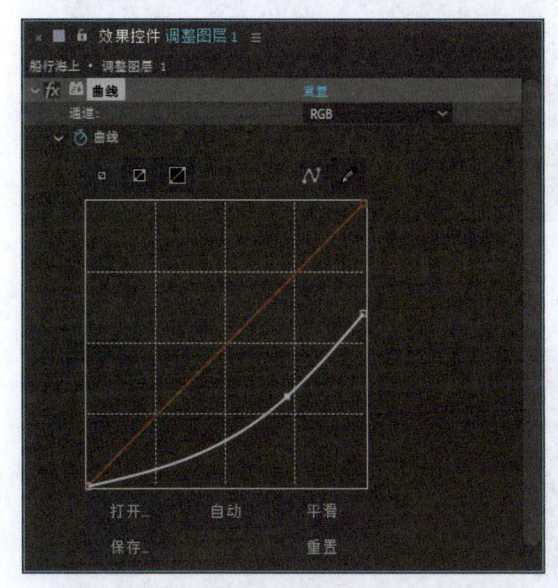

图 5-87 添加并调整"曲线"效果

图 5-88 调整后效果

步骤23 取消选择图层。选择文本工具，在"合成"面板中单击输入文本，在"属性"面板中设置自己喜欢的字体和字号，效果如图5-89所示。

步骤24 取消选择图层。使用矩形工具绘制能够覆盖文本的矩形，如图5-90所示。

图 5-89 输入文本

图 5-90 绘制矩形

步骤25 选中矩形所在的"形状图层6"，按P键展开"位置"属性，在0:00:04:00处为"位置"属性添加关键帧。移动当前时间指示器至0:00:01:00处，设置"位置"属性，软件将自动添加关键帧，如图5-91所示。选中"形状图层6"中的所有"位置"关键帧，按F9键创建缓动。

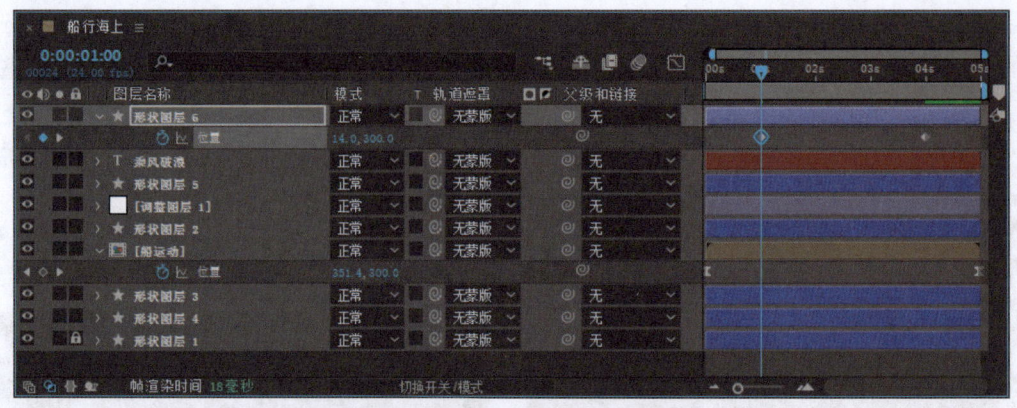

图 5-91 添加"位置"关键帧

步骤26 设置文本图层的轨道遮罩为"形状图层6",如图5-92所示。

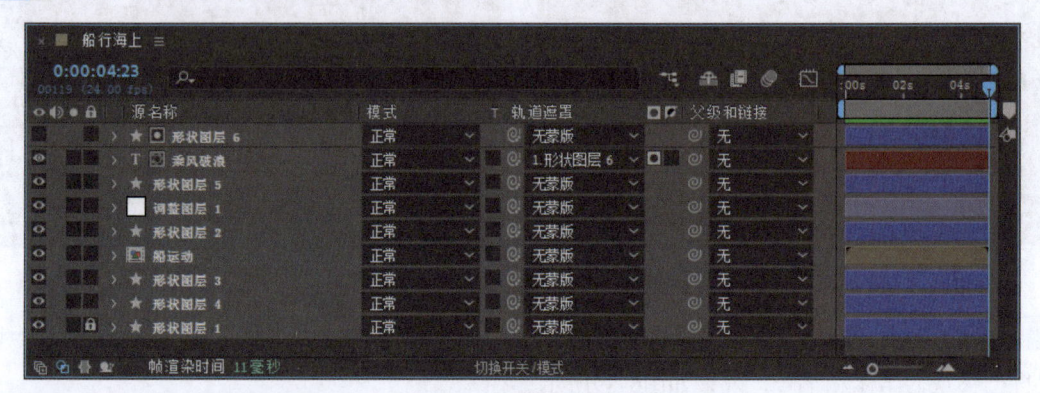

图 5-92 创建轨道遮罩

步骤27 取消选择图层,使用椭圆工具绘制椭圆和圆形,制作云朵,如图5-93所示。

步骤28 选中云朵所在的"形状图层7",按P键展开其"位置"属性,在0:00:00:00处为"位置"属性添加关键帧,如图5-94所示。

图 5-93 绘制云朵

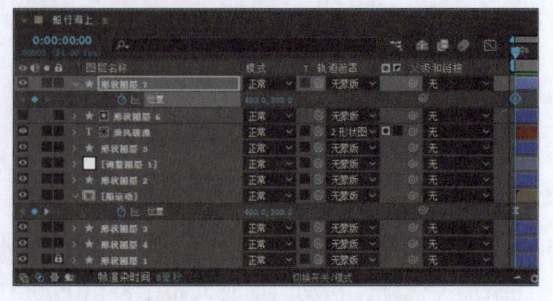

图 5-94 添加"位置"关键帧

步骤29 移动当前时间指示器至0:00:04:23处,在"合成"面板中向左移动云朵,软件将自动生成"位置"关键帧,如图5-95所示。

图 5-95　继续添加"位置"关键帧

步骤30 将"形状图层7"移动至调整图层下方,连续按三次Ctrl+D组合键,复制出三个云朵图形,如图5-96所示。

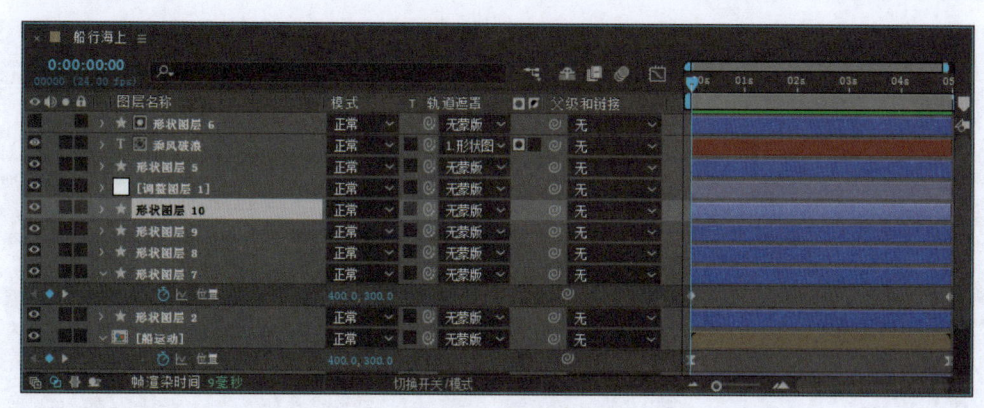

图 5-96　复制图层

步骤31 移动当前时间指示器至0:00:00:00处,在"合成"面板中调整各云朵的位置和大小,如图5-97所示。

步骤32 移动当前时间指示器至0:00:04:23处,在"合成"面板中调整各云朵的位置,如图5-98所示。

图 5-97　调整复制出的云朵的位置和大小　　　　图 5-98　调整云朵位置

步骤33 选中"形状图层7"～"形状图层10"的所有"位置"关键帧，按F9键创建缓动，如图5-99所示。

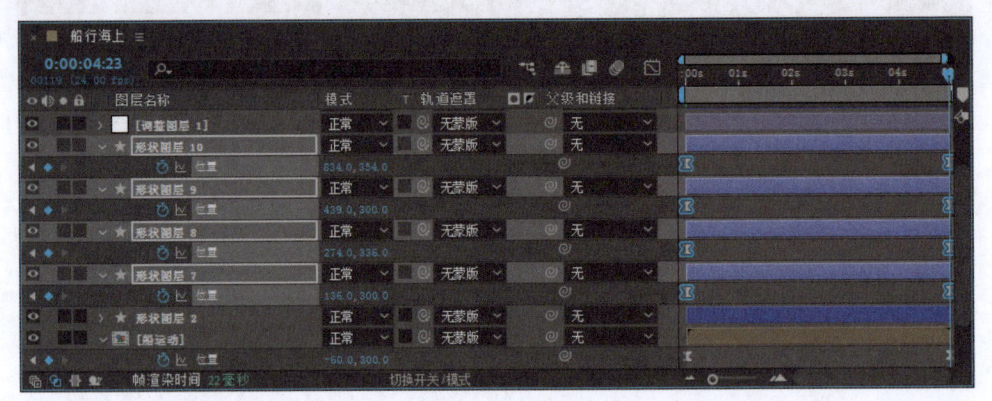

图 5-99 创建缓动

步骤34 按空格键预览，效果如图5-100所示。

图 5-100 预览效果

至此，完成船行海上动画的制作。

模块 6 形状动画

内容概要

形状是MG动画中构建视觉元素的基础，也是传达动画信息、增强动画视觉效果的重要工具。通过巧妙运用形状，设计师能够创作出极具创意、动人心弦的MG动画作品。本模块将对形状及形状的路径操作进行介绍。

数字资源

【本模块素材】："素材文件\模块6"目录下

【本模块实战演练最终文件】："素材文件\模块6\实战演练"目录下

6.1 形状与形状图层

形状在MG动画中不仅是构建视觉元素的基础，还起到动态表现、增强艺术美感等作用。通过灵活运用形状，设计师能够创作出更具表现力和视觉冲击力的动画作品。本节将对形状与形状图层进行介绍。

■ 6.1.1 认识形状图层

形状图层是由矢量形状构成的图层，可以包含矩形、圆形等多种形状，这些形状具有独立的属性，可以单独进行编辑，如图6-1所示。

图6-1 形状图层属性组

在未选中图层的情况下，使用矩形工具、钢笔工具等工具，在"合成"面板中绘制形状，"时间轴"面板中将自动创建形状图层。用户也可以执行"图层"→"新建"→"形状图层"命令新建形状图层。若想在当前形状图层中绘制形状，选中形状图层后，使用工具绘制即可。

■ 6.1.2 创建形状

用户可以使用钢笔工具和形状工具创建形状，也可以从矢量图形或文本创建形状。下面将对此进行介绍。

1. 使用形状工具创建形状

形状工具包括矩形工具、圆角矩形工具、椭圆工具、多边形工具和星形工具。在"工具"面板中选中这些工具，在未选中图层的情况下，在"合成"面板中按住鼠标左键拖曳绘制即可。图6-2所示为绘制的不同形状。

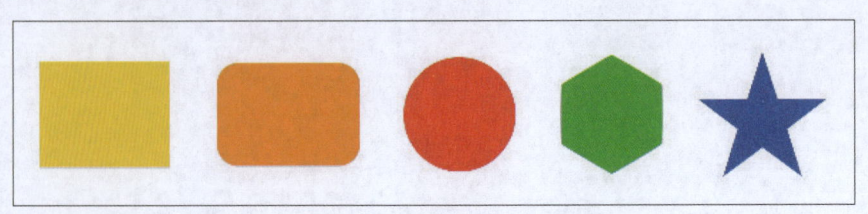

图6-2 用形状工具绘制的不同形状

选中形状工具后，在"工具"面板中可以设置填充和描边的效果，如图6-3所示。单击"填充"字样或"描边"字样，还将打开"填充选项"对话框或"描边选项"对话框，对填充或描边的类型、混合模式及不透明度进行设置，如图6-4和图6-5所示。

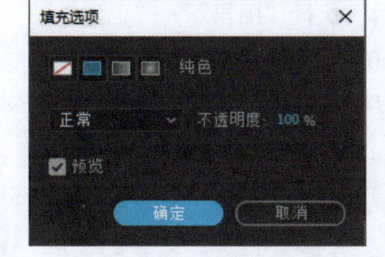

图6-3 设置填充和描边　　　图6-4 "填充选项"对话框　　　图6-5 "描边选项"对话框

> 提示：双击形状工具（矩形工具和椭圆工具），将创建与当前合成等大的形状。

2. 使用钢笔工具创建形状

钢笔工具可以绘制具有贝塞尔曲线路径的形状。在未选中图层的情况下，选中钢笔工具，在"合成"面板中的合适位置单击确定第一个顶点的位置，移动鼠标指针后，单击将创建直线线段，按住鼠标左键拖曳将创建平滑曲线，如图6-6和图6-7所示。使用相同的方法，继续确定其他顶点，然后移动鼠标指针至第一个顶点处，单击将闭合路径。

图6-6 绘制直线线段　　　图6-7 绘制平滑曲线

> 提示：单击放置某个顶点后，若未释放鼠标左键，按住空格键移动鼠标指针可重新放置该顶点。

3. 将矢量素材转换为形状

基于矢量插画素材可以创建形状图层，并进行修改。选中导入的矢量插画素材，执行"图层"→"创建"→"从矢量图层创建形状"命令，将在该素材图层上方创建一个匹配的形状图层，如图6-8所示。

图6-8 将矢量素材转换为形状

4.将文本转换为形状

"从文字创建形状"命令可以提取文本字符的轮廓,并基于这些轮廓创建形状,放置在一个新的形状图层上。选择文本后,执行"图层"→"创建"→"从文字创建形状"命令即可将文本转换为形状。图6-9和图6-10所示为转换前后的对比效果。

图 6-9　文本效果

图 6-10　将文本转换为形状后的效果

文本被转换为形状后,选择钢笔工具,将显示形状上的锚点,如图6-11所示。用户可以通过调整锚点改变文本形状的路径,如图6-12所示。

图 6-11　显示形状上的锚点

图 6-12　调整形状

6.2　编辑形状

描边和填充是形状的重要属性,影响着形状最终呈现的效果。创建形状后,用户可以对形状的描边和填充进行编辑,下面将对此进行介绍。

■6.2.1　形状的描边

形状的描边属于绘画操作,可以为形状添加轮廓,使其更加突出。在使用形状工具或钢笔工具绘制形状之前,用户可以在"工具"面板中设置描边,如图6-13所示。设置完成后,在"合成"面板中绘制形状,该形状将具备描边效果,如图6-14所示。

若对形状的描边效果不满意，可以选中形状后，在"工具"面板中重新设置，也可以在"时间轴"面板中形状图层的描边属性组下或"属性"面板的"形状属性"选项组中进行设置，如图6-15和图6-16所示。

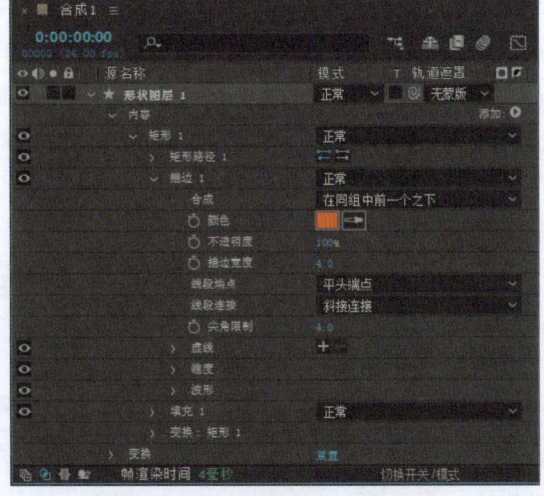

图6-13 设置描边

图6-14 描边效果

图6-15 在"时间轴"面板中设置

图6-16 在"属性"面板中设置

"时间轴"面板中部分描边属性组的选项介绍如下：

- **合成**：用于设置多个描边的合成效果。
- **颜色**：用于设置描边颜色。若想设置描边为渐变颜色，则需要选中形状后，单击"工具"面板中的"描边"字样，打开"描边选项"对话框进行设置，或在"属性"面板中设置。也可以单击"时间轴"面板中形状图层下"内容"属性右侧的"添加"按钮，在弹出的菜单中执行"渐变描边"命令，为该形状添加新的渐变描边属性，再进行设置，如图6-17所示。单击"编辑渐变..."字样可打开"渐变编辑器"对话框，从中设置渐变颜色，如图6-18所示。

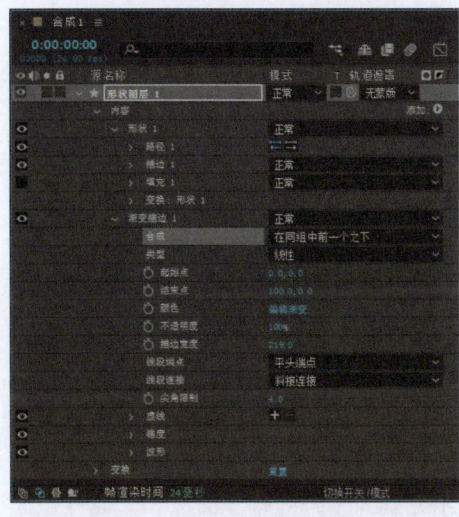

图6-17 添加的渐变描边属性

图6-18 "渐变编辑器"对话框

- **描边宽度**：用于设置描边宽度。
- **线段端点**：用于设置线段末端的外观，包括"平头端点""圆头端点""矩形端点"三种类型。这三种类型的线段端点的效果如图6-19所示。
- **线段连接**：用于设置路径拐角处的外观，包括"斜接连接""圆角连接""斜面连接"三种类型。这三种类型的线段连接的效果如图6-20所示。在选择"斜接连接"时，该属性下方将出现"尖角限制"选项，用于设置哪些情况下使用斜面连接而不是斜接连接，默认数值为4，表示当点的长度达到描边粗细的四倍时，将改用斜面连接。

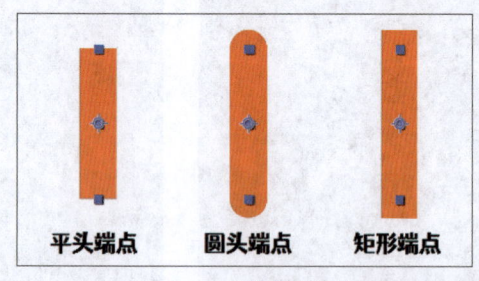

图 6-19　线段端点效果　　　　　图 6-20　线段连接效果

- **虚线**：用于设置虚线描边效果。单击该属性中的"添加虚线或间隙"按钮➕可添加虚线或间隙效果。
- **锥度**：用于设置描边锥度，图6-21所示为该属性选项，根据需要设置即可。图6-22所示为设置的锥度效果。

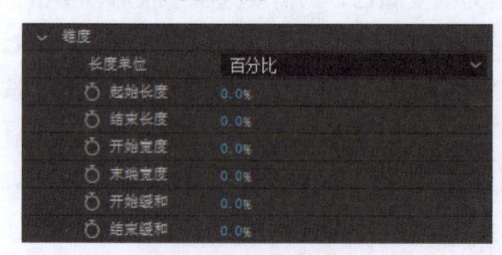

图 6-21　"锥度"属性选项　　　　图 6-22　锥度效果

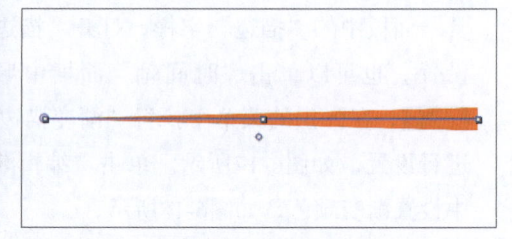

- **波形**：用于设置描边波形效果，图6-23所示为该属性选项，设置后效果如图6-24所示。

图 6-23　"波形"属性选项　　　　图 6-24　波形效果

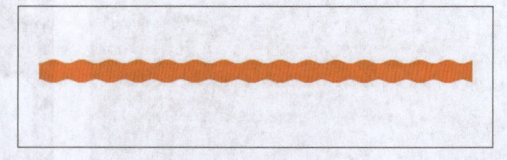

6.2.2　形状的填充

填充可以赋予形状更加丰富的视觉效果，增加动画和图形的视觉吸引力。用户可以在绘制形状之前，在"工具"面板中设置形状的填充，也可以绘制后，在"工具"面板中，或"时间轴"面板、"属性"面板中进行设置。图6-25和图6-26所示分别为"时间轴"面板和"属性"面板中的填充属性。

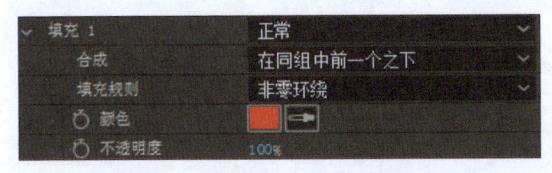

图 6-25 "时间轴"面板中的填充属性

图 6-26 "属性"面板中的填充属性

"时间轴"面板中填充属性组的部分选项介绍如下：
- **混合模式**：用于设置填充的混合模式。
- **填充规则**：用于设置自相交路径或复合路径定义路径内部的规则，以便在路径内部区域填充颜色，包括"非零环绕"和"奇偶"两种规则。这两种规则都统计从某个点穿过路径向路径环绕的区域外部绘制直线的次数，"非零环绕"填充规则考虑路径方向，"奇偶"填充规则不考虑。图6-27和图6-28所示分别为选择"非零环绕"和"奇偶"的效果。
- **颜色**：用于设置填充的颜色。若想设置渐变填充，可以在"工具"面板或"属性"面板中选择渐变类型，再进行设置。

图 6-27 "非零环绕"填充规则效果

图 6-28 "奇偶"填充规则效果

6.3 形状的路径操作

路径影响形状的造型，After Effects中提供了多种类似于效果的路径操作，这些操作以非破坏性的方式作用于形状的路径，能够帮助用户创建复杂的形状和动画效果。下面将对此进行介绍。

6.3.1 合并路径

"合并路径"选项可用于将多个路径合并为一个复合路径。在一个形状图层中绘制多个形状，在"时间轴"面板中单击"添加"按钮，在弹出的菜单中执行"合并路径"命令，将在形状图层的属性组中添加合并路径属性，其下的"模式"下拉列表中包括"合并""相加""相减""相交""排除交集"5个选项，如图6-29所示。

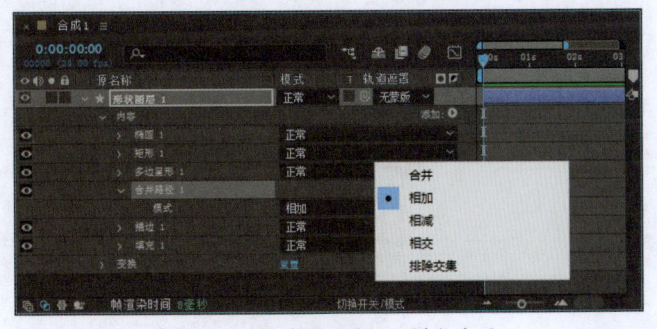

图 6-29 合并路径属性的模式选项

下面介绍5种模式选项的作用。

- **合并**：选择该选项，可以将所有输入路径合并为单个复合路径。图6-30和图6-31所示为原形状和合并效果。

图 6-30　原形状

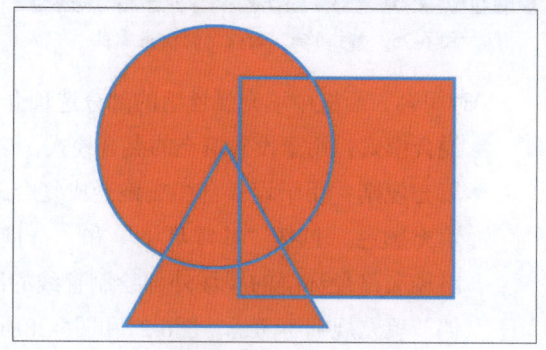

图 6-31　"合并"模式效果

- **相加**：创建环绕输入路径的区域并集的路径。图6-32所示为选择"相加"时的效果。
- **相减**：创建一个从最上方路径区域中减去下方路径区域的路径。图6-33所示为选择"相减"时的效果。

图 6-32　"相加"模式效果

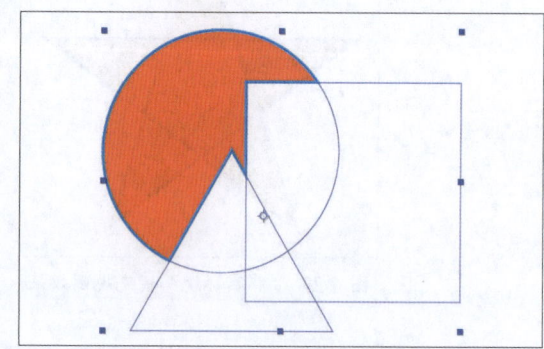

图 6-33　"相减"模式效果

- **相交**：创建一个仅保留交集区域的路径。图6-34所示为选择"相交"时的效果。
- **排除交集**：创建路径，该路径是由所有输入路径定义的区域的并集减去所有输入路径之间的交集定义的区域。图6-35所示为选择"排除交集"时的效果。

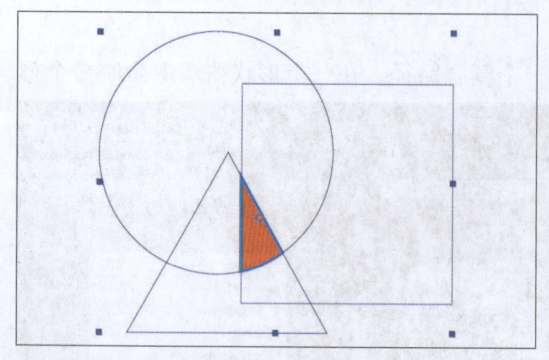

图 6-34　"相交"模式效果

图 6-35　"排除交集"模式效果

■ 6.3.2 位移路径

"位移路径"选项可用于使路径相对于原始路径产生位移,从而扩展或收缩形状。在"时间轴"面板中单击形状图层属性组中的"添加"按钮,在弹出的菜单中执行"位移路径"命令,将在形状图层的属性组中添加位移路径属性,如图6-36所示。

图 6-36 位移路径属性

位移路径属性中部分选项的作用介绍如下:

- **数量**:用于设置偏移的数值。对于闭合路径,"数量"值为正时将扩展形状,"数量"值为负时将收缩形状。
- **副本**:用于设置副本的数量,数值越高,副本越多。
- **复制偏移**:用于向外或向内移动形状。图6-37和图6-38所示的是"副本"为5时,设置复制偏移前后的对比效果。

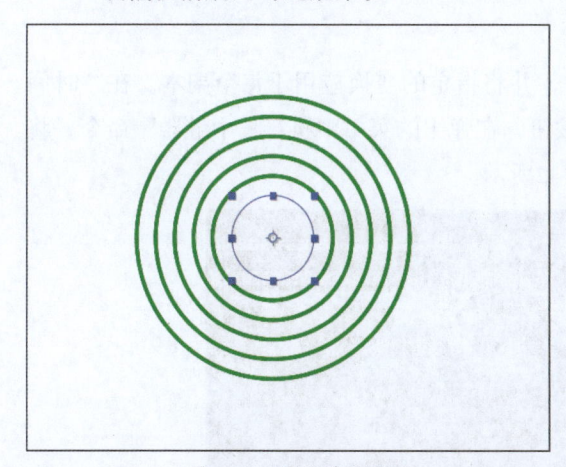

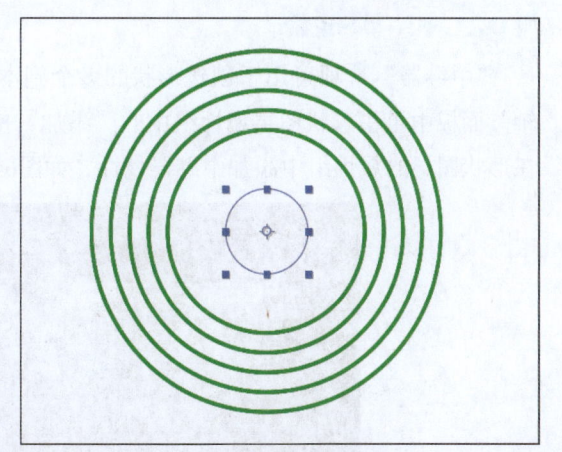

图 6-37 原位移效果　　　　图 6-38 复制偏移效果

■ 6.3.3 收缩和膨胀

"收缩和膨胀"选项可用于向内收缩路径或向外膨胀路径。在"时间轴"面板中单击形状图层属性组中的"添加"按钮,在弹出的菜单中执行"收缩和膨胀"命令,将在形状图层的属性组中添加收缩和膨胀属性,如图6-39所示。

图 6-39　收缩和膨胀属性

当收缩和膨胀属性下的"数量"值为负数时，形状锚点向外拉伸而边缘向内收缩，如图6-40所示；当"数量"值为正数时，形状锚点向内拉伸而边缘向外膨胀，如图6-41所示。

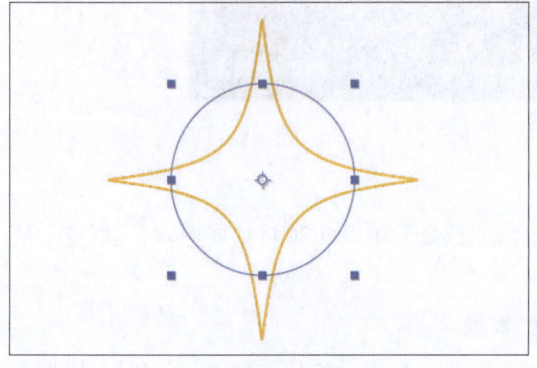

图 6-40　向内收缩

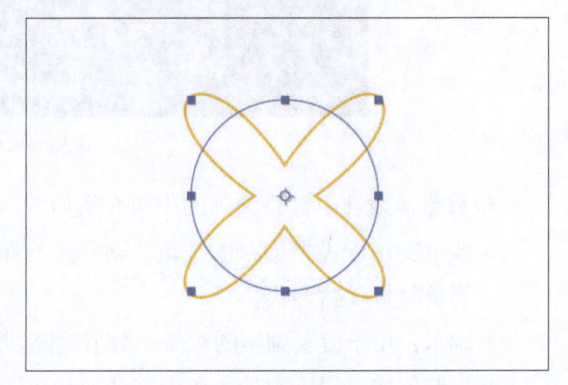

图 6-41　向外膨胀

■6.3.4　中继器

"中继器"选项可用于创建形状的多个副本，并将指定的变换应用于每个副本。在"时间轴"面板中单击形状图层属性组中的"添加"按钮，在弹出的菜单中执行"中继器"命令，将在形状图层的属性组中添加中继器属性，如图6-42所示。

图 6-42　中继器属性

中继器属性中部分选项的作用介绍如下：
- **副本**：用于设置副本数量。
- **偏移**：用于设置变换偏移的副本数，图6-43和图6-44所示分别为将"偏移"设置成0和2的效果。
- **合成**：用于设置副本是在它前面的副本上面还是下面渲染。
- **变换：中继器1**：用于设置副本的变换。若将原始形状的编号视为0，下一个副本的编号视为1，以此类推，中继器的结果可以将"变换：中继器1"属性组中的每个变换向副本编号n应用n次。

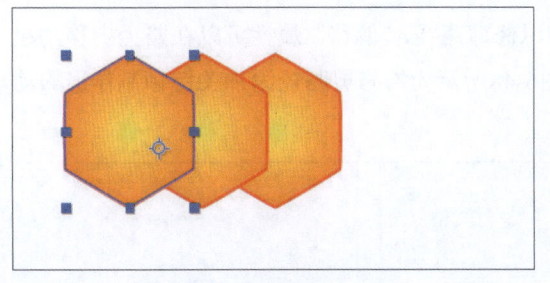

图 6-43 "偏移"为 0 的效果

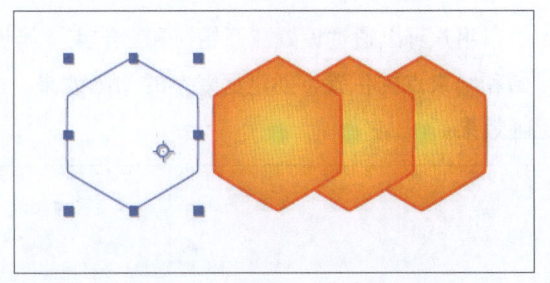

图 6-44 "偏移"为 2 的效果

■ 6.3.5 圆角

"圆角"选项用于设置路径圆角，半径值越大，圆角越大。图6-45和图6-46所示为设置圆角前后的对比效果。

图 6-45 原形状

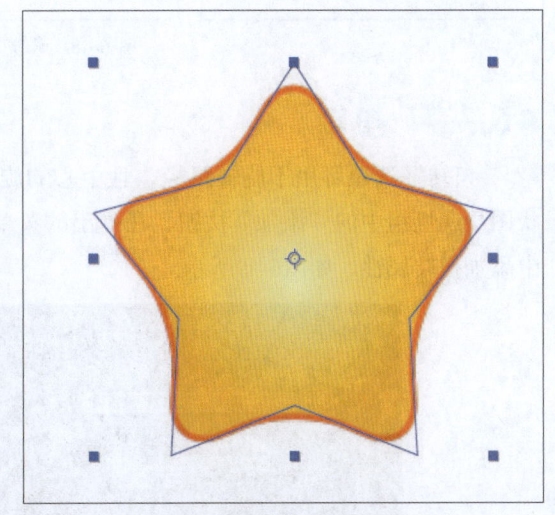

图 6-46 圆角效果

■ 6.3.6 修剪路径

"修剪路径"选项可用于对形状路径进行裁剪，实现类似绘画描边的书写效果。在"时间轴"面板中单击形状图层属性组中的"添加"按钮，在弹出的菜单中执行"修剪路径"命令，将在形状图层的属性组中添加修剪路径属性，如图6-47所示。

图 6-47　修剪路径属性

用户可以通过设置"开始"和"结束"属性以修剪路径,"偏移"属性可以在路径上移动起始和结束点的位置,创建更复杂的动画效果。图6-48所示为给修剪路径添加关键帧制作出的动画效果。

图 6-48　修剪路径动画效果

6.3.7　扭转

"扭转"选项可用于旋转路径,且中心的旋转幅度比边缘大。在"时间轴"面板中单击形状图层属性组中的"添加"按钮,在弹出的菜单中执行"扭转"命令,将在形状图层的属性组中添加扭转属性,如图6-49所示。

图 6-49　扭转属性

当"角度"值设置为正值时,路径将顺时针扭转,如图6-50所示;当"角度"值设置为负值时,路径将逆时针扭转,如图6-51所示。

图 6-50　顺时针扭转　　　　　　　　　图 6-51　逆时针扭转

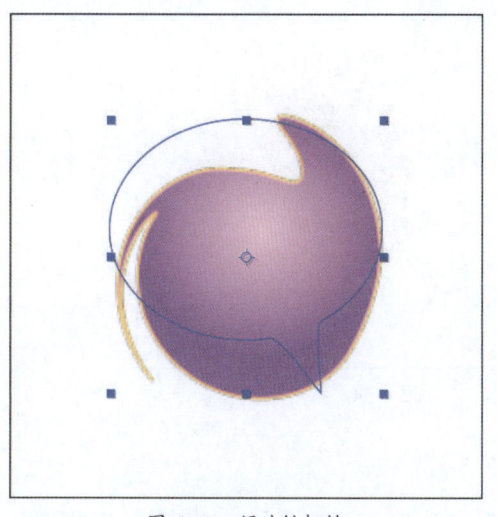

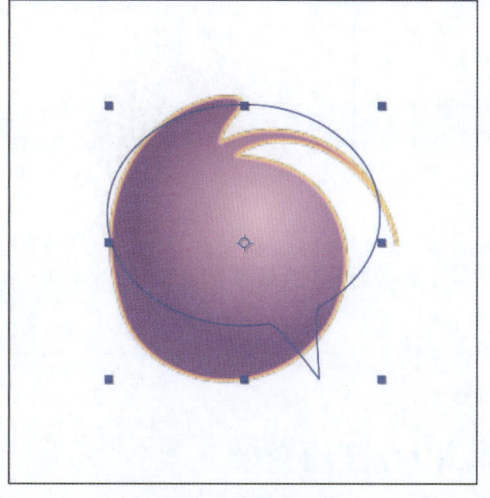

6.3.8　摆动路径

"摆动路径"选项可用于将路径转换为一系列大小不等的锯齿状效果，该操作无须设置关键帧或表达式，添加后将自动进行动画展示。在"时间轴"面板中单击形状图层属性组中的"添加"按钮，在弹出的菜单中执行"摆动路径"命令，将在形状图层的属性组中添加摆动路径属性，如图6-52所示。

图 6-52　摆动路径属性

摆动路径属性中部分选项的作用介绍如下：

- **大小**：设置上下摆动幅度，数值越大，摆动幅度越大。
- **详细信息**：设置摆动数量，数值越大，摆动越密集。
- **点**：用于设置顶点是边角点还是平滑点。
- **摇摆/秒**：设置每秒发生的变化量。
- **关联**：用于设置指定顶点的运动与其邻点的运动的相似程度，数值越小，锯齿效果越明显。

图6-53和图6-54所示为设置摆动路径前后的对比效果。

图 6-53　原形状　　　　　图 6-54　摆动路径效果

6.3.9　摆动变换

"摆动变换"选项可用于使路径整体产生位置、锚点、缩放和旋转属性的随机摆动效果，这些属性可以任意组合。在"时间轴"面板中单击形状图层属性组中的"添加"按钮，在弹出的菜单中执行"摆动变换"命令，将在形状图层的属性组中添加摆动变换属性，如图6-55所示。

图 6-55　摆动变换属性

在"摆动变换1"属性组中的"变换"子属性组中设置参数，将制作出摆动变换的动画效果，如图6-56所示。

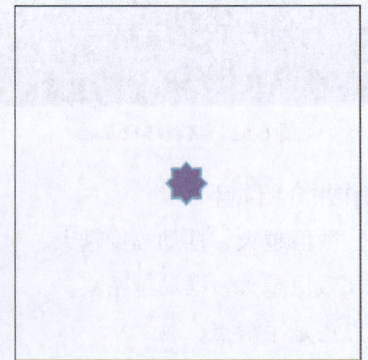

图 6-56　摆动变换动画效果

> 提示："摆动变换"多用于"中继器"操作之后，它会自动进行动画显示，而无须添加关键帧或表达式。

6.3.10　Z字形

"Z字形"选项将创建统一大小的锯齿状效果。添加该效果后，可以在"时间轴"面板中对"大小""每段的背脊"等属性进行设置，如图6-57所示。

图 6-57　Z字形属性

图6-58和图6-59所示为设置Z字形前后的对比效果。

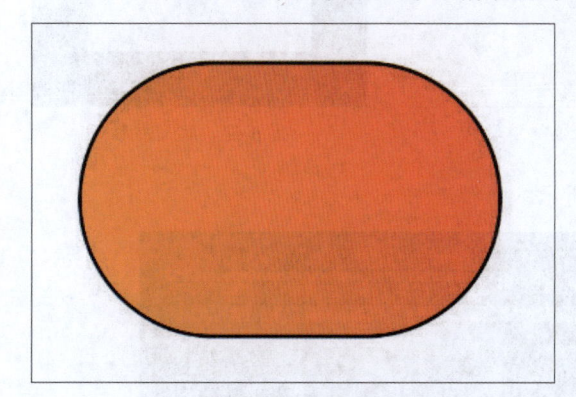

图 6-58　原形状

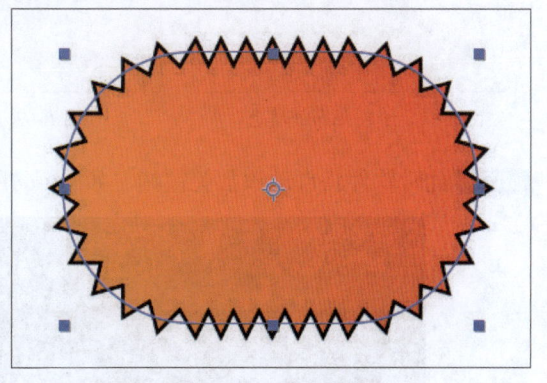

图 6-59　Z字形效果

6.4　实战演练：MG动画片头

MG动画片头可以生动展示品牌形象和企业文化，有效传达品牌价值。本实战演练将使用形状与形状图层，制作MG动画片头。

步骤01 打开After Effects软件，新建一个尺寸为1 280 px×1 280 px、持续时间为10秒的合成，如图6-60所示。

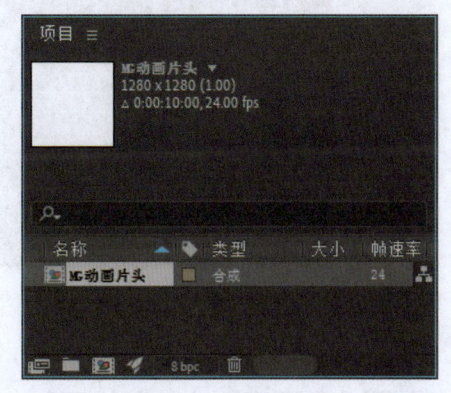

图 6-60　新建的合成

步骤 02 执行"图层"→"新建"→"形状图层"命令，新建一个形状图层，双击矩形工具，创建一个与合成等大的矩形，在"工具"面板中设置填充颜色，效果如图6-61所示。

步骤 03 取消选择任何图层，使用椭圆工具，按住Shift键绘制一个圆形，按Ctrl+Alt+Home组合键将锚点置于图形中心，在"对齐"面板中设置圆形与合成居中对齐，如图6-62所示。

步骤 04 选中圆形所在的图层，按S键展开其"缩放"属性，并为其添加关键帧：在0:00:00:00处设置"缩放"属性值为"0.0,0.0%"，在0:00:00:18处设置"缩放"属性值为"480.0,480.0%"，使其完全放大覆盖整个合成，如图6-63所示。

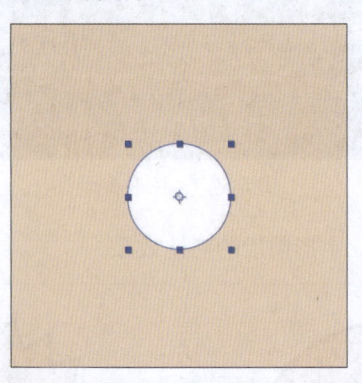

图 6-61 绘制矩形并填色　　　　图 6-62 绘制圆形　　　　图 6-63 放大圆形

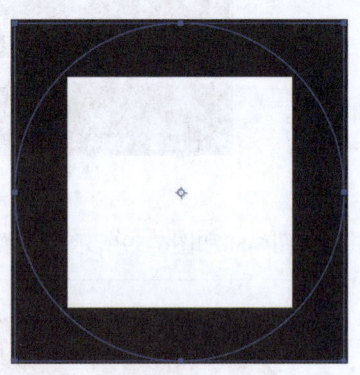

步骤 05 此时软件将自动添加关键帧，如图6-64所示。

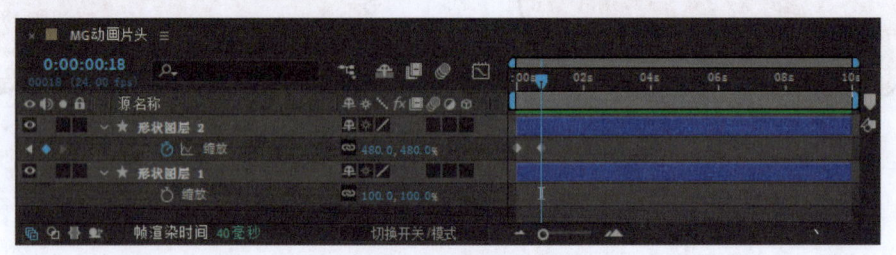

图 6-64 自动添加关键帧

步骤 06 选中圆形所在的图层，按Ctrl+D组合键复制，得到"形状图层3"，然后按U键展开添加了关键帧的"缩放"属性，选中该属性的所有关键帧，向右移动6帧，如图6-65所示。

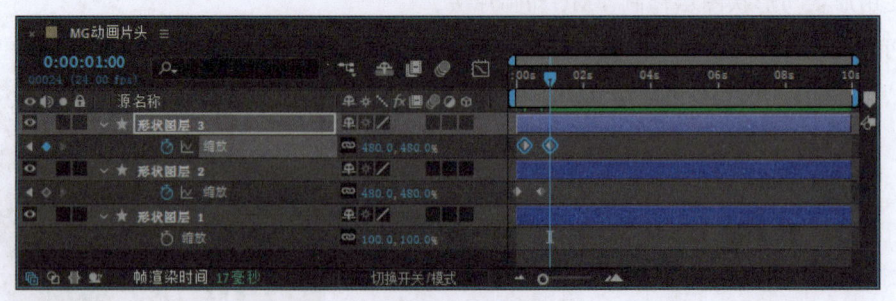

图 6-65 复制图层并移动关键帧

步骤 07 选中复制得到的"形状图层3"中的圆形，设置颜色，如图6-66所示。

步骤 08 使用相同的方法，复制图层，并将关键帧右移6帧，调整颜色，如图6-67所示。

步骤09 按Ctrl+I组合键打开"导入文件"对话框，导入本模块素材文件"标志.png"，并将其拖曳至"时间轴"面板中，效果如图6-68所示。

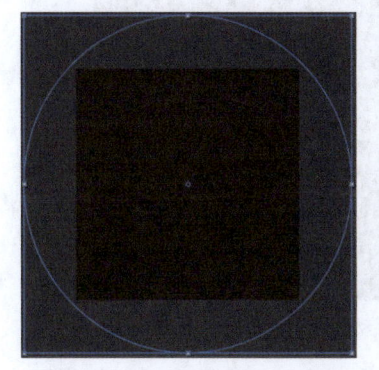

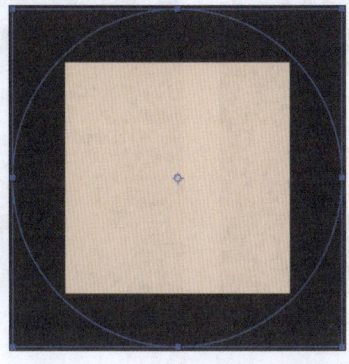

图6-66 调整复制的圆形的颜色　　　图6-67 复制图层并调整颜色　　　图6-68 导入的素材

步骤10 选中素材所在图层，按S键展开其"缩放"属性，并为其添加关键帧：在0:00:00:12处设置"缩放"属性值为"0.0,0.0%"；移动当前时间指示器至0:00:01:00处，设置"缩放"属性值为"110.0,110.0%"；移动当前时间指示器至0:00:01:06处，设置"缩放"属性值为"100.0,100.0%"，软件将自动添加关键帧，如图6-69所示。

图6-69 添加关键帧

步骤11 选中所有关键帧，按F9键创建缓动，如图6-70所示。

图6-70 创建缓动

步骤12 取消选择任何图层，使用钢笔工具绘制能够覆盖合成的形状，如图6-71所示。
步骤13 展开上一步绘制得到的形状图层的属性组，单击"添加"按钮，在弹出的菜单中执行"摆动路径"命令，添加摆动路径属性组，并设置参数，如图6-72所示。

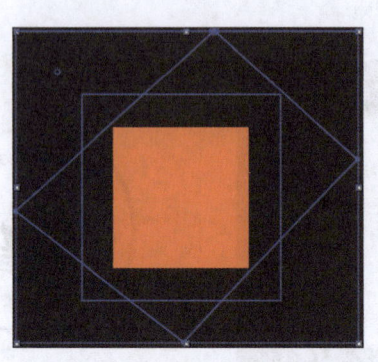

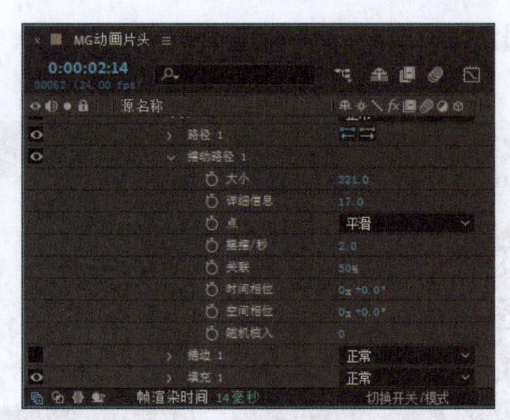

图 6-71 绘制路径　　　　　　　图 6-72 添加摆动路径属性组并设置参数

步骤 14 移动当前时间指示器至0:00:01:12处，在"合成"面板中将形状移动至合成右下角，如图6-73所示。

步骤 15 在"变换：形状1"属性组中为"位置"属性添加关键帧，移动当前时间指示器至0:00:02:08处，将形状移动至原位置，"时间轴"面板中将自动出现关键帧，如图6-74所示。

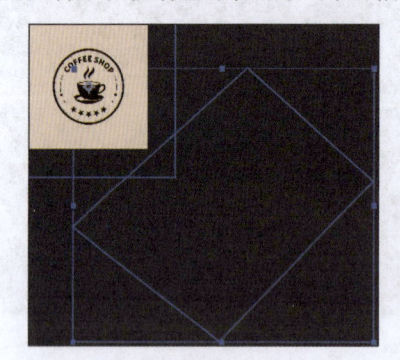

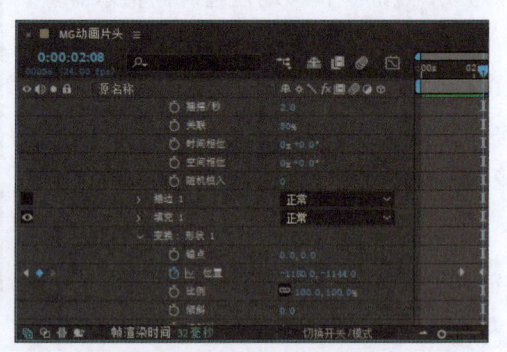

图 6-73 调整形状位置　　　　　　　图 6-74 添加"位置"关键帧

步骤 16 选中**步骤 12**绘制得到的形状图层，按Ctrl+D组合键复制，设置填充色为白色，将其关键帧右移6帧，如图6-75所示。

图 6-75 复制图层并调整关键帧

步骤 17 取消选择任何图层，选择钢笔工具，在"工具"面板中设置填充为无、描边颜色为

#45291B、描边宽度为16 px，在"合成"面板中绘制杯子造型，如图6-76所示。

步骤18 展开新绘制得到的形状图层的属性组，单击"添加"按钮，在弹出的菜单中执行"修剪路径"命令，添加修剪路径属性组，设置"结束"属性值为0.0%，并在0:00:02:10处添加关键帧，如图6-77所示。

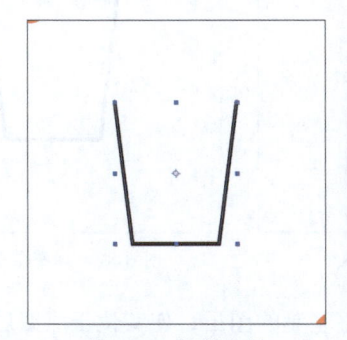

图 6-76 绘制路径　　　图 6-77 添加修剪路径属性组并调整参数

步骤19 移动当前时间指示器至0:00:03:02处，设置"结束"属性值为100.0%，软件将自动添加关键帧，如图6-78所示。

图 6-78 设置属性并自动添加关键帧

步骤20 取消选择任何图层，使用矩形工具绘制矩形，如图6-79所示。

步骤21 展开新绘制的矩形所在的形状图层，调整持续时间，并添加摆动路径，如图6-80所示。

图 6-79 绘制矩形　　　图 6-80 添加摆动路径

步骤22 选中矩形所在的形状图层，选择钢笔工具，在"工具"面板中激活"工具创建蒙版"按钮，在"合成"面板中根据杯子形状创建蒙版，如图6-81所示。

步骤 23 在0:00:03:21处为"蒙版路径"属性和"位置"属性添加关键帧。在0:00:03:01处调整形状位置，使其下移，然后选中"蒙版路径"属性，按Ctrl+T组合键进入自由变换状态，在"合成"面板中移动蒙版路径位置，使其与0:00:03:21处保持一致，如图6-82所示。软件将自动添加关键帧。

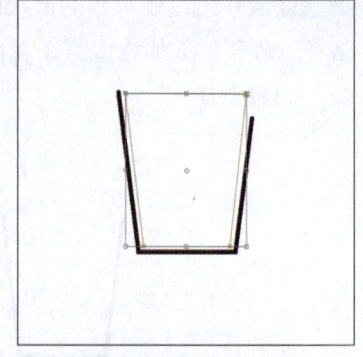

图 6-81　创建蒙版　　　　　图 6-82　调整蒙版路径

步骤 24 选中矩形所在图层，按Ctrl+D组合键复制，调整复制的图层，使其位于原图层的下方，修改颜色为#7A503B，设置"摆动路径1"属性组中的"大小"为60，如图6-83所示。

图 6-83　复制图层并调整摆动路径

步骤 25 选择横排文字工具，在杯子下方输入文本，在"属性"面板中设置参数，如图6-84所示。

步骤 26 文本效果如图6-85所示。

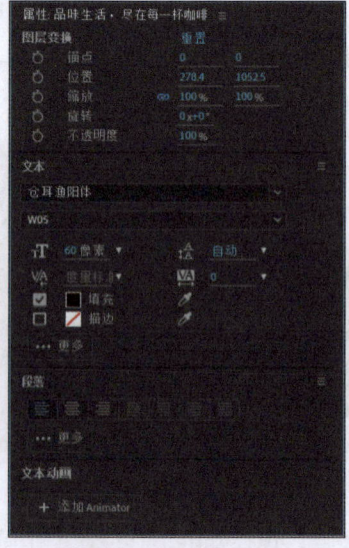

图 6-84　设置文本属性　　　　图 6-85　文本效果

步骤 27 在"时间轴"面板中移动当前时间指示器至0:00:04:00处,选中文本图层,按Alt+[组合键设置图层入点,如图6-86所示。

图 6-86 设置图层入点

步骤 28 取消选择任何图层,使用矩形工具绘制矩形,设置填充色为#F4E6D3,如图6-87所示。

步骤 29 在"时间轴"面板中添加摆动路径属性组,并设置参数,如图6-88所示。

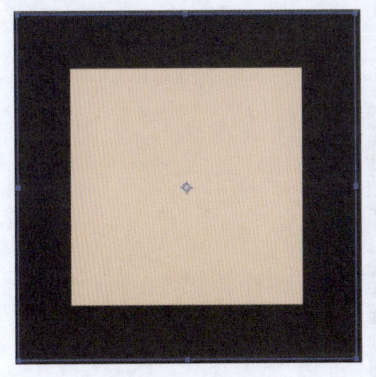

图 6-87 绘制矩形　　图 6-88 添加摆动路径属性组并设置参数

步骤 30 选中新绘制的矩形所在的形状图层,按P键展开其"位置"属性,在0:00:05:00处添加关键帧,并将矩形下移出合成。移动当前时间指示器至0:00:05:20处,将矩形上移至覆盖合成,如图6-89所示。此时"时间轴"面板中将自动出现关键帧。

步骤 31 将之前导入的素材再次拖曳至"时间轴"面板中,调整"缩放"属性和"位置"属性,效果如图6-90所示。

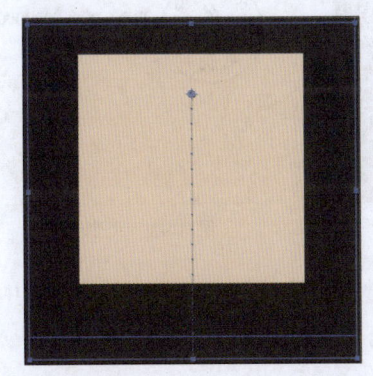

图 6-89 调整矩形位置后自动添加关键帧　　图 6-90 添加素材并进行调整

步骤32 选中素材所在图层，在0:00:05:20处设置"不透明度"属性值为0%，并添加关键帧；在0:00:06:12处设置"不透明度"属性值为100%，软件将自动添加关键帧，如图6-91所示。

图6-91 添加"不透明度"关键帧

步骤33 使用横排文字工具，在"合成"面板中输入文本，在"属性"面板中设置参数，如图6-92所示。

步骤34 文本效果如图6-93所示。

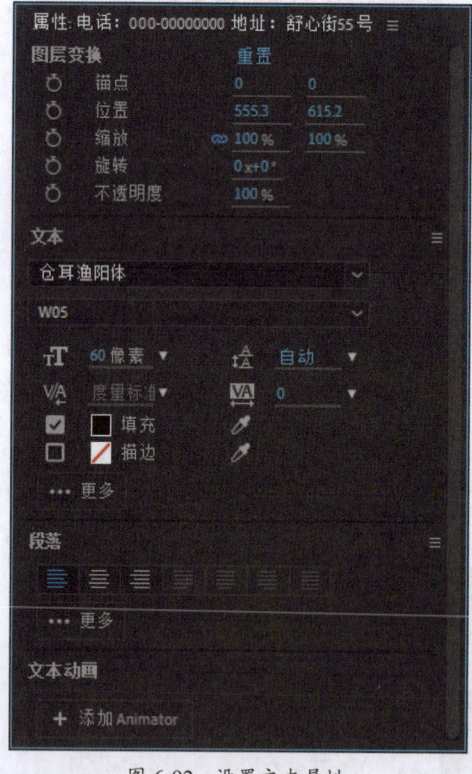

图6-92 设置文本属性

图6-93 文本效果

步骤35 选中素材所在图层中的"不透明度"关键帧，按Ctrl+C组合键复制。选中文本图层，移动当前时间指示器至0:00:06:04处，按Ctrl+V组合键粘贴，如图6-94所示。

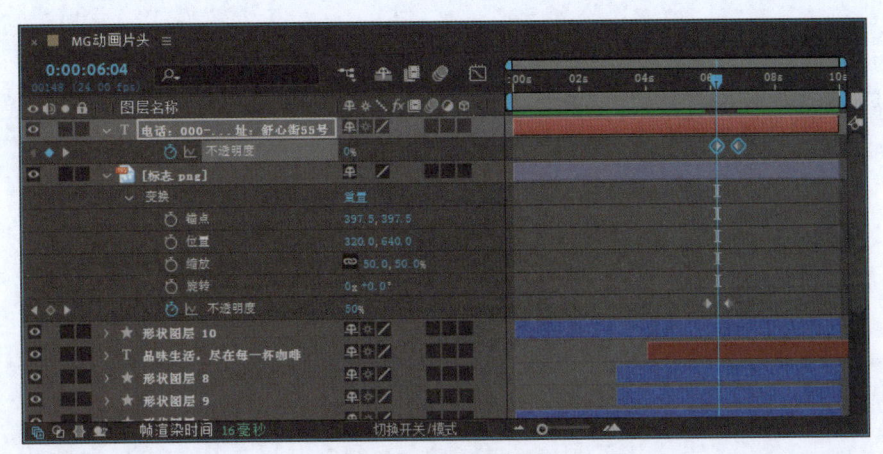

图 6-94 复制关键帧

步骤 36 按空格键预览，效果如图6-95所示。

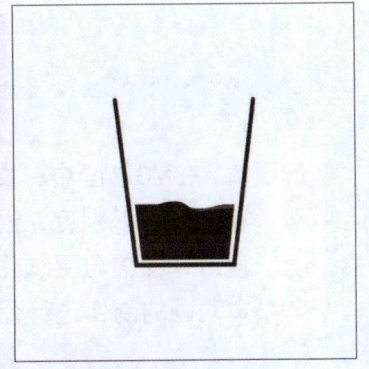

图 6-95 预览效果

至此，完成MG动画片头的制作。

模块 7　文本

内容概要　　在MG动画中,文本不仅能够有效传递信息,还能增强视觉效果、提升品牌识别度。通过动态展示和创意排版,文本能够吸引观众的注意力,使信息更加生动易懂。本模块将对文本的创建与编辑,以及文本动画的制作进行介绍。

数字资源

【本模块素材】:"素材文件\模块7"目录下

【本模块实战演练最终文件】:"素材文件\模块7\实战演练"目录下

7.1 文本的创建与编辑

文本是信息传递的重要工具，在MG动画中，使用文本可以精准传达信息，增强视觉效果。本节将对文本的创建与编辑进行介绍。

■ 7.1.1 创建文本

用户可以选择使用文本工具创建点文本或段落文本，也可以选择导入外部的文本素材，下面将对此进行介绍。

1. 创建点文本

创建文本的主要工具为文字工具，After Effects提供了横排文字工具 T 和直排文字工具 IT 两种文字工具，选择其中任意一种，在"合成"面板中单击即可输入文本，按Enter键可换行。使用这种方法创建的是点文本。图7-1和图7-2所示为创建的横排文本和直排文本。

图 7-1　横排文本　　　　　　图 7-2　直排文本

2. 创建段落文本

选择任意文字工具后，在"合成"面板中按住鼠标左键拖曳，将创建文本框，如图7-3所示。在文本框中输入的文本属于段落文本，段落文本将根据文本框边界自动换行，如图7-4所示。用户也可以按Enter键手动调整换行。

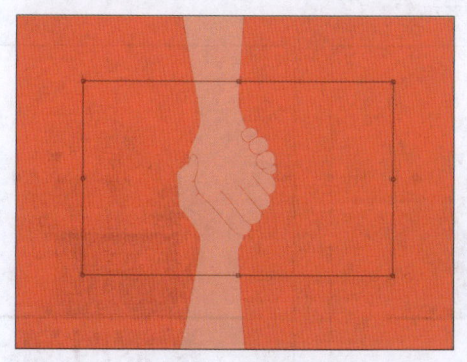

图 7-3　文本框　　　　　　图 7-4　段落文本的自动换行

> **提示：** 在文本输入状态，移动鼠标指针至文本框控制点处，按住鼠标左键拖曳可以调整文本框的大小。

段落文本和点文本之间可以相互转换。使用文字工具选中文本，在"合成"面板中右击，在弹出的快捷菜单中执行"转换为点文本"命令或"转换为段落文本"命令即可。使用相同的方法还可以更改文本的排列方向。

3. 导入Photoshop文本

在导入PSD文档时，选择"图层选项"为"可编辑的图层样式"，如图7-5所示，完成后单击"确定"按钮。双击创建的PSD文档合成将其打开，选择文本图层，执行"图层"→"创建"→"转换为可编辑文字"命令，可将导入的Photoshop文本转换为可编辑的文本。图7-6所示为转换后的文本图层。

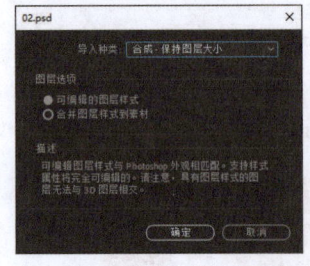

图 7-5　PSD 对话框 　　　　　　　　图 7-6　转换后的文本图层

若导入的PSD文档为合并图层，则需要先选中该图层，执行"图层"→"创建"→"转换为图层合成"命令，将PSD文档分解到图层中，再选择文本图层进行调整。

■7.1.2　编辑文本

创建文本后，若想设置文本的字体、字号、缩进等属性，可以通过"字符"面板、"段落"面板等实现，下面将对此进行介绍。

1."字符"面板

"字符"面板用于设置文本的字符格式，如字体、字号、填充、描边等。执行"窗口"→"字符"命令，将打开"字符"面板，如图7-7所示。选中文本，在"字符"面板中设置参数后文本样式将发生改变，如图7-8和图7-9所示。

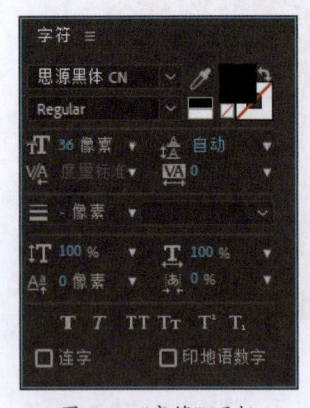

图 7-7　"字符"面板 　　　　图 7-8　原文本 　　　　图 7-9　调整后的文本

"字符"面板中部分常用选项的作用介绍如下：
- **设置字体系列**：在下拉列表中可以选择字体类型进行应用。
- **设置字体样式**：仅在选择部分可设置字体样式的字体系列时激活。在下拉列表中可以选择不同的字体样式进行应用。
- **吸管**：可在整个工作界面中吸取颜色，并将吸取的颜色应用至所选文本的填充颜色或描边颜色。
- **设置为黑色/白色**：设置颜色为黑色或白色。
- **填充颜色和描边颜色**：单击"填充颜色"，在打开的"文本颜色"对话框中可以设置文本颜色。单击"描边颜色"，将设置文本的描边颜色。
- **设置字体大小**：用于设置字体大小。可以在下拉列表中选择预设的大小，也可以在数值处按住鼠标左键左右拖动改变数值大小，或在数值处单击直接输入数值。
- **设置行距**：用于调节文本行与文本行之间的距离。
- **设置两个字符间的字偶间距**：用于微调文本中特定字符对之间的距离。
- **设置所选字符的字符间距**：设置所选字符之间的距离。
- **垂直缩放/水平缩放**：在垂直方向或水平方向缩放字符。
- **设置基线偏移**：用于控制文本与其基线之间的距离，提升或降低选定文本可以创建上标或下标。用户也可以单击"字符"面板底部的"上标"按钮或"下标"按钮创建上标或下标。

> **提示**：若选择了文本内容，在"字符"面板中的设置将仅影响选中文本。若选中文本图层，在"字符"面板中的设置将影响所选文本图层。若没有选中文本内容和文本图层，在"字符"面板中的设置将成为下一个文本项的新默认值。

2. "段落"面板

"段落"面板用于设置文本段落，如缩进、对齐方式等，执行"窗口"→"段落"命令，将打开"段落"面板，如图7-10所示。选中文本，在"段落"面板中设置参数后，段落样式将发生改变，如图7-11和图7-12所示。

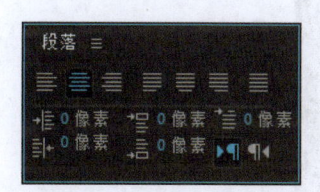

图 7-10 "段落"面板　　图 7-11 原文本　　图 7-12 调整后的文本

"段落"面板中部分常用选项的作用介绍如下：

- ▬▬▬▬▬：用于设置文本段落的对齐方式，包括左对齐文本▬、右对齐文本▬等7种对齐方式。其中两端对齐▬只适用于段落文本。
- 缩进左边距▬：用于从段落的左边缩进文字，直排文本则从段落的顶端缩进。
- 缩进右边距▬：用于从段落的右边缩进文字，直排文本则从段落的底部缩进。
- 首行缩进▬：用于缩进段落中的首行文字。对于横排文本，首行缩进指段落首行相对于左边界的缩进距离；对于直排文本，首行缩进指段落首行相对于顶部边界的缩进距离。
- 段前添加空格▬/段后添加空格▬：用于设置段落前或段落后的间距。

除这些选项外，单击"段落"面板的菜单按钮▬，在弹出的菜单中执行相关命令，还可以进行罗马悬挂式标点等设置，如图7-13所示。设置罗马悬挂式标点前后的效果如图7-14和图7-15所示。

图7-13 "段落"面板菜单　　图7-14 原文本　　图7-15 设置罗马悬挂式标点后的文本

> **提示**：对于点文本，每行都是一个单独的段落。对于段落文本，一段可能有多行，具体取决于文本框的尺寸。

3."属性"面板

"属性"面板综合了"字符"面板和"段落"面板的功能，还提供了图层变换、文本动画等选项，可以对选中文本的字符、段落变换等多种属性及文本动画进行全方面的设置，如图7-16所示。

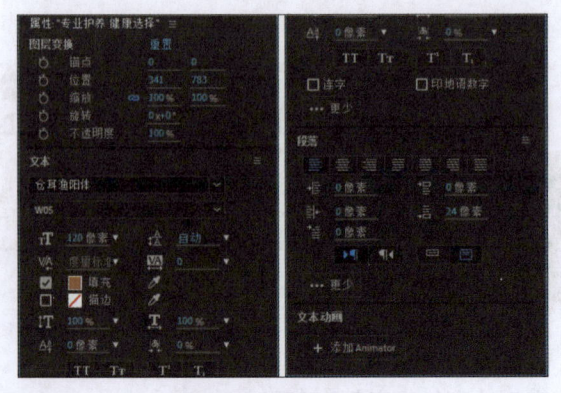

图7-16 "属性"面板

7.2 文本图层属性

"时间轴"面板中提供了"文本"属性组,支持用户对文本的"源文本""路径选项""更多选项"进行设置,如图7-17所示。本节将对此进行介绍。

图7-17 "时间轴"面板中的"文本"属性组

■ 7.2.1 源文本

"源文本"属性可以记录文本内容、字符格式、段落格式等内容,将该属性与关键帧结合,可以设置文本在不同时间段的显示效果,如图7-18所示。

图7-18 设置文本在不同时间段的显示

❗ **提示**:上述变换中还使用了"位置"属性和"旋转"属性的关键帧。

■ 7.2.2 路径选项

当文本图层上有蒙版时,可以将蒙版视作路径,制作路径文本的效果。用户不仅可以指定文本的路径,还可以设置各个字符在路径上的显示。选中文本图层,使用形状工具或钢笔工具在"合成"面板中绘制蒙版路径,在"时间轴"面板的"路径"属性右侧的下拉列表中选择蒙版,如图7-19所示。此时,文本会沿路径分布。

图 7-19　设置文本跟随的路径

"路径选项"属性组中各选项的作用介绍如下：
- **路径**：用于选择文本跟随的路径。
- **反转路径**：设置是否反转路径。图7-20和图7-21所示为该选项关闭和打开时的效果。

图 7-20　原文本　　　　图 7-21　反转路径后的文本

- **垂直于路径**：设置文字是否垂直于路径。图7-22所示为该选项关闭的效果。
- **强制对齐**：设置文字与路径首尾是否对齐。图7-23所示为该选项打开的效果。

图 7-22　关闭"垂直于路径"后的文本　　　　图 7-23　强制对齐的文本

- **首字边距**：用于设置第一个字符相对于路径的开始位置。当文本为右对齐，并且"强制对齐"为关闭时，将忽略首字边距。图7-24所示为设置"首字边距"为100时的效果。
- **末字边距**：用于设置最后一个字符相对于路径的结束位置。当文本为左对齐，并且"强

制对齐"为关闭时,将忽略末字边距。图7-25所示为开启"强制对齐"后,设置"末字边距"为-100时的效果。

图 7-24　首字边距为 100 时的效果　　　图 7-25　末字边距为 -100 时的效果

7.2.3　更多选项

"更多选项"属性组中的选项可以提供更多与文本相关的选项,包括"锚点分组""分组对齐"等,如图7-26所示。

图 7-26　"更多选项"属性组

"更多选项"属性组中各选项的作用介绍如下:
- 锚点分组:指定用于变换的锚点是属于单个字符、词、行或是全部。
- 分组对齐:用于控制字符锚点相对于组锚点的对齐方式。
- 填充和描边:用于控制填充和描边的显示方式。
- 字符间混合:用于控制字符间的混合模式,类似于图层混合模式。

7.3　文本动画制作

文本动画是MG动画的重要组成部分,它可以将文本以动态的方式呈现,增强MG动画的视觉效果和信息的传递能力。本节将对文本动画的制作进行介绍。

7.3.1　动画制作器

动画制作器是一种强大的工具,它为文本图层提供了可精确控制的属性,使用户能够方便地设置和调整动画效果。

选中文本图层，执行"动画"→"动画文本"命令，在其子菜单（如图7-27所示）中执行相应的命令，即可在文本图层中添加动画制作器，以设置为哪些属性制作动画。用户也可以单击"时间轴"面板中文本图层下的"动画"按钮，选择所需添加的动画制作器，如图7-28所示。

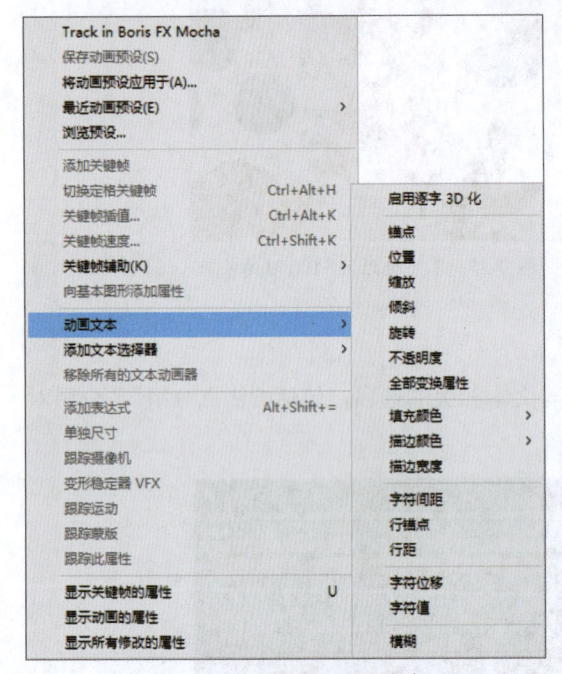

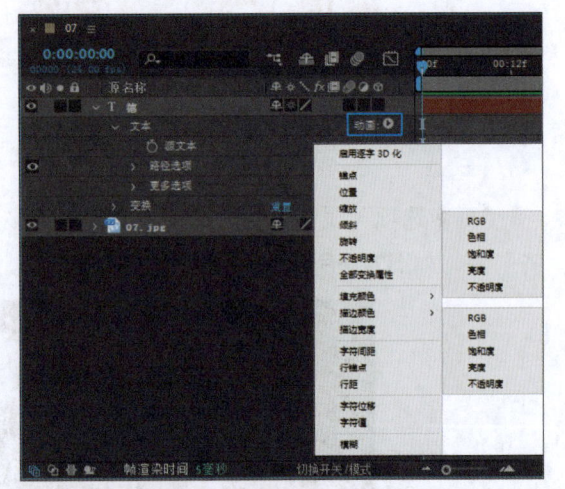

图 7-27 "动画文本"子菜单　　　　图 7-28 单击"动画"按钮弹出的菜单

不同类型的动画制作器的作用介绍如下：

- **启用逐字3D化**：将图层转化为三维图层，并将文字图层中的每一个文字作为独立的三维对象。
- **锚点**：制作文字中心定位点变换的动画。
- **位置**：调整文本的位置。
- **缩放**：对文字进行放大或缩小等设置。
- **倾斜**：设置文本的倾斜程度。
- **旋转**：设置文本的旋转角度。
- **不透明度**：设置文本的透明度。
- **全部变换属性**：将所有变换属性都添加到动画制作器组中。
- **填充颜色**：设置文字的填充颜色、色相、饱和度、亮度、不透明度。
- **描边颜色**：设置文字的描边颜色、色相、饱和度、亮度、不透明度。
- **描边宽度**：设置文字的描边粗细。
- **字符间距**：设置文字之间的距离。
- **行锚点**：用于设置每行文本的字符间的对齐方式。值为0%时设置成左对齐，值为50%时设置成居中对齐，值为100%时设置成右对齐。
- **行距**：设置多行文本图层中文字行与行之间的距离。

- **字符位移**：按照统一的字符编码标准对文字的字符进行移位。例如，值为5时，会按字母顺序将单词中的字符前进5步，因此单词Effects将变成Jkkjhyx。
- **字符值**：允许用户基于数值动态地改变文本内容，特别适用于需要显示动态数据或计数器效果的场景。
- **模糊**：在平行和垂直方向分别设置模糊文本的参数，以控制文本的模糊效果。

添加动画制作器属性后，设置相关选项，然后通过选择器及关键帧制作动画效果即可。图7-29所示为添加"填充颜色"动画制作器并设置关键帧的文本图层，预览效果如图7-30所示。

图 7-29　添加"填充颜色"动画制作器

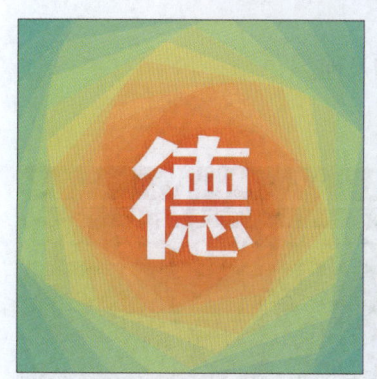

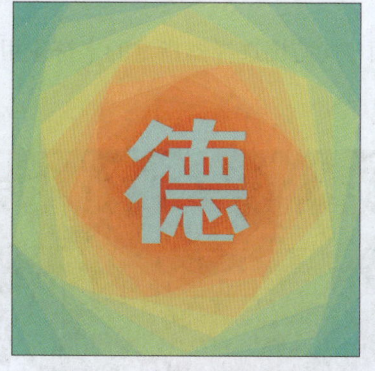

图 7-30　填充颜色动画效果

7.3.2　文本选择器

每个动画制作器组都包括一个默认的范围选择器，如图7-31所示。除范围选择器外，软件还提供了摆动选择器和表达式选择器，通过使用表达式，用户可以设置影响文本的范围和程度。若需要删除选择器，在"时间轴"面板中将其选中后，按Delete键即可删除。

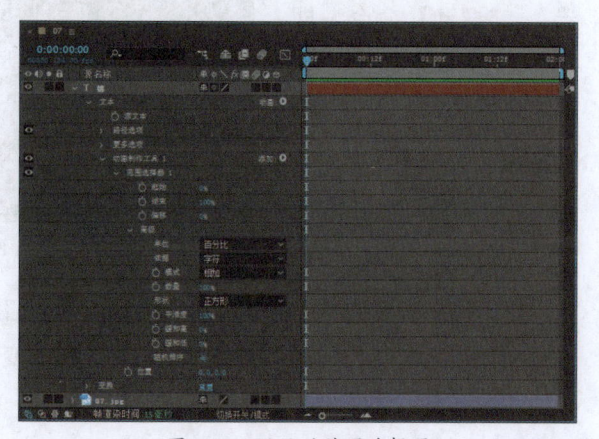

图 7-31　默认的范围选择器

1. 范围选择器

范围选择器是一种十分基础和常用的选择器，可用于设置动画影响的文本范围，其属性组中部分常用选项的作用介绍如下：

- **起始**：用于设置选择项的开始。
- **结束**：用于设置选择项的结束。
- **偏移**：用于设置从通过"开始"和"结束"选项指定的选择项进行移动的量。
- **模式**：用于设置每个选择器如何与文本以及它上方的选择器进行组合，默认模式为"相加"。
- **数量**：用于设置字符范围受动画制作器属性影响的程度。值为0%时，动画制作器属性完全不影响字符；值为50%时，每个属性值只有一半的效果会影响字符。
- **形状**：用于定义动画效果如何在指定的字符范围内从开始到结束过渡。
- **平滑度**：仅在形状为"正方形"时激活该选项，以设置动画从一个字符过渡到另一字符所耗费的时间量。
- **"缓和高"与"缓和低"**：确定选择项值从完全包含（高）到完全排除（低）变化的速度。例如，如果"缓和高"为100%，则在从完全选择字符到部分选择字符时，变化会更缓慢；如果"缓和高"为-100%，则变化会更快速。同样地，如果"缓和低"为100%，则在部分选择字符或未选择字符时，变化会更缓慢；如果"缓和低"为-100%，则变化会更快速。
- **随机排序**：用于以随机顺序向范围选择器指定的字符应用属性。

2. 摆动选择器

摆动控制器可随着时间的推移在指定数量之内变化选择，配合关键帧动画能够制作出更加复杂的动画效果。执行"动画"→"添加文本选择器"→"摆动"命令，即可添加摆动选择器，如图7-32所示。

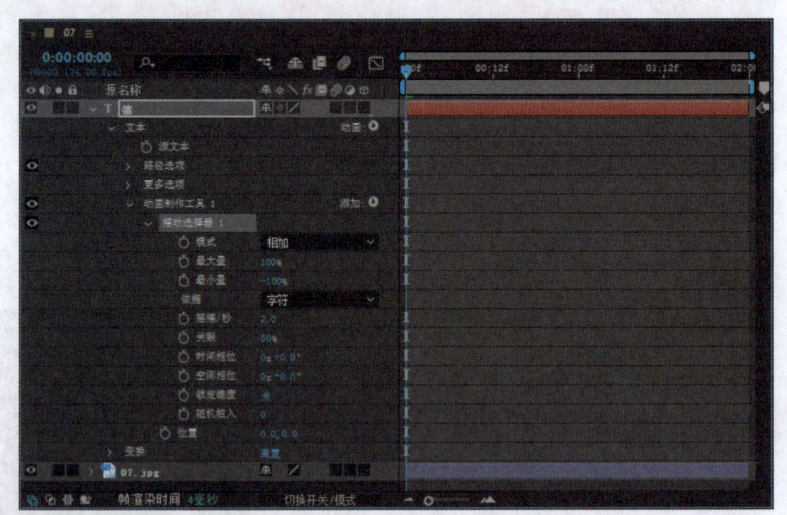

图 7-32　添加的摆动选择器

摆动选择器属性组中部分常用选项的作用介绍如下：

- **"最大量"和"最小量"**：用于设置选区的变化量。
- **摇摆/秒**：用于设置每秒中随机变化的频率，该数值越大，变化频率就越大。

- **关联**：用于设置每个字符的变化之间的关联。值为100%时，所有字符同时摆动相同的量；值为0%时，所有字符独立地摆动。
- **"时间相位"和"空间相位"**：设置文本动画在时间、空间范围内随机量的变化。
- **锁定维度**：控制摆动选择器如何在多维空间中应用随机化效果，确保字符之间要么保持独立随机（选择"关"），要么维持相对一致性（选择"开"）。

3. 表达式选择器

表达式选择器可以通过使用表达式，动态设置字符受动画制作器属性影响的程度。执行"动画"→"添加文本选择器"→"表达式"命令，即可添加表达式选择器，如图7-33所示，从中设置表达式即可。

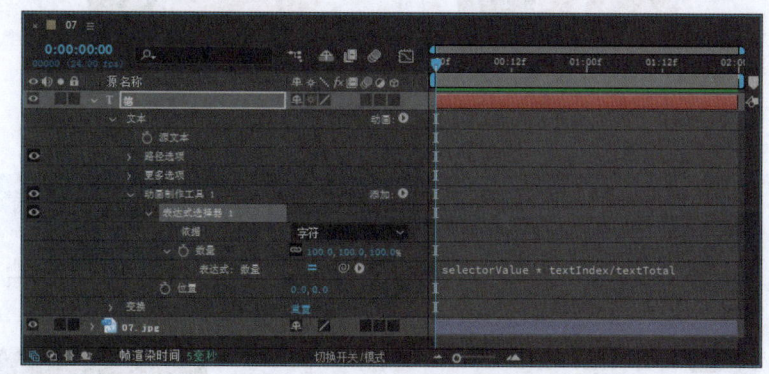

图 7-33　添加的表达式选择器

在制作文本动画时，叠加多种选择器，可以制作出更为丰富的动画效果。

7.3.3　文本动画预设

文本动画预设可以直接应用至文本图层中，快速便捷地制作文本动画效果。这些预设集中在"效果和预设"面板中，如图7-34所示。应用时，只需从中选择预设，将其拖曳至文本图层上即可。图7-35所示为添加"多雾"动画预设的文本图层。

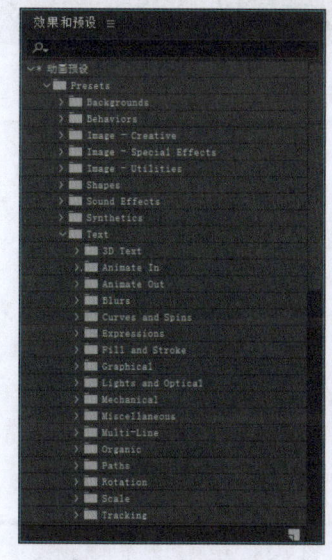

图 7-34　文本动画预设　　　　图 7-35　添加的文本动画预设

"合成"面板中的预览效果如图7-36所示。

图7-36 文本动画预设效果

7.4 实战演练：弹跳文本动画

文本在MG动画中的应用非常广泛，它不仅可以传递信息，还可用于增强视觉效果。本实战演练将通过文本、关键帧等制作弹跳文本动画。

扫码观看视频

步骤01 打开After Effects软件，新建一个尺寸为800 px×600 px、持续时间为10秒的合成，如图7-37所示。

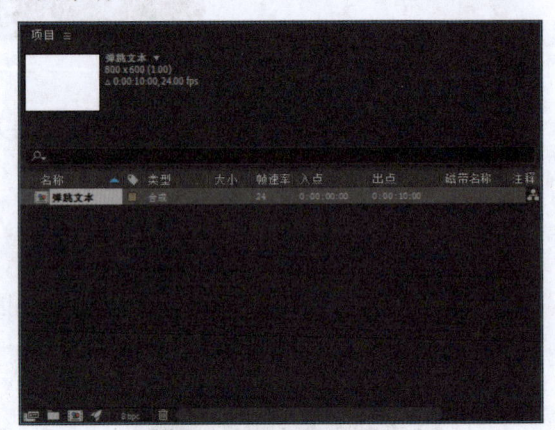

图7-37 新建的合成

步骤02 双击矩形工具，创建一个与合成等大的矩形，并填充白色至浅黄色（#FFFCEC）的径向渐变，如图7-38所示。之后锁定矩形所在的形状图层。

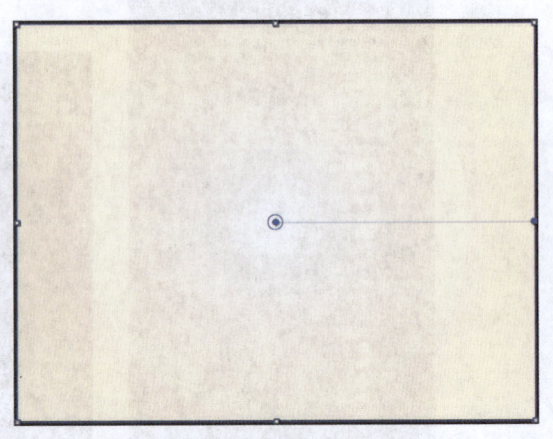

图7-38 绘制矩形并填充渐变

步骤 03 选择文本工具，在"合成"面板中单击输入文本，在"属性"面板中设置参数，如图7-39所示。

步骤 04 在"对齐"面板中设置文本与合成居中对齐，效果如图7-40所示。

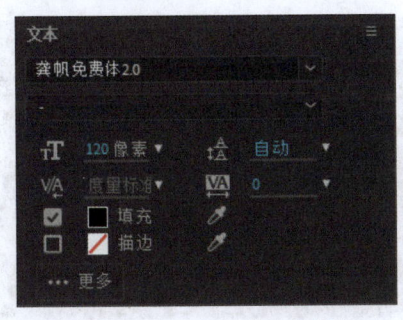

图 7-39　输入文本并设置属性

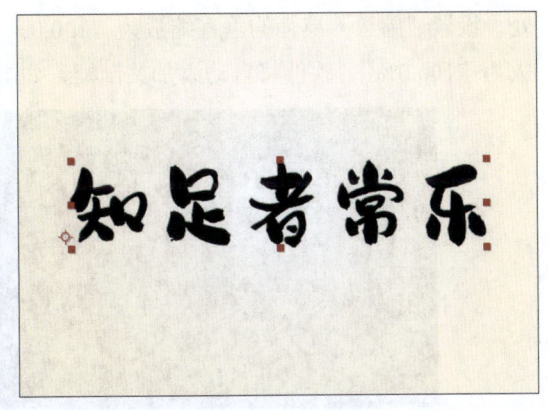

图 7-40　文本效果

步骤 05 锁定文本图层。使用文本工具，在"合成"面板中单击并输入文本"知"，调整其与锁定文本图层的第一个字对齐，设置颜色为#FF8400，使用向后平移（锚点）工具设置锚点位于文本下侧中心位置，效果如图7-41所示。

步骤 06 选中"知"文本图层，按P键展开其"位置"属性，在0:00:00:00处添加关键帧，在"合成"面板中调整文本位置，如图7-42所示。

图 7-41　调整锚点位置

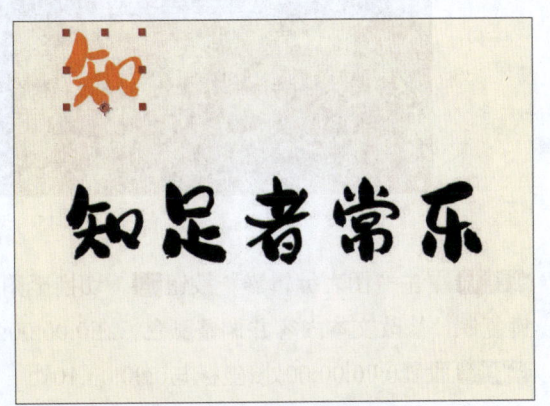

图 7-42　调整文本位置

步骤 07 在0:00:00:10处调整"位置"属性，软件将自动添加关键帧，如图7-43所示。

图 7-43　添加"位置"关键帧

步骤08 在0:00:00:09处按S键展开"缩放"属性,添加关键帧,并取消约束比例。按U键展开添加了关键帧的属性。在0:00:00:13处,设置"缩放"属性的垂直缩放为"70.0%"。在0:00:00:17处,设置"缩放"属性的垂直缩放为"120.0%"。在0:00:00:21处,设置"缩放"属性的垂直缩放为"100.0%",软件将自动添加关键帧,如图7-44所示。

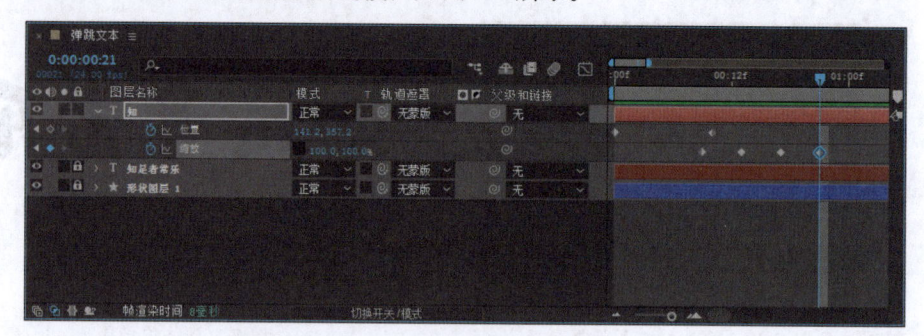

图 7-44 添加"缩放"关键帧

步骤09 选中"位置"和"缩放"关键帧,按F9键创建缓动。单击"时间轴"面板中的"图表编辑器"按钮,切换至图表编辑器模式,调整速度曲线,如图7-45所示。

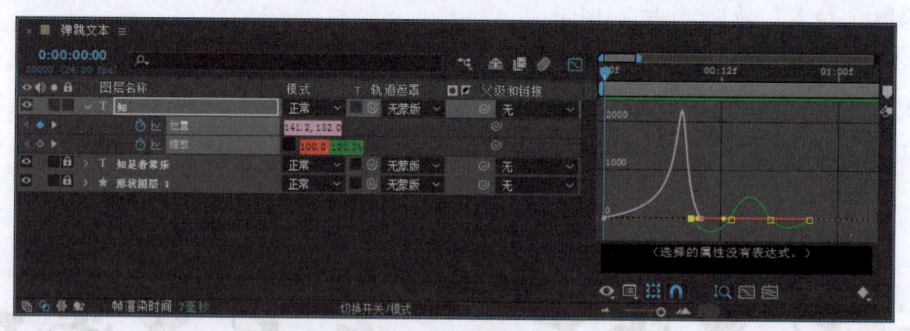

图 7-45 调整速度曲线

步骤10 单击"图表编辑器"按钮,切换至图层条模式。选中"知"文本图层,按Ctrl+D组合键复制,修改文本内容并调整颜色,在0:00:00:10处,设置文本位置,如图7-46所示。

步骤11 设置0:00:00:00处x坐标与0:00:00:10处一致,效果如图7-47所示。

图 7-46 复制图层并调整   图 7-47 调整文本位置

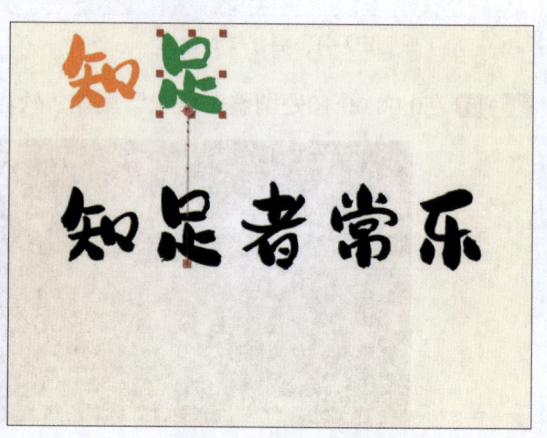

步骤 12 使用相同的方法，复制文本并调整，如图7-48和图7-49所示。

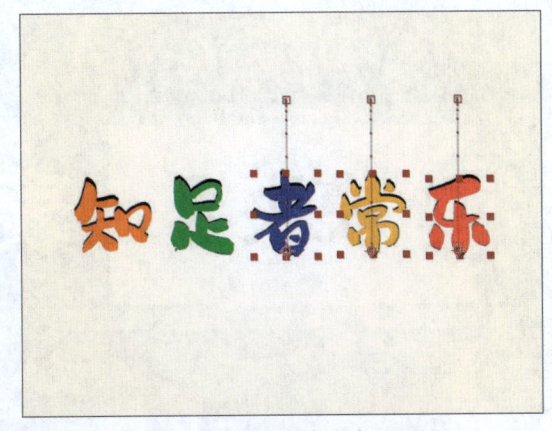

图 7-48　复制文本并调整

图 7-49　调整文本

步骤 13 在"时间轴"面板中，隐藏锁定的文本图层，调整单个字图层，如图7-50所示。

图 7-50　调整单个字图层

步骤 14 按空格键预览，效果如图7-51所示。

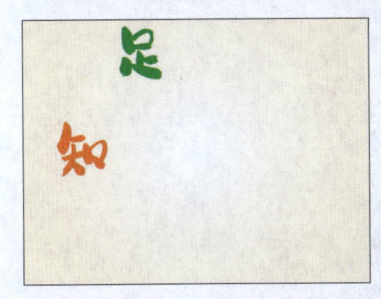

图 7-51　预览效果

至此，完成弹跳文本动画的制作。

模块 8　表达式动画

内容概要　　表达式在MG动画中可以显著提升动画的灵活性和创意性，它通过动态控制和数据驱动的方式，能够实现复杂的效果和实时响应，使动画更加生动和富有表现力。本模块将对表达式的应用进行介绍。

数字资源
【本模块素材】："素材文件\模块8"目录下
【本模块实战演练最终文件】："素材文件\模块8\实战演练"目录下

8.1 认识表达式

表达式是一种非常强大的工具，支持用户通过简单的代码实现复杂的动画效果，本节将对表达式进行介绍。

■ 8.1.1 什么是表达式

在After Effects中，表达式是一小段与脚本类似的代码，基于JavaScript，用户可以将其插入项目中，以更灵活和精确地控制图层属性和效果，从而实现复杂动画的制作。表达式不仅能简化重复性工作，还可以通过动态链接不同图层的属性，增强动画的协调性和一致性，使动画制作更加高效。图8-1所示为添加的时间表达式。

图 8-1 添加的时间表达式

■ 8.1.2 表达式的作用

表达式的使用丰富了动画制作的灵活性和创意性，其作用主要包括以下三点。

- **节省时间**：使用表达式可以自动化设置动画效果，显著节省时间和资源。在需要频繁调整和更新动画时，只需修改表达式中的代码，相关属性将自动更新。
- **动态控制**：表达式能够链接不同的属性，并通过"关联器"功能控制多个图层，从而实现动画效果的动态控制。
- **简化操作**：表达式可以减少手动调整的工作量，特别是在处理大量图层或重复性动画时，通过一次性设置表达式，可以自动化处理，提高制作效率。

8.2 表达式的创建与编辑

表达式可以有效提高动画的制作效率，减轻操作负担，下面将对表达式的创建与编辑进行介绍。

■ 8.2.1 创建表达式

表达式的创建类似于创建关键帧，区别在于需要按住Alt键，再单击属性左侧的"时间变化秒表"按钮。这样就会将默认的表达式添加到属性，如图8-2所示。创建表达式后，相关的属性值变为红色，代表该属性值具有活动表达式。用户可以在默认表达式处单击进入编辑状态，从而修改表达式内容。任何可以设置关键帧的属性都可以使用表达式。

图 8-2 默认表达式

添加表达式后，对应属性值下方会出现4个图标，这4个图标的作用介绍如下：
- **启用表达式**：用于启用和禁用表达式，启用表达式时，该图标显示为蓝色。
- **显示后表达式图表**：激活该按钮，将在图表编辑器中显示一段时间内表达式的值。
- **表达式关联器**：用于构造表达式的关联器，将其拖曳至属性的名称或值处即可。
- **表达式语言菜单**：单击该按钮将打开表达式语言菜单，以帮助构造表达式。

> 提示：按住Alt键单击添加了表达式的属性的"时间变化秒表"按钮，将移除表达式。

8.2.2 关联属性

使用表达式关联器可以将一个动画的属性关联到另一个动画的属性中，如图8-3所示。

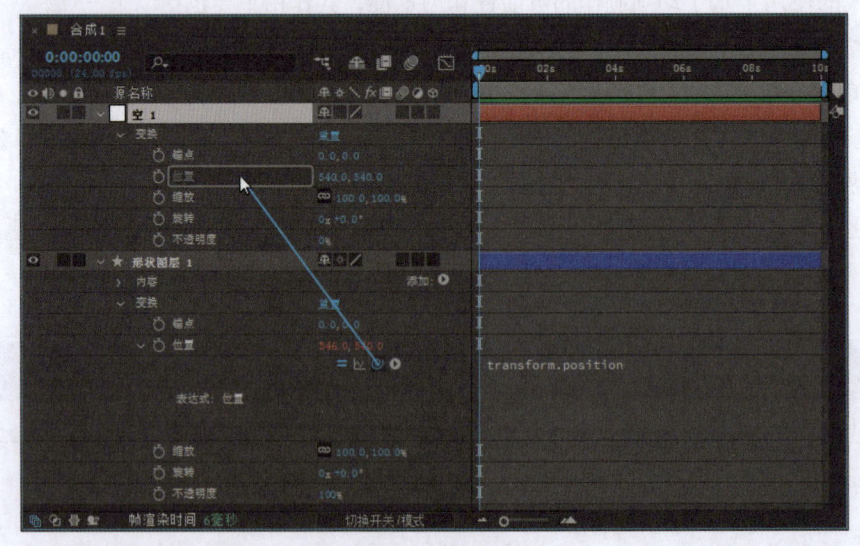

图 8-3 关联属性

一般情况下，关联属性后，将自动生成表达式语法，如图8-4所示。用户可以将关联器拖动至属性的名称或值。若拖动至名称，则生成的表达式会将所有值作为一个整体显示；若拖动至属性的某个值，则会出现对应值的表达式。

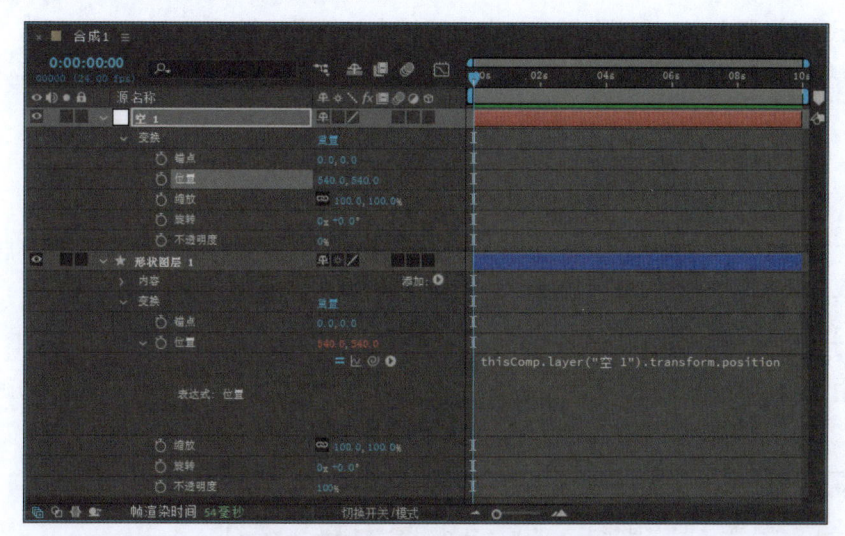

图8-4　关联属性自动生成的表达式语法

8.2.3　手动编辑表达式

在After Effects中，用户可以在表达式输入框中手动编辑表达式。

单击表达式字段进入文本编辑状态，此时默认选中整个表达式，输入表达式将替换整个表达式，如图8-5所示。

图 8-5　输入表达式

用户可以在表达式中单击添加插入点，再在表达式字段中输入表达式（这里可以选择使用表达式语言菜单），输入完成后，在表达式字段外部单击，或按数字小键盘上的Enter键，退出文本编辑模式并激活表达式。

> **提示：** 若表达式输入框的大小不合适，可以拖曳表达式输入框的上下边框进行调整。

8.2.4　添加表达式注释

添加注释可以解释表达式的作用和工作原理，从而帮助用户理解复杂的表达式。为表达式添加注释的方式主要包括以下两种。

- 在注释开头添加"//"符号。在同一行表达式中，"//"符号后面的任何内容都将被认为是表达式注释内容，在运行时，这些内容不会被编译运行。
- 在注释开头添加"/*"符号，在注释结尾添加"*/"符号。这样在运行时，位于"/*"和"*/"之间的内容将不会被编译运行。

■8.2.5 保存和复用表达式

编写表达式后，可以将其复制并粘贴到文本编辑应用程序中进行保存，以便后续使用，也可以选择将其保存在动画预设或模板文件中。在"时间轴"面板中，选择应用了表达式的属性，执行"动画"→"保存动画预设"命令，打开"动画预设另存为"对话框，如图8-6所示，从中设置保存即可。保存完成后可在"效果和预设"面板中找到存储的动画预设，如图8-7所示，从中选择所需的动画预设并拖曳至图层上即可进行应用。

图 8-6 "动画预设另存为"对话框　　图 8-7 存储的表达式预设

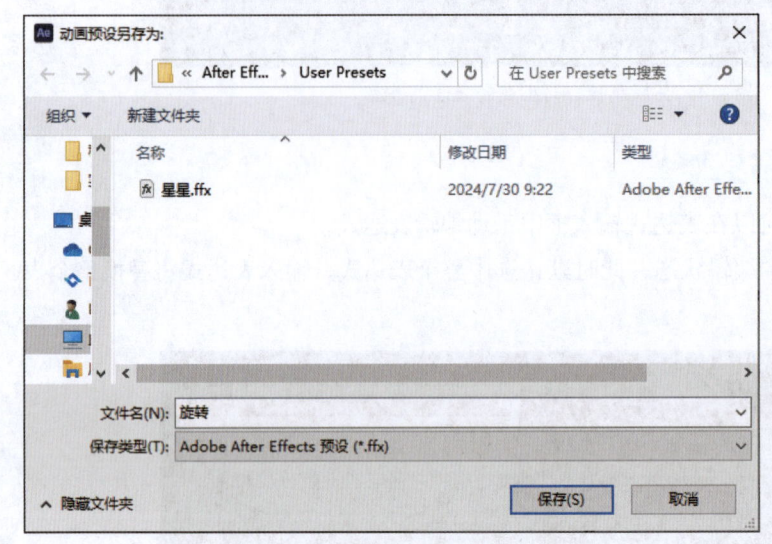

若想从图层属性复制表达式，可以选中属性后，按Ctrl+C组合键复制，然后选中目标图层属性，按Ctrl+V组合键粘贴，该操作将同时复制表达式和关键帧。若仅复制表达式，可以选中源图层属性后，执行"编辑"→"仅复制表达式"命令，然后粘贴至目标图层属性中。

8.3 表达式语言

After Effects中的表达式语言基于JavaScript，包含自己的一组扩展对象，如图层、合成、素材、相机等，这样表达式就可以访问项目中的绝大多数属性值。下面将对表达式语言进行介绍。

■8.3.1 表达式语言基础知识

After Effects的表达式语言基于JavaScript语言，主要用于指示属性执行某些操作，从而实现动态效果。本节将对表达式语言的基础知识进行介绍。

1. 使用表达式访问属性

在JavaScript中，存储在对象中的值被称为属性，而在After Effects中，"属性"指的是"时间轴"面板中定义的图层组件（如位置、缩放、旋转等）。JavaScript中有方法和属性之分，它们的区别在于：方法是指带有参数并执行特定任务的函数（可以通过方法名称后的圆括号识别），而属性是指不带参数、表示对象状态的值。

用户可以通过表达式语言访问图层的属性。在After Effects的表达式语法中，全局对象和次级对象之间以点号（.）进行分隔，用来表示对象之间的层级关系。对于跨图层级别的对象引用，依然使用点号连接不同的对象。例如，想要将Layer A图层中的"旋转"属性链接到Layer B图层中的"位置"属性，可以在Layer A的"旋转"属性中编写如下表达式：

thisComp.layer("Layer B").transform.position

上述表达式解释如下：
- **thisComp**：表示当前合成。
- **.layer("Layer B")**：访问名为"Layer B"的图层。
- **.transform.position**：获取"Layer B"图层的位置属性的值。

若要使用的属性是当前图层的属性（即自身属性），那么在表达式中可以忽略对象的层级路径。例如，在图层的"位置"属性中应用摆动表达式时，可以使用以下任意一种形式：
- wiggle(2,50)
- position.wiggle(2,50)
- thisProperty.wiggle(2,50)

❶ 提示：括号之间的数字用于控制摆动，第一个数字是每秒的摇摆数，第二个数字是摆动的量。

2. 数组和维度

数组是一类存储一组有序数值的对象，它的表示形式为由逗号分隔且由方括号括起来的数值列表，如：

[5,8]

用户可以将数组对象分配给变量，以便后续调用，如：

myPosition=[5,8]

数组对象的维度是数组中元素的数目，如上述语句中的myPosition数组就是二维数组。After Effects中不同属性的维度不同，具体取决于这些属性具有的值参数的数目。After Effects中一些常见维度及其对应的属性如表8-1所示。

表 8-1

维度	属性	维度	属性
1	旋转 不透明度	3	缩放[width,height,depth] 3D位置[x,y,z] 3D锚点[x,y,z] 方向[x,y,z]
2	缩放[x=宽度,y=高度] 位置[x,y] 锚点[x,y] 音频水平[left,right]	4	颜色[red,green,blue,alpha]

数组中的某个具体属性可以通过索引数调用，数组对象中的元素从0开始索引，以前文中的语句为例，myPosition[0]表示的是5，而myPosition[1]表示的是8。

在三维图层的"位置"属性中，数组索引如下：

- position[0]是位置的x坐标。
- position[1]是位置的y坐标。
- position[2]是位置的z坐标。

"颜色"属性是一个四维数组，在颜色深度为8位每通道（8 bpc）或16位每通道（16 bpc）的项目中，颜色数组的每个值的范围从0（无色或黑色）到1（完全颜色或白色）。例如，数组[0,0,0,0]表示黑色且完全透明，而[1,1,1,1]表示白色且完全不透明，[1,0,0,1]则表示完全不透明的红色。数组中的4个值分别代表红色、绿色、蓝色和透明度（Alpha通道）。在颜色深度为32位每通道（32 bpc）的项目中，颜色值可以小于0或大于1，允许更复杂的颜色效果，例如，值为1.5的红色表示比完全红色更亮，而值为-0.2的绿色可用于特殊效果。

在After Effects表达式语言中，许多属性和方法使用数组对象作为参数或返回值。例如，表达式thisLayer.scale会自动返回一个数组，包含图层在X和Y方向上的缩放值。如果图层是二维图层，返回的数组将包含两个值；如果图层是三维图层，则返回的数组将包含三个值，分别表示X、Y和Z方向上的缩放比例。

若对某个属性，想要固定其中一个数值，另一个数值随其他属性进行变动，可以将表达式书写为以下形式：

```
y=scale[1];
[6,y]
```

该表达式表示，创建一个数组，其中第一个元素固定为6，而第二个元素为当前图层的Y方向缩放值。

若要分别与多个图层绑定属性，如将当前图层的X轴位置属性与图层A的X轴属性建立关联，将当前图层的Y轴位置属性与图层B的Y轴属性建立关联，可以使用以下表达式：

```
x=thisComp.layer("Layer A").position[0];
y=thisComp.layer("Layer B").position[1];
[x,y]
```

若当前图层属性只有一个数值，与之关联的属性是一个多维数组，那么默认与第1个数值建立关联，如将Layer A图层的不透明度属性与Layer B图层的位置属性建立关联，则默认表达式如下：

```
thisComp.layer("Layer A").transform.position[0]
```

若需要将其与位置属性的第2个数值建立关联，可以将关联器直接拖动至位置属性的第2个数值上，或者更改表达式如下：

```
thisComp.layer("Layer A").transform.position[1]
```

反之，若要将Layer B图层的位置属性与Layer A图层的不透明度属性建立关联，则软件会自动创建变量，将不透明度属性分配给该变量，然后将该变量用于位置属性的两个维度，表达式如下：

```
temp=thisComp.layer("Layer B").transform.opacity;
[temp,temp]
```

3. 向量

向量是带有方向性的变量或描述空间中的一个点或方向的数组，在After Effects中，许多属性都是向量数据，如位置属性就被描述为返回一个向量。

要注意的是，并不是具有两个以上值的数组就是向量，如audioLevels等函数并不带有任何运动方向性，也不代表某个空间的位置，这些函数并不属于向量。

4. 索引

在After Effects中，图层、效果和蒙版元素的索引从1开始建立，如"时间轴"面板中的第一个图层为Layer(1)，但是，在创建表达式时，最好使用图层的名称而不是编号，以免在移动或升级过程中更改参数，造成混淆和错误。

5. 表达式时间

表达式中使用的时间是指合成时间，而不是图层时间，其单位为秒。默认表达式时间为当前合成的时间，它是一种绝对时间。若要使用相对时间，需要向time参数添加增量时间值。例如，要在当前时间之后2秒获取缩放值，可以使用下列表达式：

```
thisComp.layer(1).scale.valueAtTime(time+2)
```

对于嵌套合成来说，其中的属性的默认时间使用原始默认合成时间，而不是被嵌套后的合成时间。但是，若在新的合成中将被嵌套合成图层作为源图层时，将重新使用被嵌套后的合成时间。

■8.3.2 表达式语言菜单

为属性添加表达式后，将在对应属性值下方添加"表达式语言菜单"按钮，单击该按钮，在弹出的菜单中可以选择表达式语言进行添加，如图8-8所示。

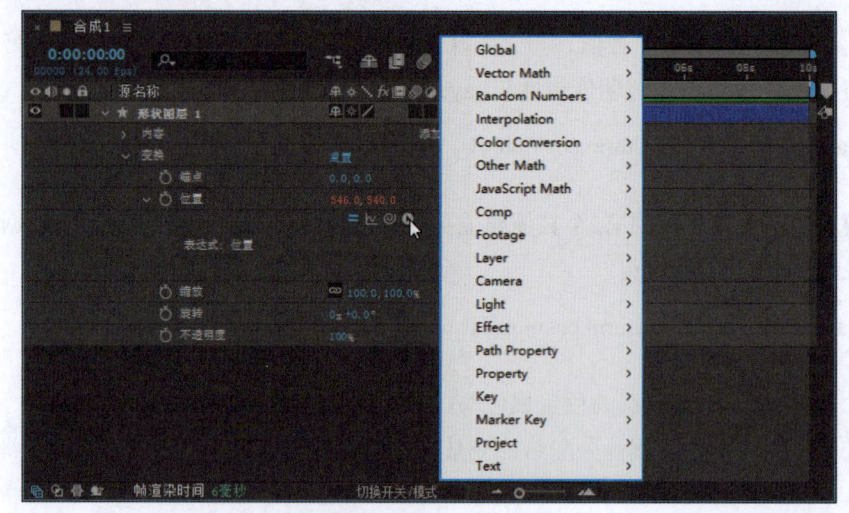

图8-8 表达式语言菜单

表达式语言菜单中各表达式组的作用介绍如下：

- **Global**：包含用于指定全局设置的表达式，如comp(name)、time等。
- **Vector Math**：包含一些矢量运算的数学表达式，如add(vec1,vec2)、sub(vec1,vec2)等，适用于位置、缩放和旋转等属性的计算，以帮助用户创建复杂的动画效果。
- **Random Numbers**：提供生成随机数的表达式，如random()等，这些函数可以创建随机动画效果，增加动画的趣味性。
- **Interpolation**：用于实现在关键帧之间进行平滑过渡的表达式，包括linear(t,value1,value2)、ease(t,value1,value2)等，可以使动画更加平滑。
- **Color Conversion**：提供颜色相关的表达式，可以在RGB、HSB、HEX等不同颜色空间之间转换。
- **Other Math**：用于在角度和弧度之间进行转换的表达式。
- **JavaScript Math**：提供JavaScript中的数学函数，如Math.cos(value)、Math.sin(value)等。该表达式组扩展了After Effects表达式的功能，支持更加复杂的计算和逻辑处理。
- **Comp**：包含一些与合成相关的函数，如layer(index)、marker等，方便进行动态调整和控制合成行为。
- **Footage**：用于访问和控制合成中的素材属性，如width、name、sourceText等，适合需要动态控制素材的场景，以帮助用户管理和调整素材。
- **Layer**：用于访问合成中图层的属性和方法，包括Sub-objects（图层子对象）、General（普通图层）、Properties（图层特征）、3D（三维）和Space Transforms（图层空间变换）5个子表达式组，以方便用户根据需要调用不同的表达式。

- **Camera**：与摄像机属性相关的表达式，用于控制摄像机的位置、景深和焦距等。
- **Light**：与灯光属性相关的表达式，能够调整灯光的位置、强度、光锥角度等。
- **Effect**：访问图层应用的效果属性，以便更好地调整效果。
- **Path Property**：与路径动画相关的表达式，适用于动画路径的控制和调整。
- **Property**：用于设置图层的属性，如摆动、速度等。
- **Key**：与关键帧相关的表达式，包括value、time和index。
- **Marker Key**：与标记帧相关的表达式，包括comment、url等。
- **Project**：与项目相关的表达式，适用于在项目层面控制和调整动画，从而进行整体的管理。
- **Text**：与文本相关的表达式。

8.4 实战演练：旋转的星球动画

使用表达式可以便捷地将属性关联起来，创建复杂有趣的MG动画。本实战演练将使用表达式，制作旋转的星球动画效果。

扫码观看视频

步骤 01 打开After Effects软件，新建一个尺寸为1 080 px×1 080 px、持续时间为5秒的合成，如图8-9所示。

步骤 02 执行"图层"→"新建"→"形状图层"命令，新建一个形状图层。双击矩形工具，创建一个与合成等大的矩形，在"工具"面板中设置填充颜色，效果如图8-10所示。

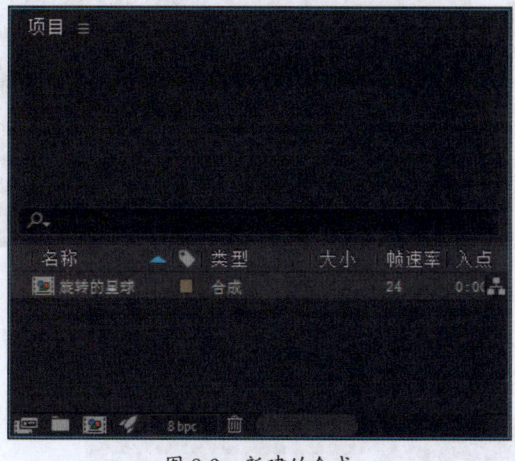

图 8-9　新建的合成　　　　　　　　图 8-10　创建的矩形

步骤 03 按Ctrl+I组合键，导入本模块素材文件"圆.png"，并将其拖曳至"时间轴"面板中，效果如图8-11所示。

步骤 04 在"效果和预设"面板中选择"液化"效果，将其拖曳至素材图层上，然后在"效果控件"面板中选择"变形工具"并设置参数，如图8-12所示。

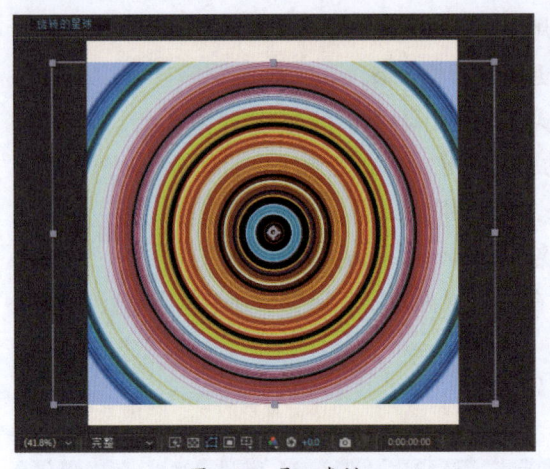

图 8-11　导入素材

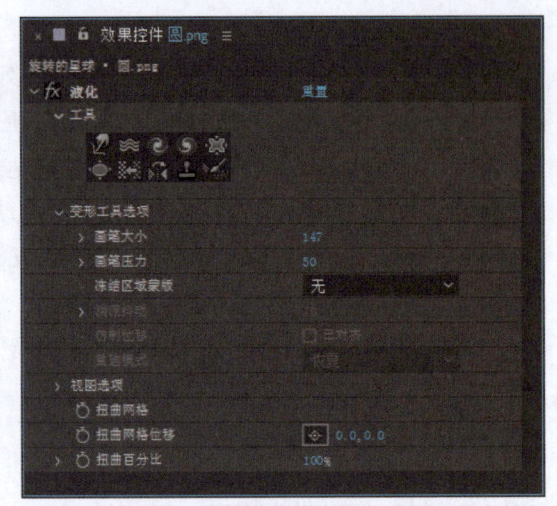

图 8-12　添加"液化"效果并调整参数

步骤 05 在"合成"面板中按住鼠标左键拖曳，使素材变形，如图8-13所示。

步骤 06 调整素材大小和位置，如图8-14所示。

图 8-13　变形效果

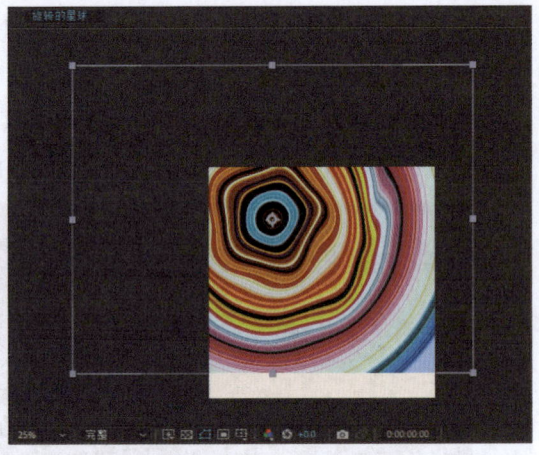

图 8-14　调整素材大小和位置

步骤 07 在"时间轴"面板中展开素材图层的属性组，按住Alt键单击"旋转"属性左侧的"时间变化秒表"按钮，激活表达式，并输入新的表达式，如图8-15所示。

图 8-15　激活并输入表达式

步骤 08 取消选择任何图层，选择椭圆工具，按住Shift键绘制圆形，调整其与合成居中对齐，如图8-16所示。

步骤 09 选择素材图层，在"时间轴"面板中设置其轨道遮罩层为新绘制的圆形，根据形状调整素材图层位置，效果如图8-17所示。

步骤 10 选中新绘制的圆形所在的形状图层，按Ctrl+D组合键复制，在"时间轴"面板中设置图层显示；选中复制出的图层，在"属性"面板中设置填充为黑色至黑色透明的线性渐变，在"合成"面板中调整渐变，效果如图8-18所示。

图 8-16　绘制的圆形 　　　　图 8-17　创建轨道遮罩 　　　　图 8-18　复制圆形并填充渐变

步骤 11 按Ctrl+I组合键导入本模块素材文件"环.png"，将其调整到合适大小，并旋转一定角度，如图8-19所示。

图 8-19　导入素材并调整

步骤 12 选中新导入的素材所在的图层，选择钢笔工具，绘制蒙版，并设置反转，效果如图8-20所示。

步骤 13 按Ctrl+I组合键导入本模块素材文件"光环颜色.png"，设置其轨道遮罩层为"环.png"，效果如图8-21所示。

图 8-20　创建蒙版 　　　　图 8-21　导入素材并应用轨道遮罩

203

步骤 14 在"时间轴"面板中选中新导入素材所在的图层，按R键展开其"旋转"属性，按住Alt键单击该属性左侧的"时间变化秒表"按钮，激活表达式，移动鼠标指针至"表达式关联器"按钮 处，按住鼠标左键拖曳至"圆.png"图层的"旋转"属性处创建关联，如图8-22所示。

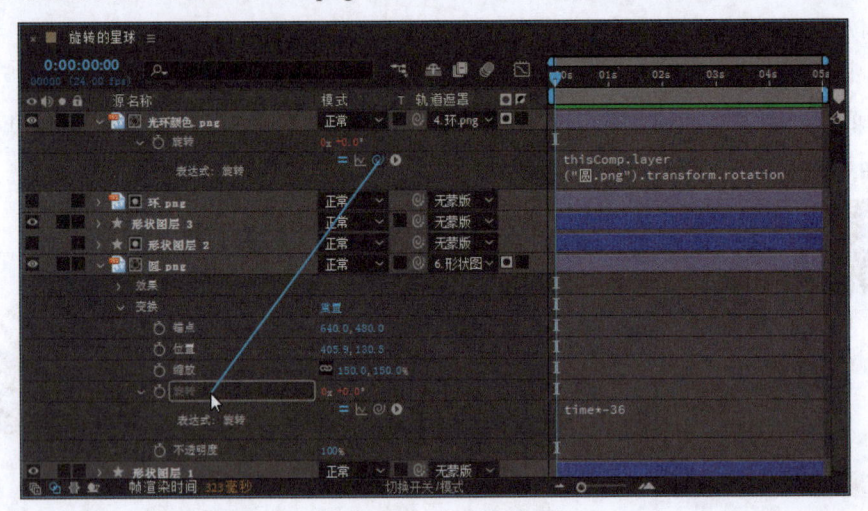

图8-22 关联属性

步骤 15 选中"环.png"和"光环颜色.png"图层，按Ctrl+D组合键复制。选中复制得到的"环.png"图层，在"合成"面板中调整大小，如图8-23所示。

步骤 16 选中复制得到的图层中的蒙版，在"合成"面板中调整蒙版，效果如图8-24所示。

图8-23 复制图层并调整大小

图8-24 调整蒙版

步骤 17 选中复制得到的"光环颜色.png"图层，在"时间轴"面板中按R键展开其"旋转"属性，修改表达式，如图8-25所示。

图8-25 修改表达式

步骤 18 取消选择任何图层，使用星形工具绘制星形，如图8-26所示。

步骤 19 选中星形，在"工具"面板中为其设置填充颜色，效果如图8-27所示。

图 8-26 绘制星形 1　　　　　　　图 8-27 调整星形颜色

步骤 20 选中新建的星形所在的形状图层，按P键展开其"位置"属性，按住Alt键单击该属性左侧的"时间变化秒表"按钮，激活表达式，并输入新的表达式，制作摆动效果，如图8-28所示。

图 8-28 激活并输入表达式 1

步骤 21 取消选择任何图层，使用相同的方法绘制星形，如图8-29所示。

步骤 22 继续绘制星形，如图8-30所示。

图 8-29 绘制星形 2　　　　　　　图 8-30 绘制星形 3

步骤23 为新创建的两个形状图层的"位置"属性添加表达式,如图8-31所示。

图 8-31　激活并添加表达式 2

步骤24 选中三个星形所在的图层,按Ctrl+D组合键复制。调整复制出的星形的大小和位置,如图8-32所示。

步骤25 使用相同的方法复制并调整星形,重复操作以丰富画面,效果如图8-33所示。

图 8-32　复制图层并调整 1　　　图 8-33　复制图层并调整 2

步骤26 保存文件,按空格键预览,效果如图8-34所示。

图 8-34　预览效果

至此,完成旋转的星球动画的制作。

模块 9 角色动画

内容概要 角色动画在MG动画中非常常见，它不仅能丰富叙事和视觉效果，还能提升品牌形象，增强与观众的互动性。生动的角色表现能够有效传达情感和信息，使动画作品更具吸引力。本模块将对角色动画的制作进行介绍。

数字资源
【本模块素材】："素材文件\模块9"目录下
【本模块实战演练最终文件】："素材文件\模块9\实战演练"目录下

9.1 角色基础动作

角色基础动作是角色动画成功与否的核心要素，它们为角色注入了鲜活的生命力，极大地增强了动画的视觉表现力。通过流畅且生动的基础动作，角色能够更加自然地呈现出来，真实地传达情感和个性，引发观众的共鸣。本节将对此进行介绍。

1. 行走

行走是动画中的常见动作之一，它可以表现角色的日常活动。行走动作的节奏相对平稳，步伐均匀，身体重心随步伐前移，如图9-1和图9-2所示。

图 9-1　行走动作 1　　　　　　图 9-2　行走动作 2

不同的行走姿势可以表达不同的角色情感，如快走常与急切、兴奋或紧张等情绪有关，慢走则多与放松、思考等有关。在MG动画中，通过展示角色行走可以有效地表现角色的移动和探索行为，推动故事情节的发展，不同的走路姿势还可以从侧面反映角色的性格特征。

2. 跑步

跑步动作在MG动画中不仅可以展示角色的运动状态，还可以增强动画的动态感和节奏感，使动画作品更具生命力和观赏性。与行走相比，跑步的动作迅速，身体倾斜，步伐较大，手臂摆动幅度也更大，如图9-3和图9-4所示。

图 9-3　跑步动作 1　　　　　　图 9-4　跑步动作 2

3. 跳跃

跳跃动作可以有效传达运动的动态感和活力，增强动画的视觉冲击力，使动画画面更加生动。其动作包括下蹲、起跳和落地，重心具有明显的上升和下降，高跳动作（即高度较高的跳跃）一般还会伴随身体的扭动或手臂的摆动，如图9-5和图9-6所示。

图 9-5　跳跃动作 1 　　　　　　　　　图 9-6　跳跃动作 2

4. 坐下和站起

坐下和站起动作在动画中一般搭配使用，其中坐下动作一般较为缓慢，重心逐渐下降，腿部动作自然；站起动作则相对迅速，身体重心上移，从坐姿变为站姿，如图9-7和图9-8所示。

图 9-7　坐姿 　　　　　　　　　图 9-8　站姿

5. 转身

转身动作通常表现为角色的身体或头部转向某个方向，一般伴随重心的转移，如图9-9和图9-10所示。转身的快慢还可以表现不同的情感氛围，快速转身多用于表达惊讶、紧急反应等，而缓慢转身则代表了思考、犹豫等情感变化。

图 9-9　转身动作 1 　　　　　　　　　图 9-10　转身动作 2

6. 挥手

挥手以手臂动作为主，通常伴随身体的轻微倾斜，如图9-11和图9-12所示。在制作时可以通过设定手臂的起始和结束位置制作动画，结合角色面部表情，更能增强情感传达。

图 9-11　挥手动作 1　　　　　　　图 9-12　挥手动作 2

7. 点头和摇头

点头和摇头动作能有效传达角色的情感和意图，在多角色动画中，这两个动作还可以增强角色之间的互动，使动画更加生动灵活。

8. 表情

表情能够直观地传递角色的内心情感和情绪状态，塑造角色个性，使其更加立体和真实。在场景中，表情还增强了多个角色之间的互动，丰富了故事情节，使角色的反应与情境相匹配，从而提升动画的叙事效果和表现力。图9-13和图9-14所示为不同的表情。

图 9-13　开心的表情　　　　　　　图 9-14　难过的表情

9.2　人偶工具

人偶工具能够将自然运动添加到图像和矢量图形中，从而创造出丰富的变形效果，使动画更加灵活和生动。After Effects提供了人偶位置控点工具、人偶固化控点工具等5种人偶工具，下面将对此进行介绍。

9.2.1　人偶位置控点工具

人偶位置控点工具 ✦ 可以创建控制位置的控点。选中要添加人偶位置控点的图层，选择"工具"面板中的人偶位置控点工具，在"合成"面板中单击，将添加一个黄色圆圈状的控点，如图9-15所示。当对象中只有一个位置控点时，移动该控点将移动对象，如图9-16所示。

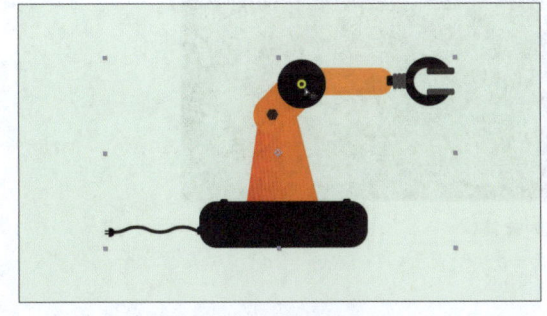

图 9-15　添加人偶位置控点　　　　　　图 9-16　移动控点

用户可以通过添加多个控点并进行调整，从而制作变形效果，如图9-17和图9-18所示。

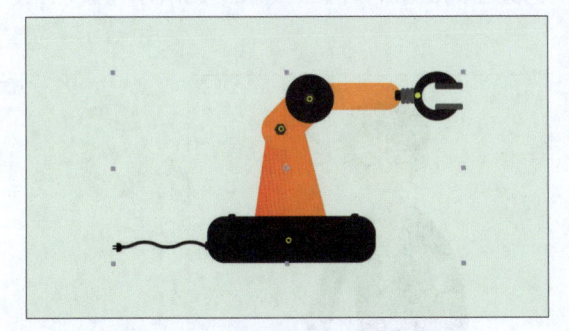

图 9-17　添加多个人偶位置控点　　　　图 9-18　调整控点变形对象

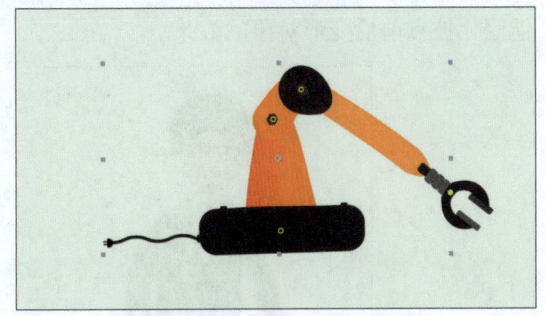

添加人偶位置控点后，可以选择"工具"面板中的"显示"复选框，以显示网格，如图9-19所示。用户可以通过"扩展"和"密度"属性，调整网格显示，图9-20所示为调整后效果。

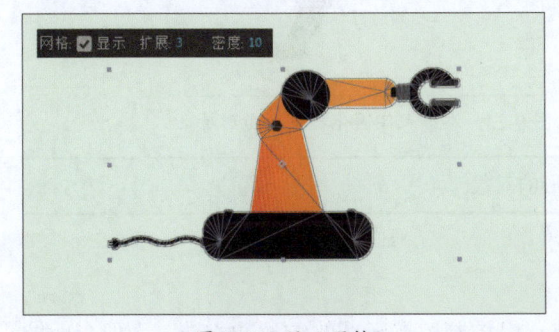

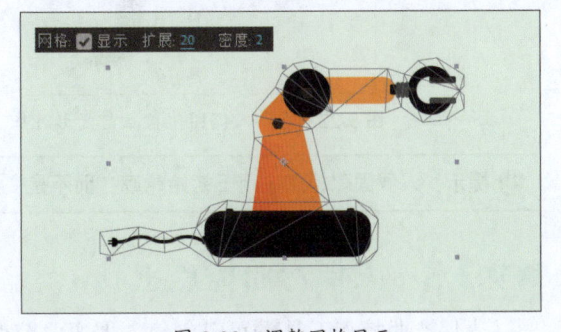

图 9-19　显示网格　　　　　　　　　　图 9-20　调整网格显示

在添加人偶位置控点后，"时间轴"面板中将自动出现"效果"属性组，并为该控点的"位置"属性添加关键帧，如图9-21所示。移动当前时间指示器位置，在"合成"面板或"图层"面板中调整控点，软件将自动生成关键帧，从而制作动画效果。

图 9-21 添加关键帧

■ 9.2.2 人偶固化控点工具

扭曲图像或矢量图形的某个部分时，可以通过人偶固化控点工具 保持控点区域的刚性，避免使其出现柔性变形。人偶固化控点表现为红色的圆圈，图9-22和图9-23所示为添加人偶固化控点前后变形对象的效果。

图 9-22 添加人偶固化控点前变形对象　　图 9-23 添加人偶固化控点后变形对象

> **提示**：人偶固化控点应用于初始轮廓，而不是变形的对象。

■ 9.2.3 人偶弯曲控点工具

人偶弯曲控点工具 可以创建人偶弯曲控点，以控制控点区域的缩放和旋转。人偶弯曲控点表现为橙褐色圆圈，选择人偶弯曲控点工具，在对象上单击即可创建控点，如图9-24所示。选中控点，移动鼠标指针靠近控点，待鼠标指针变为 形状时按住鼠标左键拖曳，将旋转控点控制区域，如图9-25所示。

图 9-24 添加人偶弯曲控点　　　　图 9-25 旋转控点控制区域

选中控点，移动鼠标指针至控点处，待鼠标指针变为 形状时按住鼠标左键拖曳，将缩放控点控制区域，如图9-26所示。若想删除控点，选中后按Delete键即可删除，如图9-27所示。

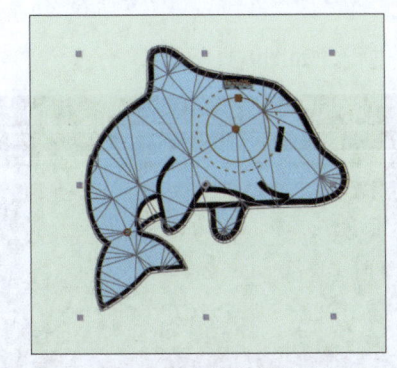

图 9-26 缩放控点控制区域　　　　图 9-27 删除控点

用户也可以在"时间轴"面板中通过调整弯曲控点属性值进行控制，如图9-28所示。

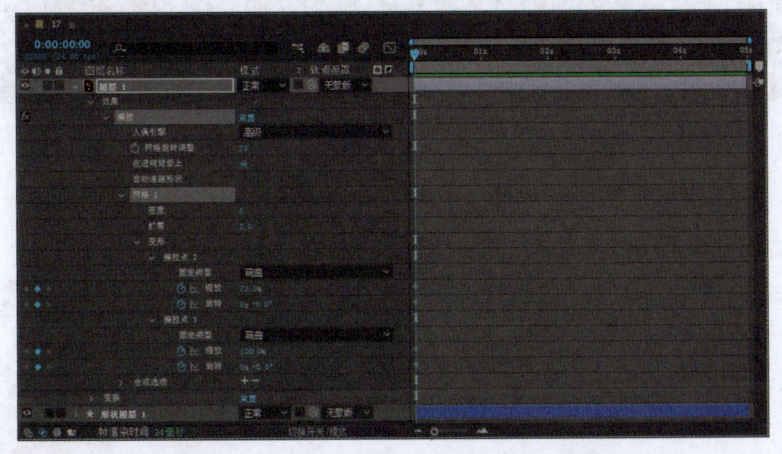

图 9-28 在"时间轴"面板中调整弯曲控点属性

■9.2.4 人偶高级控点工具

人偶高级控点工具 可以创建带有位置、缩放和旋转等多种功能的控点。人偶高级控点表现为绿色圆圈，选中该工具，在对象上单击即可创建控点，如图9-29所示。选中控点，可以进行移动、旋转、缩放等操作，如图9-30所示。

图 9-29 添加人偶高级控点　　图 9-30 调整人偶高级控点变形对象

上述的这些操作也可以在"时间轴"面板中进行，如图9-31所示。

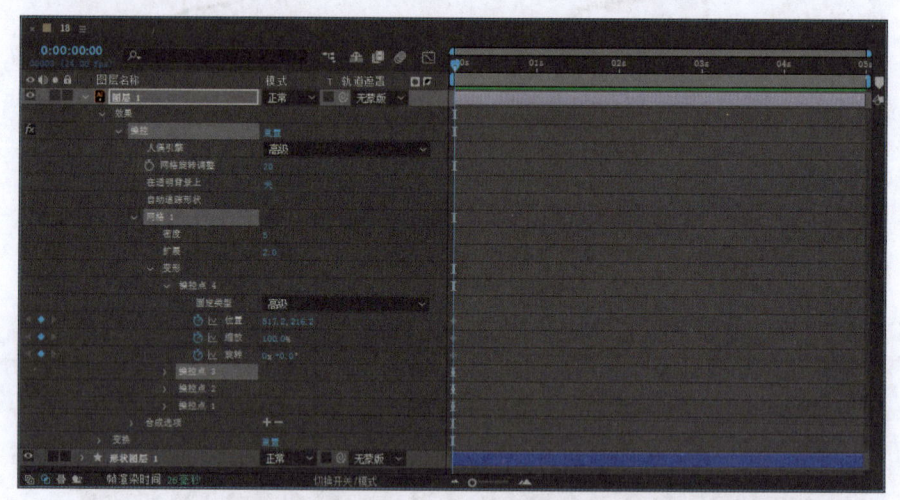

图 9-31 在"时间轴"面板中调整高级控点属性

■9.2.5 人偶重叠控点工具

人偶重叠控点工具 可以调整控点的重叠顺序，使特定控点区域在动画中显示在前方或后方。人偶重叠控点表现为蓝色圆圈，选中人偶重叠控点工具，在初始轮廓上单击即可创建控点，如图9-32所示。

图 9-32 添加人偶重叠控点

在"工具"面板中调整"置前"和"范围"属性值，将影响控点的前后顺序，如图9-33所示。

图9-33 调整控点前后顺序的效果

用户也可以在"时间轴"面板的"重叠"属性组中进行调整，如图9-34所示。

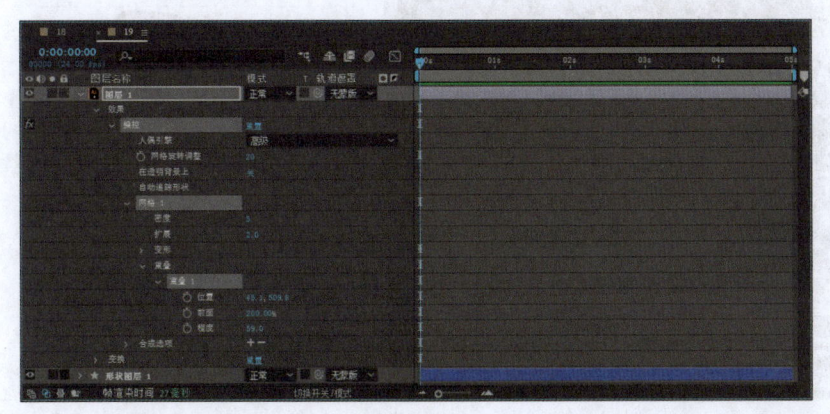

图9-34 在"时间轴"面板中调整"重叠"属性组的属性

"重叠"属性组中部分属性的作用介绍如下：

- **前面**：用于设置控点的视深（即前后顺序），与"工具"面板中的"置前"作用相同。数值为正数时，控点置于前面；数值为负数时，控点置于后面。值得注意的是，重叠控点的影响具有累加性，对于网格上范围重叠的位置，会将置前值相加。
- **程度**：用于设置重叠控点的影响范围，与"工具"面板中的"范围"作用相同。当"前面"属性值为负数时，影响范围在"合成"面板中以深色填充（如图9-35所示）；当"前面"属性值为正数时，将以浅色填充（如图9-36所示）。

图9-35 影响范围呈深色填充

图9-36 影响范围呈浅色填充

9.3　Duik Bassel插件

Duik Bassel插件是一款专为After Effects设计的开源骨骼绑定脚本插件，通过该插件，用户可以绑定复杂的角色，轻松制作角色动画。其本质是通过创建骨骼系统，将角色的各个部分连接起来，从而实现自然流畅的动画效果。

安装Duik Bassel插件后，执行"窗口"→"Duik Bassel.2.jsx"命令，将打开"Duik Bassel.2"面板，如图9-37所示。在"绑定"选项卡中，激活"创建骨架"按钮，在"骨架"菜单中选择所需选项，将在"合成"面板中创建骨架。图9-38所示为选择"人形态"创建的骨架。

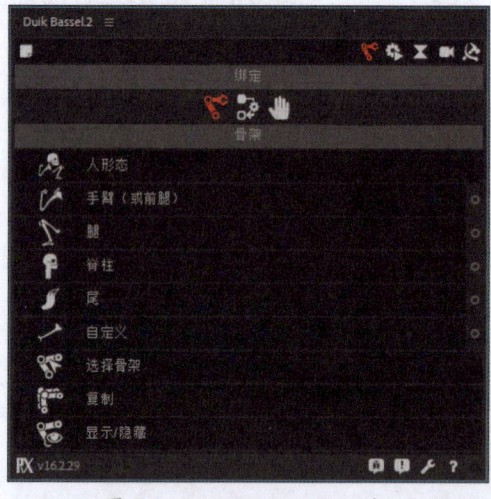

图 9-37　"Duik Bassel.2"面板　　图 9-38　"人形态"骨架

> **提示**：单击菜单项右侧的■按钮，将弹出面板以设置骨架所包含的内容。

根据角色调整骨骼，并设置父级图层链接，如图9-39和图9-40所示。

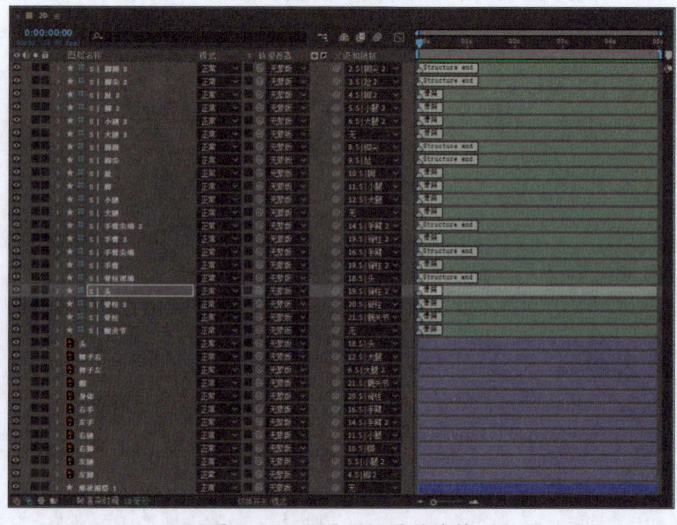

图 9-39　调整骨骼　　图 9-40　设置父级图层连接

模块9 角色动画

调整后，选中所有骨架图层，在"Duik Bassel.2"面板的"绑定"选项卡中，激活"链接和约束"按钮，单击"自动化绑定和创建反向动力学"按钮，创建以C开头的控制图层，如图9-41所示。此时"合成"面板中也将出现控制图标，如图9-42所示。检查并在"效果控件"面板中进行调整。

图 9-41　创建控制图层　　　　　　　　　　图 9-42　显示控制图标

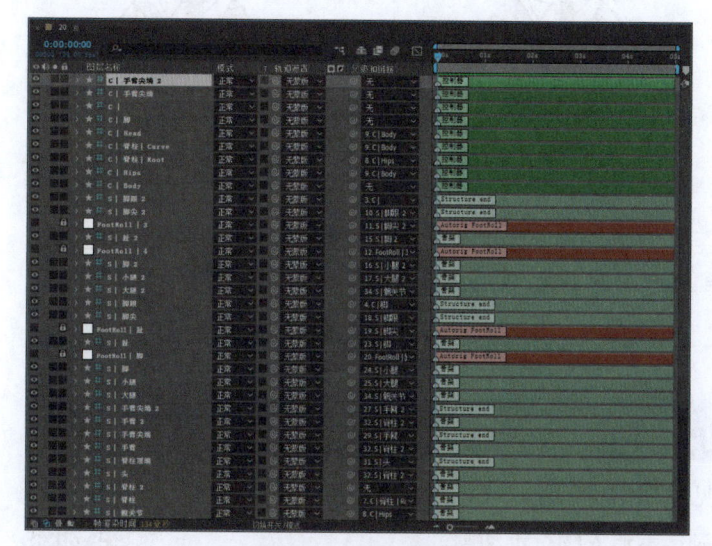

选中所有控制图层，在"Duik Bassel.2"面板中切换到"自动动画"选项卡，如图9-43所示。从中选择动画预设，将自动生成相应的动画图层，图9-44所示为生成的步行循环动画图层。

图 9-43　切换到"自动动画"选项卡　　　　图 9-44　生成的动画图层

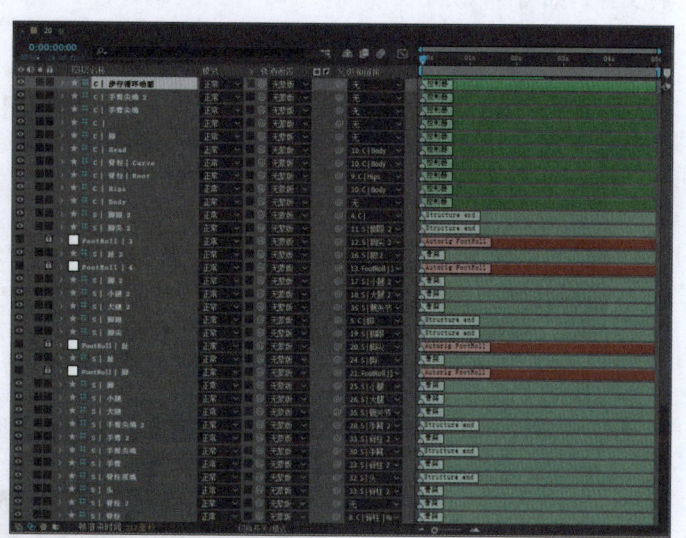

在"合成"面板中预览，效果如图9-45所示。

217

图 9-45　动画效果

> **提示**：在制作动画之前，可以将角色进行分层处理，并在各关节处创建圆角，这样关节弯曲时可以避免穿帮。

9.4　实战演练：卡通人物行走动画

角色动画在MG动画中非常常见，用户可以通过不同的方式，制作角色动画。本实战演练将使用Duik Bassel插件制作卡通人物行走动画。

扫码观看视频

步骤01 打开After Effects软件，新建一个尺寸为1 920 px×1 080 px、持续时间为5秒的合成，如图9-46所示。

步骤02 执行"文件"→"导入"→"文件"命令，打开"导入文件"对话框，选择"场景.ai"素材文件，如图9-47所示。

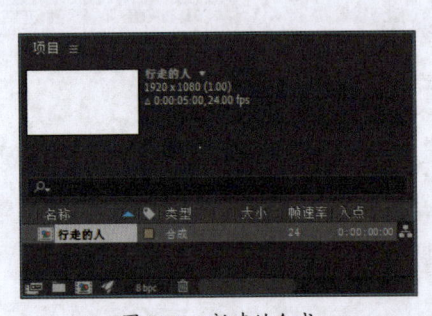

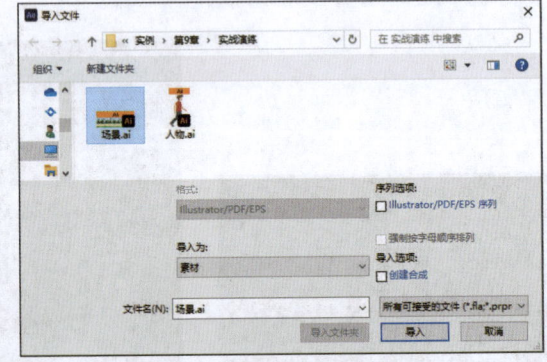

图 9-46　新建的合成　　　　　图 9-47　选中素材文件

步骤03 完成后单击"导入"按钮，打开对话框，从中设置参数，如图9-48所示。

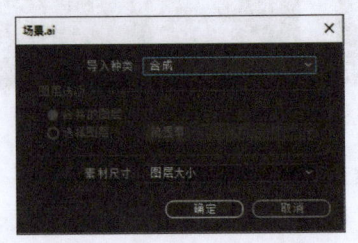

图 9-48　设置场景素材导入选项

步骤 04 完成后单击"确定"按钮，导入场景素材文件，如图9-49所示。

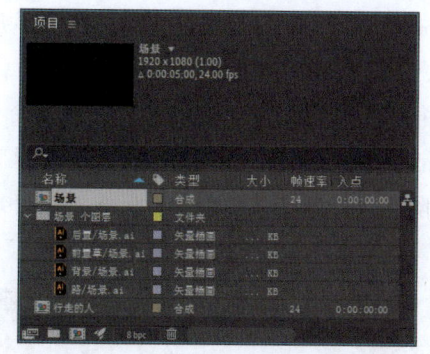

图 9-49　导入的场景素材文件

步骤 05 将导入的素材文件按照图层顺序添加至"时间轴"面板中，如图9-50所示。

图 9-50　将素材添加至"时间轴"面板

步骤 06 在"合成"面板中调整素材，如图9-51所示。

图 9-51　调整素材

步骤 07 执行"文件"→"导入"→"文件"命令，打开"导入文件"对话框，选择"人物.ai"素材文件，单击"导入"按钮，打开对话框，从中设置参数，如图9-52所示。

步骤 08 完成后单击"确定"按钮，导入人物素材文件，如图9-53所示。

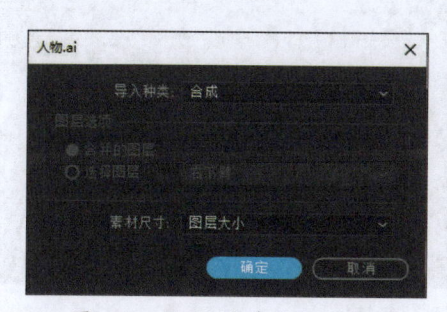

图 9-52　设置人物素材导入选项

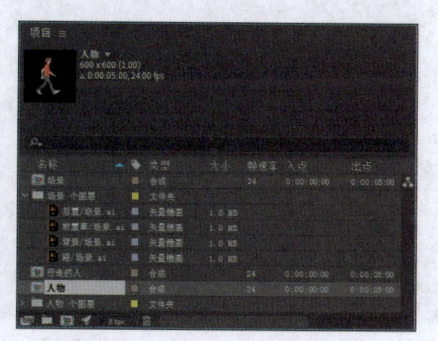

图 9-53　导入的人物素材文件

步骤 09 双击打开"人物"合成，新建形状图层并绘制与合成等大的矩形，调整形状图层的顺序为最下层，效果如图9-54所示。

步骤 10 执行"窗口"→"Duik Bassel.2.jsx"命令，打开"Duik Bassel.2"面板，在"绑定"选项卡中激活"创建骨架"按钮，选择"人形态"，效果如图9-55所示。

步骤 11 删除多余的骨架，调整其余骨架，如图9-56所示。

图 9-54　绘制底层矩形　　　图 9-55　添加骨架　　　图 9-56　调整骨架

步骤 12 在"时间轴"面板中调整父级链接，如图9-57所示。

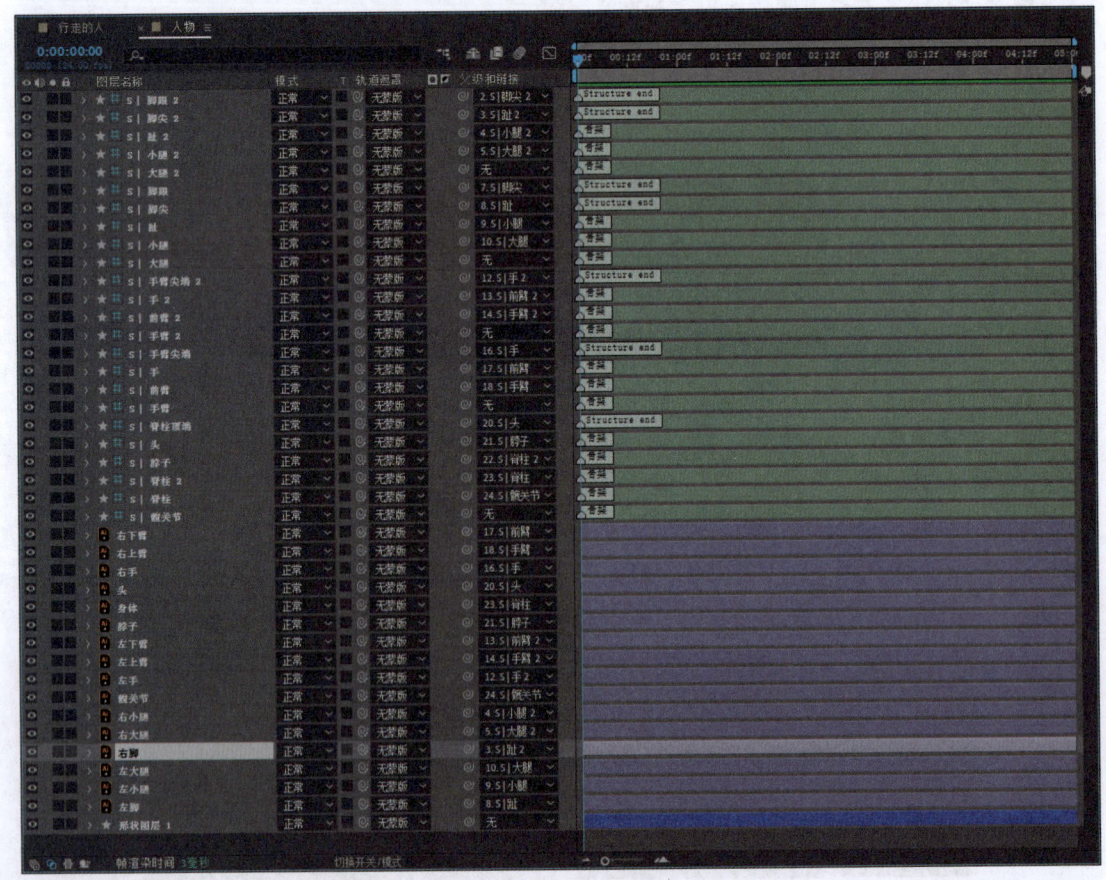

图 9-57　调整父级链接

步骤 13 选中所有骨架图层，在"Duik Bassel.2"面板的"绑定"选项卡中，激活"链接和约束"按钮，单击"自动化绑定和创建反向动力学"按钮，创建以C开头的控制图层，如图9-58所示。

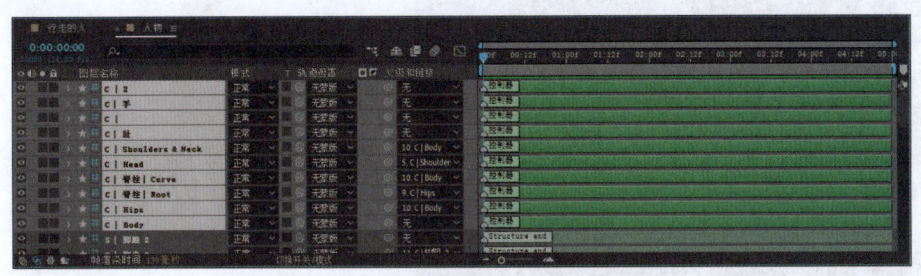

图9-58 创建控制图层

步骤 14 在"合成"面板中移动骨架，确保绑定顺利，并将其调整为一条线，如图9-59所示。
步骤 15 选中所有控制图层，在"Duik Bassel.2"面板中切换到"自动动画"选项卡，如图9-60所示。

图9-59 移动骨架　　　　图9-60 切换到"自动动画"选项卡

步骤 16 从中选择"步行循环动画"，将自动生成相应的动画图层，如图9-61所示。

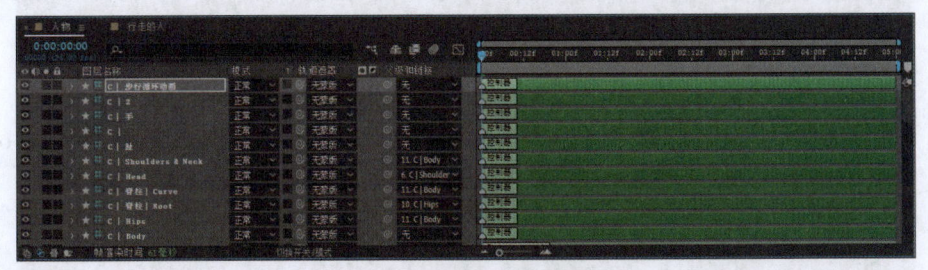

图9-61 创建的动画图层

步骤 17 选中步行循环动画图层，在"效果控件"面板中设置参数，如图9-62所示。
步骤 18 按空格键预览播放，效果如图9-63所示。将左手、左上臂和左下臂图层置于所有图层的最下方，删除形状图层。

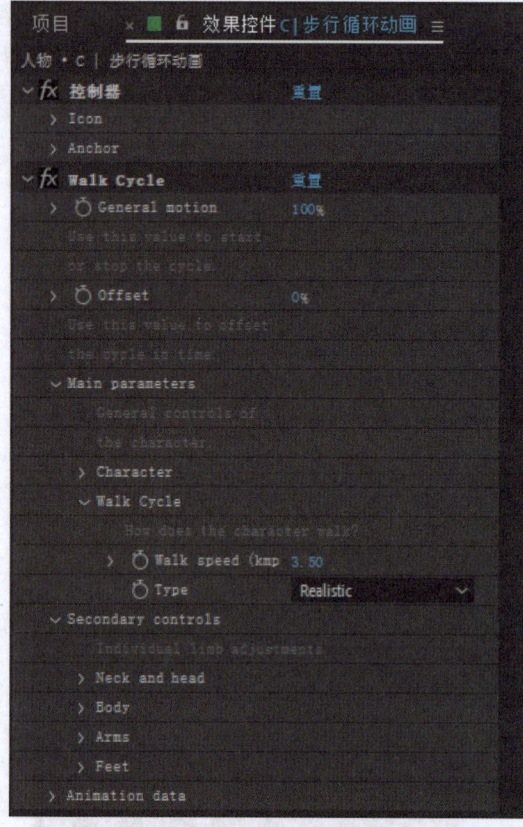

图 9-62 设置控制图层属性

图 9-63 预览效果

步骤 19 切换至"行走的人"合成，将"人物"合成添加至"时间轴"面板中，如图9-64所示。

图 9-64 将"人物"合成添加至"时间轴"面板中

步骤 20 选中所有图层，按P键展开其"位置"属性，在0:00:00:00处添加关键帧，如图9-65所示。

图 9-65 添加"位置"关键帧 1

步骤21 移动当前时间指示器至0:00:04:23处,调整所有图层的"位置"属性,软件将自动生成关键帧,如图9-66所示。

图 9-66 添加"位置"关键帧 2

步骤22 按空格键预览播放,效果如图9-67所示。

图 9-67 预览效果

至此,完成卡通人物行走动画的制作。

模块 10　综合实战

内容概要　MG动画广泛应用于广告营销、科普培训、影视制作等多个领域，是目前较为流行的一种动画类型。在制作MG动画时，用户可以综合运用多种知识与技能，创作出高质量的MG动画作品。本模块将以水循环科普动画的制作为例，对MG动画的制作进行介绍。

数字资源　【本模块素材】："素材文件\模块10"目录下

10.1 动画制作思路

科普动画能够有效传递知识，帮助观众更轻松地理解和学习。本模块将练习制作一部关于水循环的科普动画，通过简单的动画手法，全面展示水循环的各个过程。

10.1.1 设计思路

水循环是指地球上水分不断循环的过程，主要包括蒸发、凝结、降水和径流四个阶段。在动画制作中，可以围绕这四个阶段进行分镜设计：首先，展示阳光照射水面，水分蒸发成水蒸气；接着，水蒸气上升并凝结成云朵；然后，云朵中的水滴变大，以雨、雪或冰雹的形式降落到地面；最后，降水汇入河流、湖泊和海洋，完成循环。通过生动的动画效果和简洁的旁白，观众将更好地理解水循环的重要性。

10.1.2 脚本制作

动画脚本不仅可以为整个动画提供结构和框架，还可以促进团队的沟通与合作。制作简单动画时，可以通过AIGC工具设计脚本。例如：

动画脚本：水循环（10秒）
时长：10秒
场景1：蒸发（0秒～2秒）
画面：阳光明媚，照射在广阔的海洋表面，水面波光粼粼。
动画效果：
水面轻微波动，水蒸气缓缓上升，形成细腻的蒸汽云。
背景中可以看到飞鸟掠过，增加生动感。
旁白："水分在阳光下蒸发成水蒸气。"
场景2：凝结（2秒～4秒）
画面：水蒸气上升到高空，遇冷后逐渐聚集，形成蓬松的白色云朵。
动画效果：
云朵逐渐变大，颜色由白变灰，表现出即将降水的状态。
添加一些小闪电或小雨滴在云中，暗示降水即将发生。
旁白："水蒸气在高空凝结成云。"
场景3：降水（4秒～6秒）
画面：云朵变得厚重，雨滴开始从云中降落，场景转向地面。
动画效果：
雨滴以不同大小落下，形成小水注，地面上出现水波荡漾。
可以加入雪花或冰雹的动画，展示不同的降水形式。
旁白："云朵释放雨滴，降落到地面。"
场景4：径流（6秒～8秒）
画面：降水流入河流，河流蜿蜒流向湖泊和海洋。

动画效果：
水流动感明显，河流两岸绿树成荫，增加自然美感。
水面上漂浮着小船，展示水的利用。
旁白："降水汇入河流和海洋，继续循环。"
总结（8秒～10秒）
画面：回到地球的蓝色图像，展示水循环的四个阶段，用箭头连接。
动画效果：
箭头循环连接四个阶段，形成一个完整的水循环图示。
背景渐变为星空，象征地球的整体环境。
旁白："水循环持续不断，滋养着我们的星球！"

10.2 动画制作

制作水循环动画时，可以使用Illustrator等平面软件绘制图形，再导入After Effects软件中制作。本节将主要对动画的制作进行介绍。

■ 10.2.1 蒸发动画

下面将通过表达式、关键帧等制作蒸发动画。

步骤01 打开After Effects软件，新建一个尺寸为1 920 px×1 080 px、持续时间为10秒的合成，如图10-1所示。

步骤02 按Ctrl+Y组合键，打开"纯色设置"对话框，设置参数，如图10-2所示。完成后单击"确定"按钮，新建纯色图层。

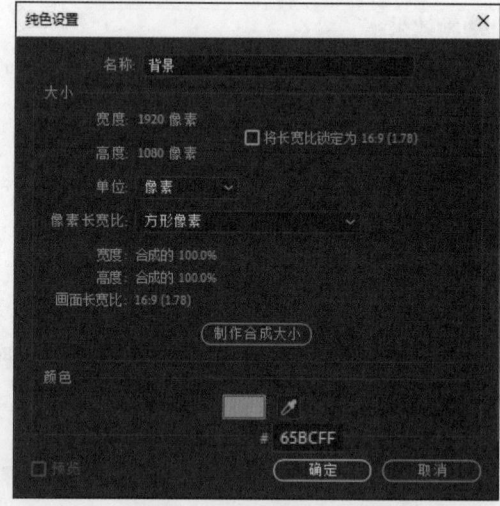

图 10-1　新建的合成　　　　　图 10-2　"纯色设置"对话框

步骤03 取消选择任何图层，选择矩形工具，在合成下方绘制矩形，设置填充颜色为白色，如图10-3所示。

步骤04 在"效果和预设"面板中搜索出"湍流置换"效果，将其拖曳至矩形所在的形状图层上，然后在"效果控件"面板中设置参数，在0:00:00:00处为"演化"属性添加关键帧，如图10-4所示。

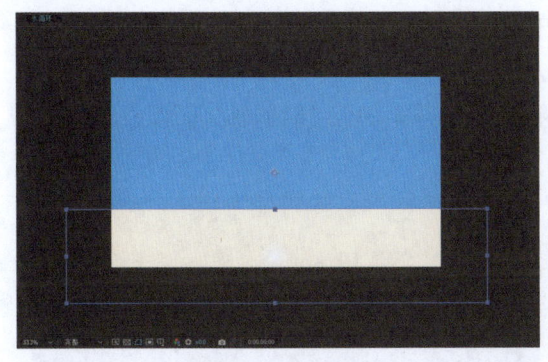

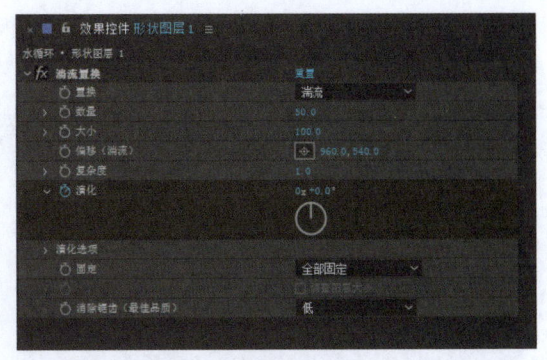

图 10-3 绘制矩形　　　　　　　　　图 10-4 应用"湍流置换"效果并添加关键帧

步骤 05 移动当前时间指示器至0:00:09:24处，设置"演化"属性值，软件将自动生成关键帧，如图10-5所示。

图 10-5 添加关键帧

步骤 06 选中"形状图层1"，按两次Ctrl+D组合键复制出两个形状图层，然后在0:00:00:00处和0:00:09:24处分别调整复制得到的两个形状图层对应的"演化"属性，如图10-6和图10-7所示。

图 10-6 调整 0:00:00:00 处的关键帧属性

图 10-7 调整 0:00:09:24 处的关键帧属性

步骤 07 分别选中三个形状图层，在"合成"面板中调整位置，在"属性"面板中设置颜色，效果如图10-8所示。

步骤 08 按Ctrl+I组合键导入本模块素材文件"太阳.png"，并添加至"时间轴"面板中，在"合成"面板中调整大小和位置，如图10-9所示。

图 10-8　调整位置和颜色

图 10-9　导入素材并调整

步骤 09 选中素材图层，按R键展开"旋转"属性，按住Alt键单击"旋转"属性左侧的"时间变化秒表"按钮，激活表达式，然后输入表达式，创建旋转动画，如图10-10所示。

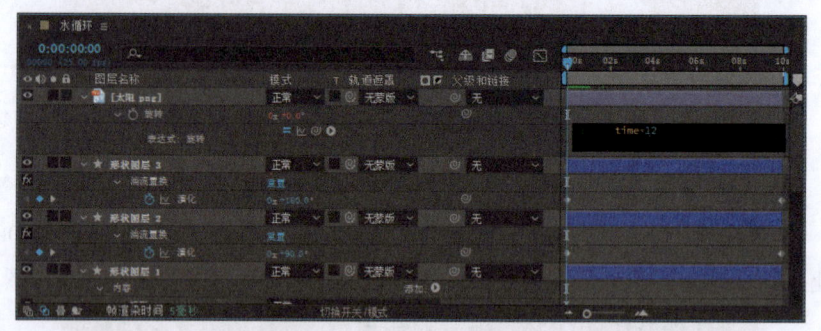

图 10-10　激活并输入表达式

步骤 10 取消选择任何图层，使用钢笔工具绘制路径，模拟水蒸气上升效果，如图10-11所示。
步骤 11 取消选择任何图层，使用相同的方法继续绘制，如图10-12所示。

图 10-11　绘制路径1

图 10-12　绘制路径2

步骤 12 选中竖向路径所在的"形状图层4"，单击"时间轴"面板属性组中的"添加"按钮，在弹出的菜单中执行"修剪路径"命令，在0:00:00:00处为"结束"属性添加关键帧，设置属性值为"0.0%"。在0:00:00:15处设置"结束"属性值为"100.0%"，软件将自动生成关键帧。

选中关键帧，按Ctrl+C组合键复制，移动当前时间指示器至0:00:00:16处，按Ctrl+V组合键粘贴；移动当前时间指示器至0:00:01:07处，按Ctrl+V组合键粘贴，如图10-13所示。选中"形状图层4"的所有"结束"关键帧，按F9键创建缓动。

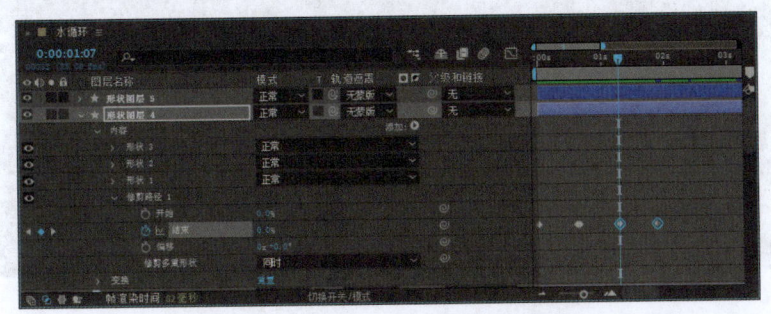

图10-13　添加修剪路径并设置关键帧

步骤13　选中"形状图层5"，按P键展开其"位置"属性，在0:00:00:15处为"位置"属性添加关键帧，在0:00:00:00处设置"位置"参数使其下移，软件将自动生成关键帧。选中关键帧，按Ctrl+C组合键复制，移动当前时间指示器至0:00:00:16处，按Ctrl+V组合键粘贴；移动当前时间指示器至0:00:01:07处，按Ctrl+V组合键粘贴。选中"形状图层5"的所有"位置"关键帧，按F9键创建缓动，如图10-14所示。

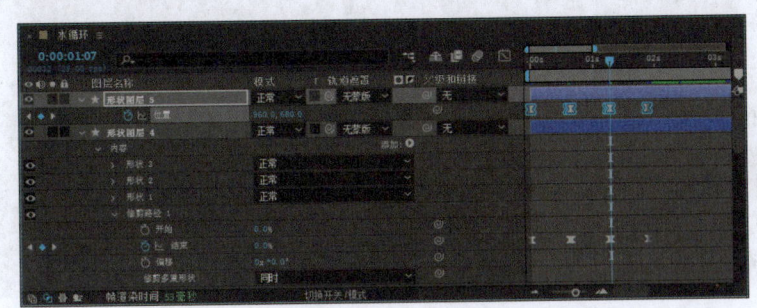

图10-14　添加"位置"关键帧设置动画，并创建缓动

步骤14　选中"形状图层4"和"形状图层5"并右击，在弹出的快捷菜单中执行"预合成"命令，打开"预合成"对话框，设置参数，如图10-15所示。完成后单击"确定"按钮创建预合成。

步骤15　选中创建的"水蒸气"预合成，使用向后平移（锚点）工具，在"合成"面板中设置其锚点位于对象下方，如图10-16所示。设置预合成的"缩放"属性值为"60.0,60.0%"。

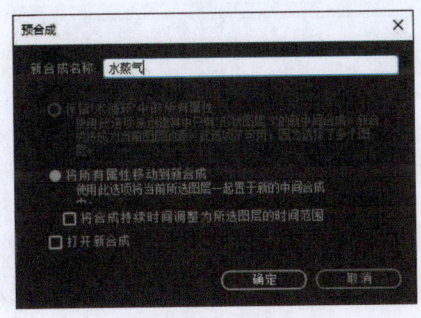

图10-15　设置预合成　　　　　图10-16　调整锚点位置

步骤 16 选中预合成图层,展开其属性组,在0:00:00:00处为"位置"属性和"不透明度"属性添加关键帧,并设置参数,如图10-17所示。

图 10-17　添加关键帧并设置参数

步骤 17 移动当前时间指示器至0:00:00:10处,设置"不透明度"属性值为"100%",软件将自动添加关键帧。选中"不透明度"关键帧,按Ctrl+C组合键复制,移动当前时间指示器至0:00:00:16处,按Ctrl+V组合键粘贴;移动当前时间指示器至0:00:01:07处,按Ctrl+V组合键粘贴。在0:00:01:20处设置"位置"属性,如图10-18所示,实现水蒸气上移效果。选中"水蒸气"预合成的所有关键帧,按F9键创建缓动。

图 10-18　添加"位置"关键帧创建动画

步骤 18 取消选择任何图层,选择椭圆工具,在"合成"面板中绘制椭圆和圆形制作云朵效果,如图10-19所示。

步骤 19 选中云朵所在的"形状图层4",多次按Ctrl+D组合键复制,然后在"合成"面板中调整复制出的云朵的形状、位置和大小,如图10-20所示。

图 10-19　绘制云朵　　　　　　　　图 10-20　复制并调整云朵造型

步骤20 将云朵所在的图层（形状图层4～形状图层8）调整至"太阳.png"图层下方，在0:00:00:00处为所有云朵图层的"位置"属性添加关键帧，在0:00:01:20处调整所有云朵图层的"位置"属性值，使云朵向左移动，软件将自动添加关键帧，如图10-21所示。选中云朵所在图层的所有"位置"关键帧，按F9键创建缓动。

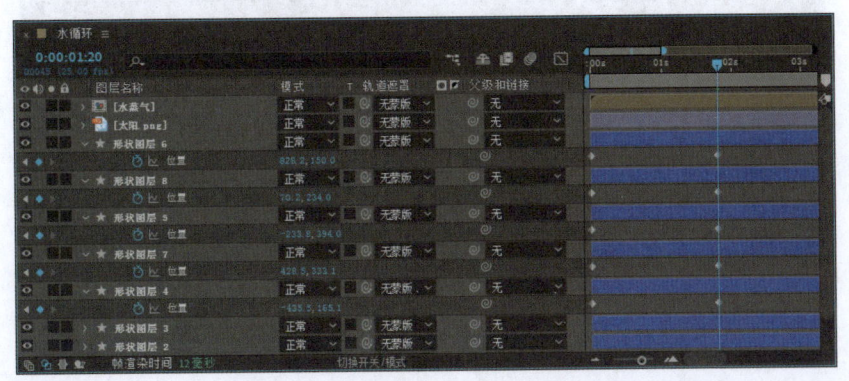

图10-21 添加"位置"关键帧创建动画

步骤21 选择文本工具，在"合成"面板中单击输入文本，在"字符"面板中设置文本属性，如图10-22所示。在"段落"面板中设置文本居中对齐。

步骤22 在"对齐"面板中设置文本与合成水平居中对齐，效果如图10-23所示。

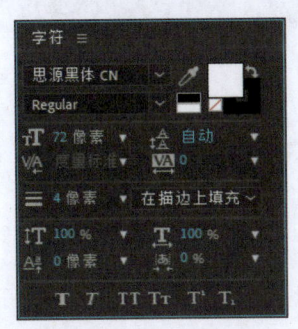

图10-22 设置文本属性

图10-23 文本效果

步骤23 在"效果和预设"面板中搜索出"缓慢淡化打开"动画预设，将其拖曳至文本图层上。选中文本图层，按U键展开添加了关键帧的属性，调整关键帧位置，如图10-24所示。

图10-24 添加动画预设并调整关键帧

步骤 24 移动当前时间指示器至0:00:01:20处，选中文本图层，按Ctrl+Shift+D组合键拆分图层，效果如图10-25所示。之后隐藏拆分后的文本图层2。

图 10-25 拆分图层效果

步骤 25 按空格键预览，效果如图10-26所示。

图 10-26 预览效果

至此，完成蒸发动画的制作。

10.2.2 凝结动画

下面将通过关键帧、轨道遮罩等制作凝结动画。

步骤 01 选中"形状图层6"（"合成"面板中水蒸气上方的云所在的图层），按S键打开"缩放"属性，在0:00:01:20处添加关键帧。移动当前时间指示器至0:00:02:20处，设置"缩放"属性值为"160.0,160.0%"，软件将自动添加关键帧，如图10-27所示。

图 10-27 添加"缩放"关键帧创建动画

步骤 02 选中"水蒸气"图层，按P键展开其"位置"属性，在0:00:02:20处，调整水蒸气位置，向上移动，此时软件将自动添加关键帧，如图10-28所示。

图10-28 调整"位置"属性自动添加关键帧

步骤 03 取消选择任何图层，使用钢笔工具在"合成"面板中绘制图形，遮盖水蒸气，如图10-29所示。

步骤 04 在"时间轴"面板中，设置"水蒸气"图层的轨道遮罩为新绘制图形所在的"形状图层9"，并选择"反选"，效果如图10-30所示。

图10-29 绘制图形　　　　　　　图10-30 设置轨道遮罩并反选

步骤 05 选中太阳所在的图层，按T键展开其"不透明度"属性，在0:00:01:20处为"不透明度"属性添加关键帧，在0:00:02:20处设置"不透明度"属性值为"0%"，软件将自动添加关键帧，如图10-31所示。选中"太阳.png"图层的所有"不透明度"关键帧，按F9键创建缓动。

图10-31 添加"不透明度"关键帧创建动画

步骤 06 取消选择任何图层，按Ctrl+Alt+Y组合键新建"调整图层1"，在"效果和预设"面板中搜索出"曲线"效果，将其拖曳至"调整图层1"上。在0:00:01:20处为"曲线"属性添加关键帧，在0:00:02:20处调整曲线，如图10-32所示，软件将自动添加关键帧。此时，"合成"面板中的画面被压暗，如图10-33所示。

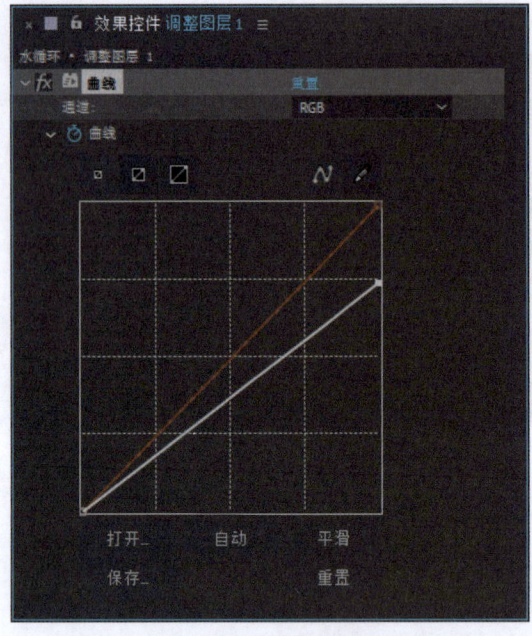

图 10-32　添加并调整曲线

图 10-33　调整曲线后效果

步骤 07 将文本图层拖曳至"调整图层1"上方，显示之前隐藏的文本图层，按U键展开其添加了关键帧的属性，调整关键帧位置，如图10-34所示。

图 10-34　显示图层并调整关键帧

步骤 08 在"合成"面板中双击文本进入编辑模式，修改文本内容，如图10-35所示。

图 10-35　修改文本内容

步骤 09 选中修改后的文本图层，在0:00:03:00处按Ctrl+Shift+D组合键拆分图层，之后隐藏拆分后的文本图层2，如图10-36所示。

图10-36 拆分图层并隐藏文本图层2

步骤 10 按空格键预览，效果如图10-37所示。

图10-37 预览效果

至此，完成凝结动画的制作。

10.2.3 降水动画

下面将通过调整图层、关键帧、视频效果等制作降水动画。

步骤 01 选中"形状图层1"~"形状图层3"并右击，在弹出的快捷菜单中执行"预合成"命令，打开"预合成"对话框，设置参数，如图10-38所示。完成后单击"确定"按钮创建预合成。

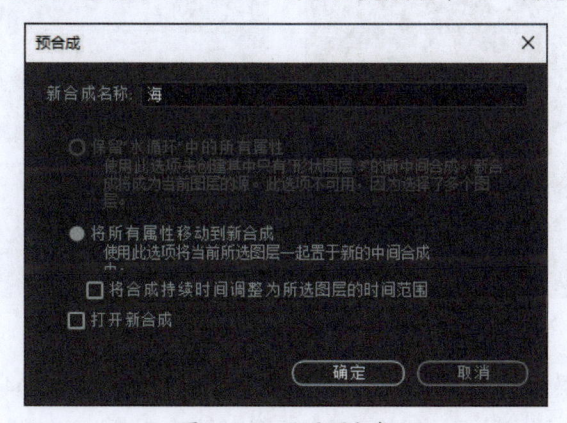

图10-38 设置预合成

步骤 02 选中"海"预合成图层，按P键展开其"位置"属性，在0:00:03:00处添加关键帧。在0:00:04:00处调整"位置"属性，使该图层对象完全下移出合成，如图10-39所示。此时软件将自动生成关键帧。

图 10-39 将对象下移出合成

步骤 03 选中"合成"面板中左侧的云朵，将其左移出合成，如图10-40所示。此时软件将自动生成关键帧。

步骤 04 选中中心处的云，将其下移并放大，如图10-41所示。此时软件将自动生成关键帧。

图 10-40 将对象左移出合成

图 10-41 将对象下移并放大

步骤 05 在"形状图层6"上方新建"调整图层2"，在"效果和预设"面板中搜索出"CC Rainfall"效果，将其拖曳至"调整图层2"上，在"效果控件"面板中设置参数，如图10-42所示。

步骤 06 此时的预览效果如图10-43所示。

图 10-42 添加效果并设置参数

图 10-43 预览效果

步骤 07 选中"调整图层2"，按T键展开"不透明度"属性，在0:00:04:00处添加关键帧，在0:00:03:00处调整"不透明度"属性值为"0%"，软件将自动添加关键帧，如图10-44所示。

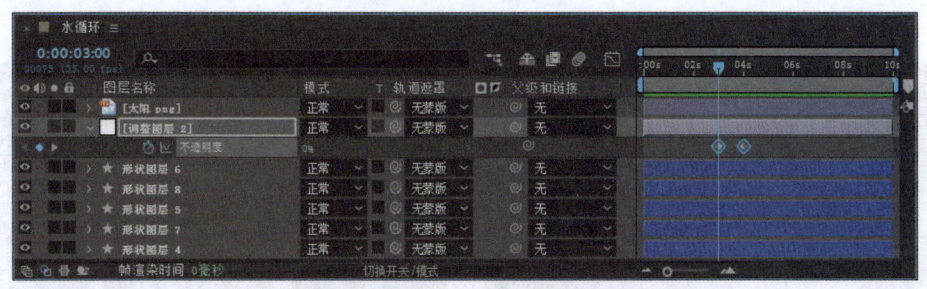

图 10-44　添加"不透明度"关键帧制作动画效果

步骤 08 选中"形状图层6",按U键展开其添加了关键帧的属性,在0:00:05:00处,上移云朵至移出画面,并将其缩小,软件将自动添加关键帧,如图10-45所示。

图 10-45　调整云朵位置和大小并自动添加关键帧

步骤 09 选中"水蒸气"预合成,在0:00:02:20处设置"不透明度"属性值为"0%",软件将自动生成关键帧,如图10-46所示。

图 10-46　调整属性并自动生成关键帧

步骤 10 取消选择任何图层,使用钢笔工具绘制山形,并填充颜色值为#60C99E至#FFFFFF的线性渐变,效果如图10-47所示。选中山形所在的图层,按Enter键进入图层名称编辑模式,修改名称为"前山"。

步骤 11 选中"前山"图层,按Ctrl+D组合键复制,调整复制出的图层位置,使其位于原图层下方,在"合成"面板中调整位置,并更改渐变颜色值为#44BB8A至#F1F1F1,效果如图10-48所示。修改复制得到的图层的名称为"后山"。

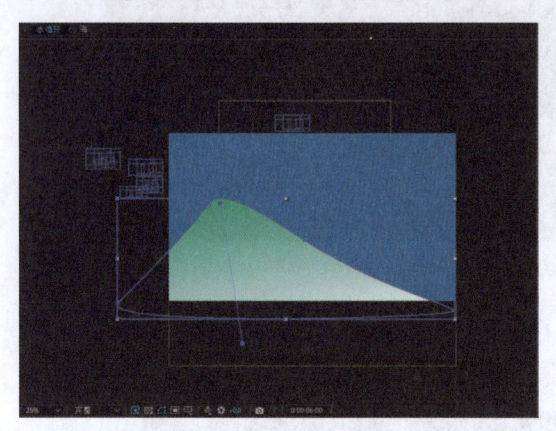

图 10-47　绘制山形并填充渐变

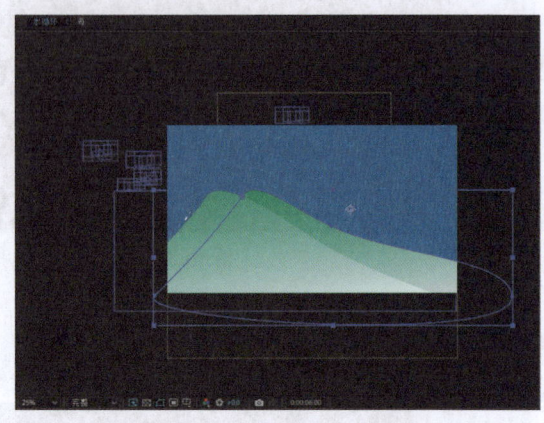

图 10-48　复制并调整形状和渐变填充

步骤 12 取消选择任何图层，使用钢笔工具绘制溪流，并设置其填充颜色与海水一致，如图10-49所示。修改新创建的形状图层的名称为"溪流"。

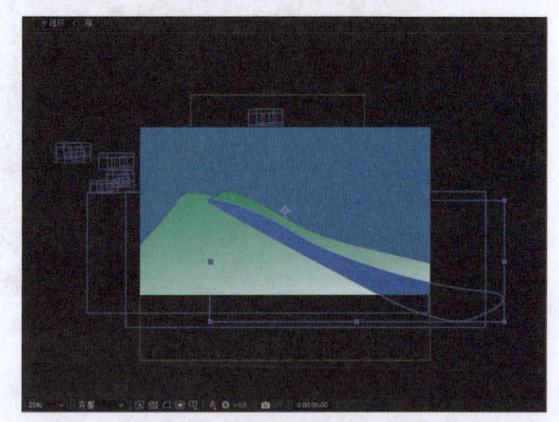

图 10-49　绘制溪流并填充颜色

步骤 13 调整"溪流"图层，使其位于两个山形图层之间，并使这三个图层位于"调整图层1"下方，效果如图10-50所示。

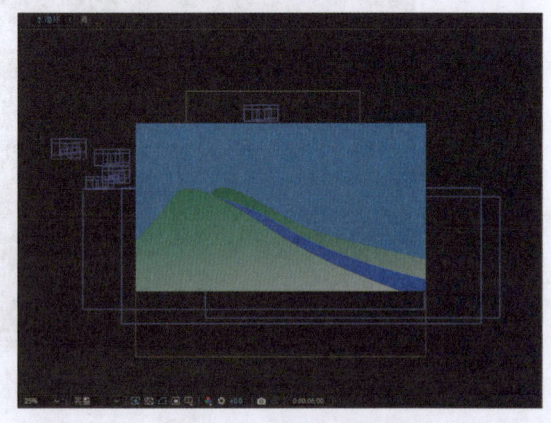

图 10-50　调整图层位置

步骤 14 调整"调整图层2"，使其位于"调整图层1"上方。选中"溪流""前山""后山"图层，按P键展开其"位置"属性，在0:00:06:00处添加关键帧。在0:00:04:00处更改"位置"属性值，软件将自动生成关键帧，如图10-51所示。选中这三个图层对应的所有"位置"关键帧，按F9键创建缓动。

图 10-51　添加"位置"关键帧制作动画

步骤15 调整"溪流""前山""后山"图层的"位置"关键帧，使彼此间错开5帧，如图10-52所示。

图 10-52　调整关键帧使其错开

步骤16 显示隐藏的文本图层，修改文本内容，如图10-53所示。

图 10-53　显示并修改文本

步骤17 在"时间轴"面板中选中修改后的文本图层，按U键展开其添加了关键帧的属性，调整关键帧，如图10-54所示。在0:00:06:00处拆分图层并隐藏拆分后得到的文本图层2。

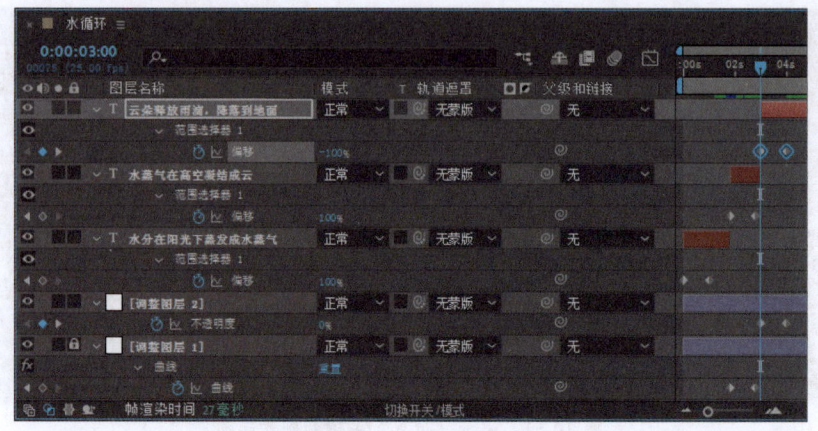

图 10-54 调整关键帧

步骤 18 按空格键预览，效果如图 10-55 所示。

图 10-55 预览效果

至此，完成降水动画的制作。

10.2.4 径流动画

下面将通过关键帧、形状的路径操作等制作径流动画。

步骤 01 在 0:00:06:00 处为"调整图层2"的"不透明度"属性、"调整图层1"的"曲线"属性、"太阳.png"图层的"不透明度"属性和"海"预合成图层的"位置"属性添加关键帧，并调整"海"预合成图层对象向右移动，如图 10-56 所示。

步骤 02 在 0:00:06:01 处，设置"海"预合成图层的"位置"属性的 Y 值为"540.0"，效果如图 10-57 所示。

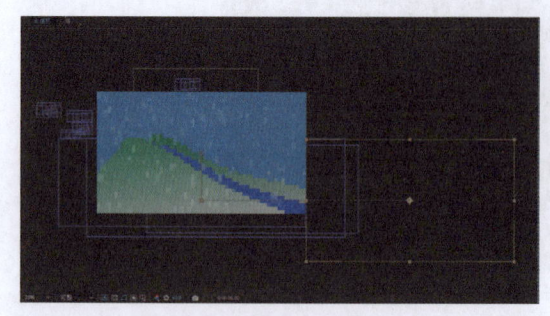

图 10-56 添加关键帧并调整"海"预合成图层对象

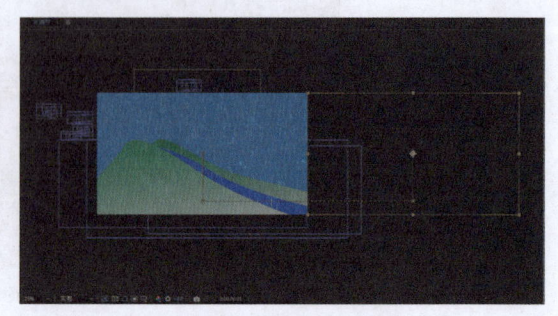

图 10-57 调整对象位置

步骤 03 在 0:00:07:00 处设置"调整图层2"的"不透明度"属性值为"0%"，重置"调整图层

1"的"曲线"效果，设置"太阳.png"图层的"不透明度"属性值为"100%"，软件将自动添加关键帧，如图10-58所示。

图 10-58　调整属性自动添加关键帧

步骤 04 在0:00:07:00处为"前山""后山""溪流"图层和"海"预合成图层的"位置"属性添加关键帧，如图10-59所示。

图 10-59　添加"位置"关键帧

步骤 05 取消选择任何图层，选择钢笔工具在"合成"面板中绘制路径，设置其宽度为2 px，效果如图10-60所示。重命名新创建的形状图层为"水流"。

图 10-60　绘制路径

步骤 06 调整"水流"图层位于"溪流"图层上方，效果如图10-61所示。

图 10-61 调整图层顺序

步骤 07 移动鼠标指针至"水流"图层条起始处，待鼠标指针变为 形状时按住鼠标左键拖曳，调整其入点位于0:00:06:00处。选中"水流"图层，展开其属性组，单击"添加"按钮，在弹出的菜单中执行"修剪路径"命令；在0:00:06:00处为"结束"属性添加关键帧，并设置数值为"0.0%"；移动当前时间指示器至0:00:06:20处，设置"结束"属性为"100.0%"，软件将自动添加关键帧。选中关键帧，按Ctrl+C组合键复制，移动当前时间指示器至0:00:06:21处，按Ctrl+V组合键粘贴，复制关键帧，如图10-62所示。选中"水流"图层的所有"结束"关键帧，按F9键创建缓动。

图 10-62 添加"结束"关键帧并复制关键帧

步骤 08 使用相同的方法，绘制路径，并创建修剪路径动画，其关键帧与"水流"图层一致，如图10-63所示。

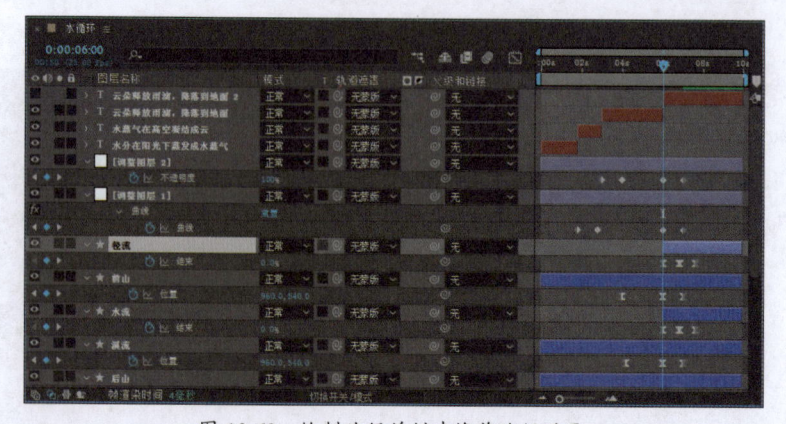

图 10-63 绘制路径并创建修剪路径动画

步骤 09 选中"水流"和"径流"图层，按P键展开其"位置"属性，在0:00:07:00处为"位置"属性添加关键帧。在0:00:08:00处，通过设置"径流""水流""前山""后山""溪流"图层的"位置"属性，使这5个图层的图层对象向左移出合成，软件将自动生成关键帧，如图10-64所示。

图 10-64　添加"位置"关键帧制作动画效果

步骤 10 在0:00:06:01处调整"海"预合成图层的位置，如图10-65所示，软件将自动生成关键帧。

步骤 11 在0:00:07:00处调整"海"预合成图层的位置，如图10-66所示，软件将自动生成关键帧。

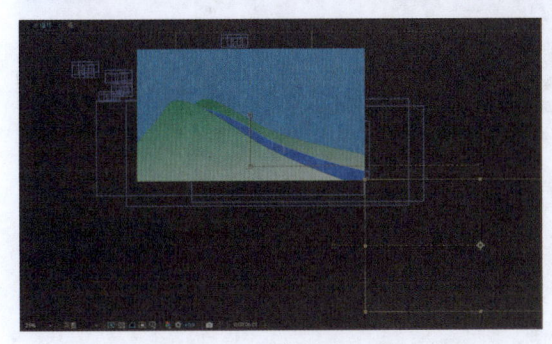

图 10-65　调整图层位置1

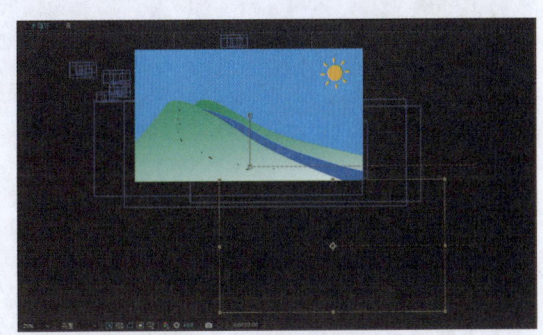

图 10-66　调整图层位置2

步骤 12 在0:00:07:15处调整"海"预合成图层的位置，如图10-67所示，软件将自动生成关键帧。

步骤 13 显示隐藏的文本图层，修改内容，如图10-68所示。

图 10-67　调整图层位置3

图 10-68　显示并修改文本

步骤14 选中文本图层，调整关键帧位置，在0:00:08:00处拆分图层，并删除拆分后得到的文本图层2，如图10-69所示。

图 10-69　裁切图层

步骤15 按空格键预览，效果如图10-70所示。

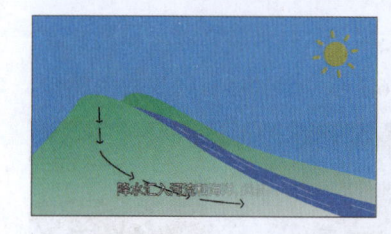

图 10-70　预览效果

至此，完成径流动画的制作。

10.2.5　总结动画

下面将通过纯色图层、关键帧等制作总结动画。

步骤01 在文本图层上方新建"黑色"纯色图层，设置入点位于0:00:08:00处。按T键展开其"不透明度"属性，在0:00:08:00处添加关键帧，并设置属性值为"0%"；在0:00:08:15处设置属性值为"100%"，软件将自动添加关键帧，如图10-71所示。

图 10-71　添加"不透明度"关键帧，制作动画效果

步骤 02 选择文本工具，在"合成"面板中单击输入文本，重复操作，如图10-72所示。

步骤 03 取消选择任何图层，使用椭圆工具绘制椭圆，如图10-73所示。

图 10-72　输入文本　　　　　　　　图 10-73　绘制椭圆

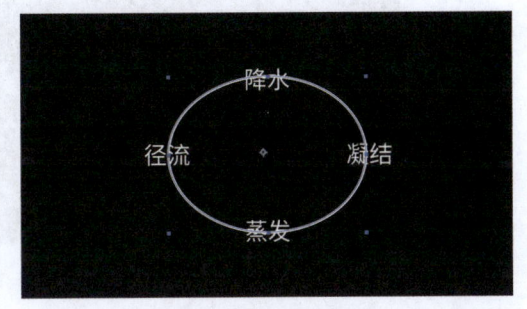

步骤 04 选择矩形工具，在"工具"面板中激活"工具创建蒙版"按钮，在"合成"面板中绘制两个矩形蒙版，如图10-74所示。

步骤 05 在"时间轴"面板中设置"蒙版1"反转、"蒙版2"的混合模式为"相减"，效果如图10-75所示。

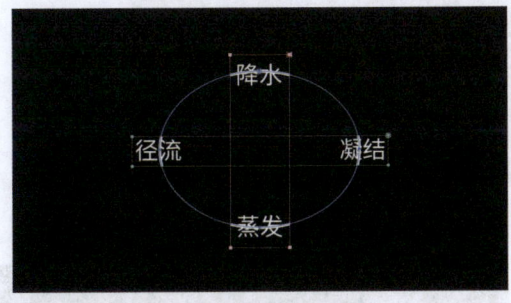

图 10-74　创建蒙版　　　　　　　　图 10-75　设置蒙版

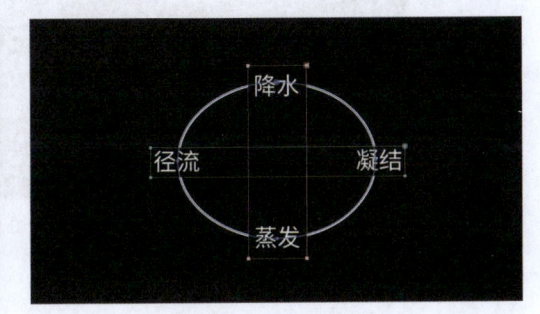

步骤 06 为椭圆路径添加"修剪路径"操作，并在0:00:08:00至0:00:08:24之间，创建"结束"属性从0%至100%的变化效果。在0:00:09:00处复制关键帧，并创建缓动，如图10-76所示。

图 10-76　添加修剪路径并制作动画效果

步骤 07 选中"黑色"纯色图层上方的5个图层，创建预合成"总结"，按S键展开其"缩放"属性，在0:00:08:00至0:00:08:24之间，创建"缩放"属性从"0.0,0.0"至"100.0,100.0"的变化效果，之后再创建关键帧缓动，如图10-77所示。

图 10-77　添加"缩放"关键帧，制作动画效果

步骤 08 选中文本图层"降水汇入……循环"，按Ctrl+D组合键复制，将复制得到的文本图层调整至"黑色"纯色图层上方，并调整图层条位置，如图10-78所示。

图 10-78　复制图层并调整图层条

步骤 09 在"合成"面板中双击修改文本内容，如图10-79所示。

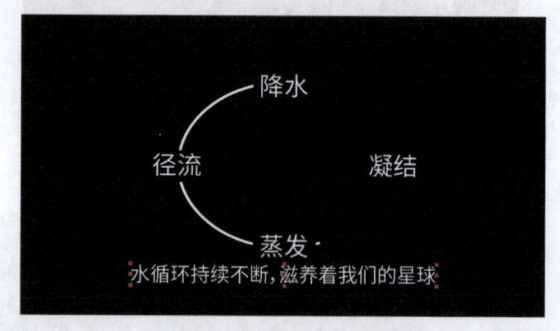

图 10-79　修改文本内容

步骤 10 选中"黑色"纯色图层及其上方的两个图层，按T键展开"不透明度"属性，在0:00:09:15处添加关键帧，在0:00:09:24处设置"不透明度"属性值为"0%"，效果如图10-80所示。

图 10-80　设置不透明度效果

模块10 综合实战

步骤 11 此时"时间轴"面板中将自动生成关键帧，选中关键帧，按F9键创建缓动，如图10-81所示。

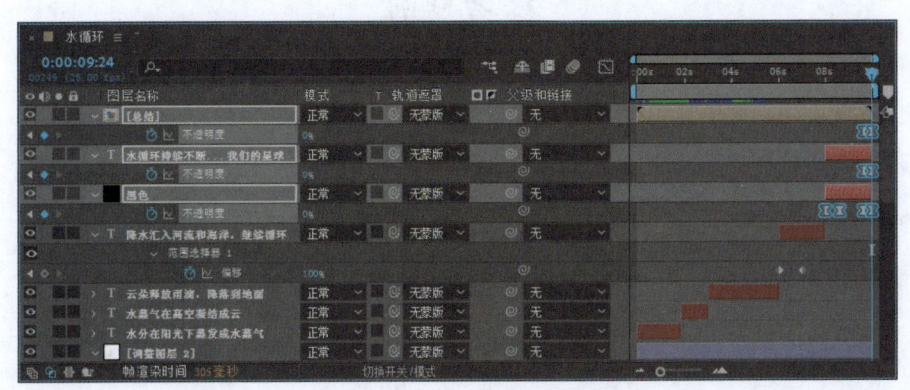

图 10-81 创建缓动

步骤 12 按空格键预览，效果如图10-82所示。

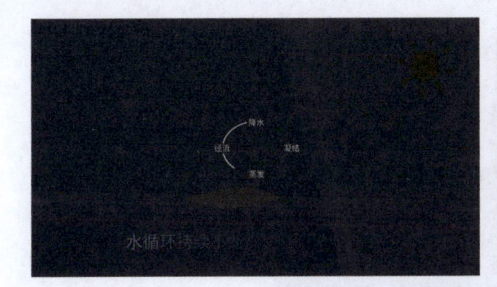

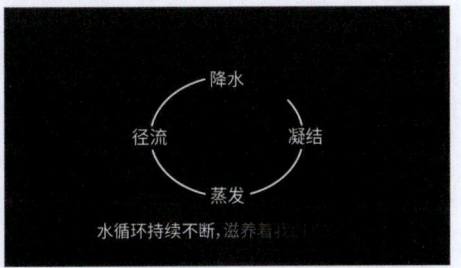

图 10-82 预览效果

至此，完成水循环科普动画的制作。

参考文献

[1] 朱逸凡.MG动画制作基础培训教程[M].北京:人民邮电出版社,2021.

[2] 唐杰晓,赵媛媛.MG动画设计与制作[M].北京:化学工业出版社,2024.

[3] 李雪妍.MG动画实战从入门到精通:视频微课版[M].北京:机械工业出版社,2024.

[4] 洪兴隆.MG动画设计与制作从新手到高手[M].北京:清华大学出版社,2023.

[5] 陈皓,李鹏.MG动画设计与制作:全彩慕课版[M].北京:人民邮电出版社,2022.

[6] 李耀辉.MG动画+UI动效从入门到精通[M].北京:机械工业出版社,2022.